AF500134

TRAITÉ THÉORIQUE ET PRATIQUE

des

MACHINES A VAPEUR

AU POINT DE VUE DE LA DISTRIBUTION

LYON. — IMPRIMERIE STORCK — E. C. P. — RUE DE L'HOTEL-DE-VILLE, 78

TRAITÉ THÉORIQUE ET PRATIQUE

DES

MACHINES A VAPEUR

AU POINT DE VUE DE LA DISTRIBUTION

MÉTHODE GÉNÉRALE DES GABARITS

PERMETTANT D'ÉTABLIR DES ÉPURES APPROCHÉES OU EXACTES
DE TOUS LES TYPES DE MACHINES

ÉTUDE MÉTHODIQUE

DES PRINCIPALES DISTRIBUTIONS AU DOUBLE POINT DE VUE
DE LEUR FONCTIONNEMENT ET DE LEUR CONSTRUCTION

par

H. COSTE et L. MANIQUET

Ingénieurs des Arts et Manufactures, constructeurs-mécaniciens
professeurs à l'Ecole Centrale lyonnaise.

DEUXIÈME ÉDITION

avec 53 figures intercalées dans le texte et un Atlas de 46 planches de dessins exactement réduits à l'échelle et cotés

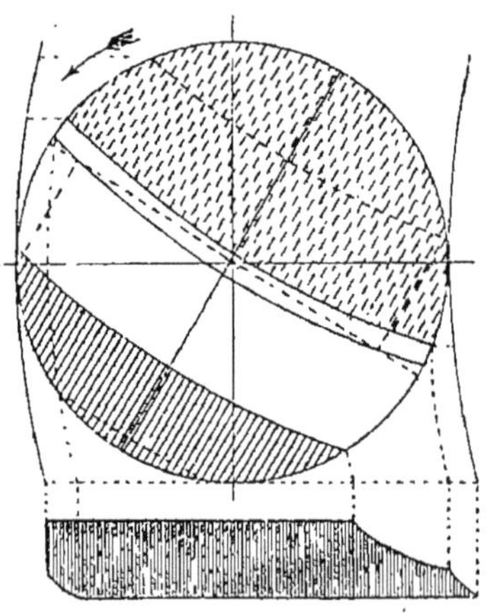

PARIS

LIBRAIRIE POLYTECHNIQUE, BAUDRY ET Cie, ÉDITEURS

15, Rue des Saints-Pères

MAISON A LIÈGE, 19, RUE LAMBERT-LEBÈGUE

1886

AVANT-PROPOS

L'accueil bienveillant fait à la première édition par les personnes qui s'occupent de construction de machines à vapeur, nous a engagés à en faire une nouvelle, en élargissant le cadre que nous nous étions d'abord imposé.

Dans la première édition, nous avions simplement exposé la *méthode des gabarits* qui permet, à l'aide de considérations géométriques très simples et à la portée de tout dessinateur, d'étudier tous les types de distribution avec une exactitude rigoureuse, ou bien avec une approximation le plus souvent suffisante. Nous avions donné quelques exemples pour montrer la généralité de la méthode et nous nous étions bornés à l'examen rapide des types les plus connus.

En tenant compte de l'opinion d'un grand nombre d'ingénieurs et en nous rapportant à notre expérience personnelle acquise dans les bureaux d'étude, nous croyons maintenant que cette méthode peut rendre de grands services, surtout pour l'établissement des distributions compliquées à plusieurs tiroirs, à déclic et principalement à changement de marche. Nous nous sommes proposé de faire un traité complet et détaillé de machine à vapeur au point de vue spécial de la distribution.

Nous n'avons pas cherché à discuter la valeur relative des différents systèmes de distribution ; les opinions des ingénieurs sont souvent très différentes, et en matière de construction, nous croyons qu'il faut autant tenir compte du soin apporté à l'exécution que de la valeur du système choisi. Nous ne prétendons pas non plus ne présenter que des distributions exemptes de défauts et en tout point recommandables.

Nous avons cherché à établir un ouvrage d'enseignement qui s'adresse à la fois à l'homme d'étude et au praticien. Le premier pourra acquérir une connaissance approfondie des mécanismes de distribution et du fonctionnement de leurs organes ; le second trouvera des exemples détaillés des distributions les plus connues avec les épures et les dessins d'exécution, soigneusement cotés.

Nous avons à cet effet groupé dans un ordre méthodique tous les genres de mouvements qui peuvent être employés comme distribution et nous avons toujours donné une application prise sur des machines qui ont été construites. Toute distribution que l'on peut rencontrer se rapprochera d'un des types étudiés et pourra facilement être analysée. On trouve maintenant dans les publications un très grand nombre de types de machines à vapeur ; mais les renseignements sont insuffisants, les constructions donnent des procédés d'épures différents et incomplets, et il est bien difficile avec ces notions d'établir les ressemblances qui existent entre ces machines. Nous avons voulu classer les caractères généraux qui permettent d'apprécier rapidement une distribution et de mettre de l'ordre au milieu des productions si variées en apparence des constructeurs.

Pour le praticien, nous avons pensé que le meilleur moyen de constituer un enseignement profitable était de parler aux yeux, et, au lieu de faire, comme dans un cours, un exposé détaillé des pièces des machines à vapeur qui sont usitées dans les distributions, nous en donnons le dessin de manière à montrer leur fonctionnement, et nous avons choisi avec soin nos exemples pour pouvoir passer en revue les organes les plus employés. Les planches sont la reproduction exacte et à l'échelle de dessins d'atelier qui ont été construits ; on trouvera des détails que certains constructeurs n'emploient pas, qu'ils peuvent juger mauvais avec raison ; nous les donnons parce que nous faisons un exposé didactique et que nous tenons à étudier tout ce qui s'est fait. Ce n'est pas un ouvrage qui peut former l'expérience des constructeurs et quand le lecteur aura acquis des connaissances générales et choisies, il se formera rapidement un jugement en pratiquant.

Les dessins sont reproduits rigoureusement à l'échelle ; nous avons fait réduire par les procédés de la photogravure les dessins d'atelier que nous nous sommes procurés grâce à la bienveillance des constructeurs.

Ainsi cet ouvrage s'adresse spécialement aux dessinateurs qui pourront se mettre au courant des formes et des dispositions généralement employées. Nous recommandons d'ailleurs, pour les bureaux d'étude, les procédés d'épures que nous exposons par de nombreux exemples; ils exigent seulement des connaissances graphiques avec lesquelles les dessinateurs sont maintenant très familiarisés. Nous pouvons ajouter que nous avons constaté que ces méthodes ont été facilement comprises par nos élèves, et qu'elles ont été utilement appliquées par nos dessinateurs.

Nous terminons en témoignant la plus vive reconnaissance aux personnes qui ont bien voulu nous communiquer des documents ; elles verront dans le courant de cet ouvrage, l'importance que nous attachons à leurs renseignements par le soin que nous avons apporté à en donner une étude détaillée.

INTRODUCTION DE LA PREMIÈRE ÉDITION

CONSIDÉRATIONS GÉNÉRALES

Dans la machine à vapeur, les organes de distribution jouent un rôle prépondérant, et du choix de leurs plus ou moins bonnes dispositions dépend en très grande partie le fonctionnement économique de la vapeur. Les types de distribution les plus répandus jusqu'à ce jour ont le tiroir comme organe distributeur et l'excentrique comme appareil de commande. Quelque simplicité apparente qu'offre l'étude de ce genre de distribution, celle-ci n'en constitue pas moins l'un des problèmes les plus difficiles à résoudre exactement, et les moyens d'investigation dont on dispose sont en général fort imparfaits, en tant qu'on veuille obtenir rapidement un résultat pratique.

De nombreux travaux ont été publiés s'attachant plus spécialement à la description des diverses dispositions adoptées par les constructeurs et on trouve éparses dans les publications spéciales des variantes plus ou moins ingénieuses des types connus. Beaucoup plus rares sont les ouvrages traitant de l'étude de ces mêmes distributions au point de vue théorique, et donnant des tracés qui permettent de discuter en connaissance de cause les meilleures dimensions à adopter.

L'un des plus connus et le premier qui traite la question d'une manière à peu près complète est l'ouvrage de M. Zeuner. Le savant professeur a étudié les distributions à deux points de vue. Il a cherché à grouper sous une même formule, donnée avant lui par M. Philips dans son étude sur la coulisse, l'étude analytique des différents distributeurs, puis a traduit les résultats du calcul à l'aide de procédés graphiques approchés.

Ces derniers sont évidemment les seuls qui permettent une étude rapide et par conséquent pratique.

Sans avoir la prétention de présenter un travail complètement original, nous avons pensé qu'il pourrait être intéressant de publier le résultat des études que nous avons faites sur cette question, et nous nous sommes bornés à détacher du cours que professe l'un de nous à l'Ecole Centrale Lyonnaise, la partie théorique. Sans nous astreindre à des descriptions étendues qu'on trouve partout, nous nous sommes proposé simplement d'exposer un système de constructions applicables à telle distribution mue par excentrique qu'on voudra, nous limitant dans cette exposition, aux types les plus répandus, aux types en quelque sorte classiques. Toute discussion critique sortirait donc du cadre que nous nous sommes imposé ; les épures permettent du reste, par leur seule inspection de juger, au point de vue de la distribution seule de la vapeur, les qualités ou les défauts des distributions.

Dans son traité, auquel nous nous bornons à renvoyer ceux que ces questions intéressent, M. Zeuner adopte pour traduire les résultats approchés du calcul une épure polaire. La construction de cette épure est assez simple quand on se contente de son approximation. Elle perd absolument ce caractère de simplicité dès que l'on veut tenir compte des irrégularités dues aux obliquités des barres d'excentrique et construire l'épure *exacte* du mouvement.

C'est là ce qui nous a fait abandonner le système polaire pour en revenir à l'épure en coordonnées rectangulaires qui se prête admirablement, comme on le verra, au tracé exact sans perdre le caractère de simplicité essentiel dans la pratique.

Nous ne saurions mieux faire que de renvoyer ici le lecteur à l'exposé qu'a donné des épures en coordonnées rectilignes l'éminent professeur, M. de Fréminville, dans son cours à l'Ecole Centrale des Arts et Manufactures.

Beaucoup de constructeurs se buttant aux difficultés réelles d'une étude théorique, se contentent d'arrêter presque de sentiment les dimentions des organes de distribution, se réservant des moyens de réglage très étendus afin de n'être pas arrêtés au montage et obtenir après coup une distribution convenable de la vapeur. Il n'est pas besoin de faire ressortir tout ce que ce procédé a de défectueux et à combien d'impossibilités il conduit dans beaucoup de cas.

D'autres tournent la difficulté en construisant des modèles sur lesquels il est possible de tâtonner. Ce procédé, lui aussi, laisse souvent à désirer sous le rapport de l'exactitude et entraîne souvent à des frais assez considérables.

Pour remédier à ces inconvénients et aplanir ces difficultés, il faut en arriver au tracé de la distribution à la plus grande échelle possible ; mais pour cela, il faut avoir en main un ensemble de constructions simples, faciles à retrouver sans en revoir à chaque fois la théorie, parlant rapidement aux yeux et qui soient à la portée de tous ceux qui, peu rompus aux solutions algébriques, ont quelque habitude des tracés graphiques.

Les méthodes que nous exposons plus loin réalisent, croyons-nous ces *desiderata* en permettant de construire rapidement, à des échelles très grandes des épures rigoureusement exactes. Présentées sans aucune prétention de notre part, nous espérons qu'elles seront de quelque utilité à ceux qui en feront l'application.

EXPOSÉ DE LA MÉTHODE

DIVISION

Toutes les épures que nous établissons, pour étudier exactement les distributions et faire saisir la succession des différentes phases par des diagrammes parlant aux yeux, sont construites en appliquant les mêmes procédés. La théorie de ces tracés graphiques est simple et peut se faire sans avoir recours au calcul ; nous ne nous servons en quelque sorte que de remarques permettant de simplifier et de faciliter les épures ; nous croyons être arrivés par là à mettre notre méthode à la portée de toutes les exigences d'un bureau de dessin. Ce ne sont pas des théorèmes de géométrie, qui s'adressent à la mémoire, ce sont des procédés graphiques qu'il est toujours possible de retrouver rapidement.

Toute la méthode se trouve exposée dans le chapitre II où nous faisons l'étude des mouvements simultanés des extrémités d'une bielle animée d'un mouvement quelconque. Cette étude sert de base à tout le travail ; elle nous permet de trouver la loi des déplacements d'une bielle et d'établir un diagramme des mouvements simultanés des extrémités et même des points intermédiaires. En appliquant ce procédé graphique à l'examen des tiroirs mus par une barre d'exentrique agissant directement ou par l'intermédiaire d'une combinaison de leviers, il nous a été possible de faire des épures qui rendent *exactement* compte de toutes les conditions de la distribution de la vapeur dans les cylindres.

Nous donnons toujours des solutions exactes ; mais nous les faisons précéder de solutions approchées et rapides qui peuvent être utiles pour des avant-projets. On verra d'ailleurs qu'il est très facile de passer d'une solution approchée à une solution exacte.

Notre travail comprend donc en résumé la représentation des mouvements simultanés des extrémités de une ou plusieurs bielles et nous en faisons l'application à toute une série de distributions pour montrer comment il est possible de se servir de nos méthodes.

La méthode s'applique à toutes les combinaisons de mouvements employés dans les machines à déclic et nous nous sommes attachés à mettre en évidence les caractéres communs à des distributions qui paraissent d'abord très différentes.

CHAPITRE PREMIER

THÉORIE DE LA DISTRIBUTION PAR TIROIR SIMPLE ET DÉFINITIONS GÉNÉRALES

§ 1er

De la distribution dans les machines à vapeur

Pour assurer la marche alternative du piston d'une machine à vapeur, il est nécessaire de faire communiquer chacune des extrémités du cylindre alternativement avec la chaudière, et avec l'atmosphère ou le condenseur, suivant qu'il s'agit de machine avec ou sans condensation.

Supposons en effet (*fig.* 1), le piston à son fond de course Æ (1).

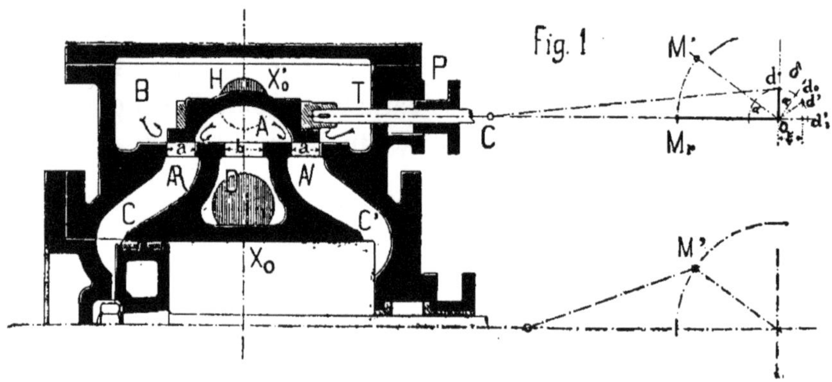

(1) On est dans l'habitude de désigner par Ñ et Æ l'*avant* et l'*arrière* de la machine, Ñ concernant le côté du cylindre le plus rapproché de l'arbre de couche et Æ celui qui en est le plus éloigné. Chaque organe de la machine prend alors la dénomination Ñ, Æ suivant le côté de la machine où il se trouve situé. Quelques auteurs remplacent ces termes par ceux de *haut* et *bas*, haut ayant même signification que Ñ et bas même signification que Æ.

Pour qu'il puisse parcourir le cylindre sous l'impulsion de la vapeur, il faut que sa face *Æ* soit mise en communication avec la chaudière tandis que sa face *N* est mise en relation avec le condenseur ou avec l'atmosphère.

Si les communications sont inversées au moment où le piston arrive à son fond de course *N*, le piston reviendra à sa position primitive, et la marche alternative sera ainsi obtenue.

Le cylindre porte à ses deux extrémités des conduits de vapeur *C* et *C'* débouchant d'une part dans le cylindre au voisinage de chacun de ses fonds, et de l'autre dans un récipient de vapeur *B* qu'on nomme *boîte à vapeur* et dont l'intérieur est en communication constante avec la chaudière par un conduit spécial *H*.

Outre ces deux conduits *C* et *C'* débouchant par leurs deux *orifices a* dans la boite à vapeur, il existe également un orifice *b* qui communique par un conduit *D* avec le condenseur ou avec l'atmosphère et qu'on nomme *conduit d'échappement*, cet orifice prend le nom d'*orifice d'échappement*, les orifices *C* et *C'* celui d'*orifices d'introduction.*

L'orifice *b* est ordinairement disposé au centre des deux autres et affecte comme eux la forme d'un rectangle s'ouvrant sur une face parfaitement plane et dressée soigneusement qu'on appelle *table* où *glace* du cylindre.

Les hauteurs *a* et *b* de ces rectangles sont ordinairement petites par rapport à leur largeur *l*.

Sur cette glace, se trouve la *coquille* ou *tiroir de distribution.* Cette coquille a la forme d'une boite renversée, ayant sa face inférieure parfaitement plane et dressée de façon à glisser à frottement doux sur la glace. Le contact étant parfait entre les bandes ou pourtour de la coquille et la glace, aucune communication n'est possible entre l'intérieur et l'extérieur de la coquille, qui constitue ainsi un appareil propre à assurer les communications nécessaires du cylindre tantôt avec le condenseur, tantôt avec la chaudière.

En effet, la coquille ou tiroir étant dans la position de la figure 1 recouvre exactement par ses *bandes* de hauteur *a* égales à la hauteur des orifices *C* et *C'* ces mêmes orifices ; et aucune communication n'est possible entre le cylindre et l'intérieur de la boîte (et par conséquent de la chaudière) d'une part et entre le cylindre et le condenseur de l'autre. Le cylindre est donc absolument isolé.

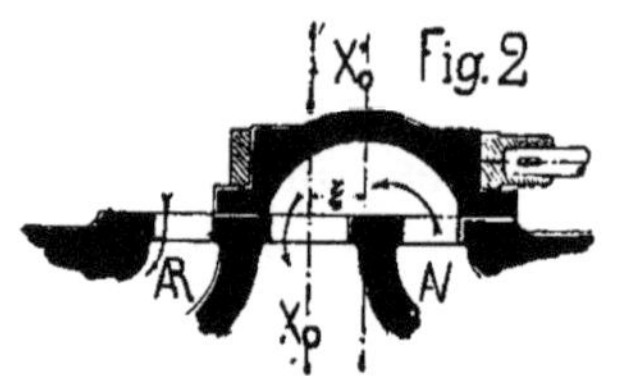

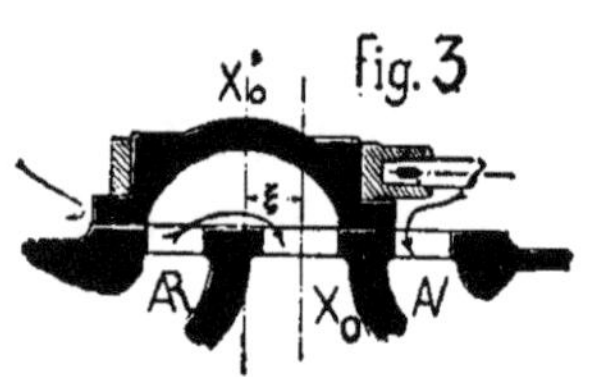

Si au contraire nous venons à déplacer la coquille *A* et à mettre ce tiroir dans la position de la figure 2, nous établissons une communication entre la boîte à vapeur et par suite la chaudière et la face *Æ* du piston ; tandis que la face *N* se trouve mise en relation avec le condenseur ou l'atmosphère par l'intérieur de la coquille, ainsi que l'indiquent les figures.

Le piston est donc lancé d'arrière en avant.

Si nous déplaçons le tiroir pour le mettre dans la position de la figure 3 inverse de la précédente, l'effet inverse est produit et le piston est lancé d'avant en arrière.

§ 2

Description des organes de distribution

Ordinairement le mouvement du tiroir à coquille est obtenu à l'aide d'une *tige de tiroir T* (fig. 1) formant *cadre* et s'emboîtant à frottement doux dans une portée bien dressée et ménagée à l'extérieur de la coquille. Ce dispositif sur lequel nous reviendrons avec détails par la suite a pour but de permettre au tiroir de s'appliquer exactement sur la glace contre laquelle ce dernier est poussé par la pression de la vapeur, sans que pour cela la tige du tiroir soit soumise à aucune flexion.

Cette tige assujettie à décrire un axe parfaitement rectiligne, sort de la boîte à vapeur *B* par un *presse étoupe P*, interceptant tout passage de vapeur autour de la tige. Le mouvement est communiqué à cette tige à l'aide d'une petite *manivelle* calée sur l'extrémité de l'arbre moteur, ou si ce dernier n'est pas libre, à l'aide d'un *excentrique* monté sur une *poulie* excentrée et dont le centre décrit un cercle autour de l'axe de l'arbre moteur. La théorie de cet organe remplaçant la manivelle n'est pas à faire ici, elle se trouve dans les traités spéciaux de cinématique et nous ne nous y arrêterons pas. Il nous suffira de rappeler que le centre de la poulie décrit exactement le même cercle qu'une manivelle ayant pour rayon le *rayon d'excentricité* de la poulie, ou mieux, la distance qui sépare le centre de l'arbre moteur du centre de cette *poulie d'excentrique*.

Cette distance prend le nom de rayon d'excentricité ou plus simplement d'*excentricité*.

On nomme *collier d'excentrique* le collier en deux pièces qui enveloppe la poulie, et *barre d'excentrique* la bielle *Cd* (*fig.* 1) qui relie le collier à la tige de tiroir.

Nous reviendrons plus loin sur la construction de ces divers organes et nous supposerons pour le moment que le tiroir est commandé par une bielle et une manivelle simple.

Il suit de ce mode de commande que le tiroir ne reçoit pas un mouvement brusque de déplacement ; mais que les orifices sont démasqués avec une vitesse variable en chaque point de la rotation de l'arbre.

En effet, le déplacement du tiroir sera mesuré (*fig.* 1) à chaque moment par la projection du rayon d'excentricité *od* sur l'axe de la tige du tiroir ou pour s'exprimer plus simplement sur l'*axe du tiroir*.

Il faut, pour que cela soit exact, admettre que la bielle ou barre d'excentrique ait une longueur *infinie* et se meuve en restant constamment parallèle à elle-même, ce qui n'est qu'une approximation et une simplification.

Nous verrons comment on tient compte de l'*obliquité*, variable en chaque point, de cette barre ; et ce serait là pour le moment compliquer inutilement l'exposé très simple que nous voulons d'abord donner.

Le tiroir recouvrant exactement par ses bandes les orifices, comme l'indique la figure 1, est dit en *position moyenne* et si nous traçons les *axes transversaux* X_0 de la glace et X'_0 du tiroir à coquille, on dit que le tiroir est dans la position de *coïncidence des axes*.

Cette expression devant revenir constamment dans la suite nous appelons dès maintenant l'attention sur elle.

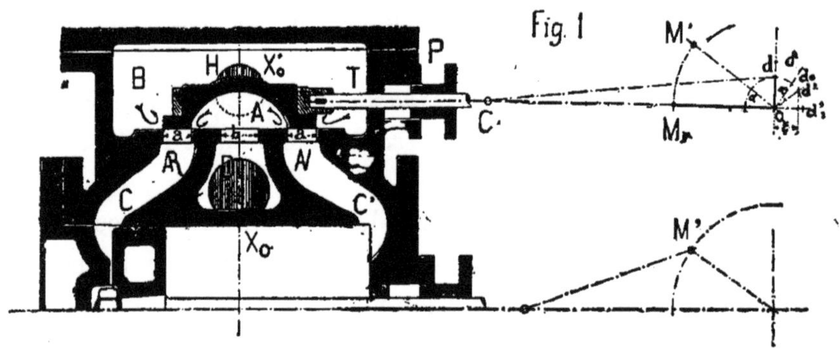

On est dans l'habitude de compter ou mesurer les mouvements du tiroir par rapport à cette position moyenne. La fonction du tiroir étant de distribuer la vapeur sur chacune des faces du cylindre, il était rationnel de prendre comme point de départ cette position moyenne. Mais ceci est une pure convention destinée à simplifier les épures relatives au mouvement du tiroir et il est clair qu'on pourrait, n'était cette raison de simplicité plus grande, prendre comme point de départ tout autre position, celle des fonds de course ou points morts par exemple, comme on le fait quand il s'agit de compter les écarts du piston dans le cylindre.

Dans ce cas là, les calculs relatifs aux dimensions du cylindre étant établis en fonction des fractions de course pendant lesquelles il y a admission de vapeur, il était évidemment plus rationnel de prendre le point de départ aux points morts.

Pour la position moyenne du tiroir, l'excentricité *d* doit être en *od* (*fig.* 1) sur la normale à l'axe de la glace; car nous avons dit que nous considérions pour le moment la barre d'excentrique comme ayant une longueur infinie, d'où il suit que les déplacements du tiroir ont pour mesure les projections sur l'axe *oC* du rayon d'excentricité *od*.

Mesurant nos déplacements ou *écarts* par rapport à la position moyenne; nous voyons que la projection du rayon d'excentricité doit être nulle quand l'écart est nul, c'est-à-dire quand le tiroir occupe sa position moyenne.

Pour cette position, l'excentricité doit donc bien être en *d* sur la normale à la direction de l'axe des glaces.

L'usage a consacré la notation ξ pour indiquer les écarts du tiroir à partir de sa position moyenne ou de coïncidence des axes. Ainsi nous aurons en *od*.

$$\xi = 0.$$

Si l'on cherche maintenant quelle devra être la position de la manivelle motrice *OM* commandant le piston, par rapport à la position de la manivelle *od* commandant le tiroir, nous voyons, qu'en considérant encore la bielle motrice comme ayant aussi une longueur infinie, le bouton de manivelle doit être et ne peut être qu'à l'un de ses points morts, et le piston à son fonds de course, quand le tiroir occupe sa position moyenne.

En effet, au moment où le piston est à l'un de ses fonds de course, le tiroir doit être prêt à démasquer l'orifice pour relancer le piston en sens inverse, et comme il doit en être ainsi pour chacun des deux fonds de course, il n'y a que la position moyenne qui permette de démasquer ainsi les orifices d'introduction et d'échappement soit à l'avant soit à l'arrière.

Il y a là une raison de symétrie qu'il est facile de saisir.

Il s'en suit que, lorsque le tiroir est en position moyenne, le piston est à l'un de ses fonds de course, et la manivelle motrice au point mort correspondant. La manivelle du tiroir doit donc être *calée* à angle droit avec la manivelle motrice.

§ 3

Calage du tiroir, son mode de déplacement

De plus, nous disons que la manivelle du tiroir doit être calée à angle droit et en avant de celle du piston, dans le sens de rotation choisi pour la marche. Elle doit être (*fig.* 1) en od si la manivelle est à son point mort arrière M_r et si la rotation a lieu dans le sens de la flèche. L'inspection de la figure 1 le fait voir sans démonstration. Il faut pour que l'arbre tourne dans le sens de la flèche et que le piston soit lancé en avant, que l'orifice Æ soit démasqué à l'introduction et que celui $\dot{N}$ vienne en communication avec l'échappement D.

Si nous supposons que le bouton de manivelle M vienne en M' après une rotation de l'arbre moteur mesurée par l'angle $M_r\, oM' = \alpha$, l'excentricité aura tourné du même angle α et viendra en d'.

La projection du rayon d'excentricité sur oC étant

$$od' = \xi.$$

le tiroir se sera déplacé vers l'N de cette même valeur ξ et l'orifice N sera découvert de la même quantité tandis que l'orifice Æ sera démasqué de la même valeur ξ à l'intérieur de la coquille.

On voit également à l'inspection des figures 2 et 3, et sans qu'il soit besoin d'insister que le rayon r d'excentricité doit être égal à la hauteur a des orifices ; car pour que ces derniers soient complètement démasqués il faut que l'écart ξ ait pour valeur cette hauteur a.

Ce maximum d'écart ξ sera évidemment obtenu, quand le rayon d'excentricité od se projettera en vraie grandeur sur l'axe oC.

§ 4

Disposition et fonctionnement du tiroir normal, recouvrement, angle d'avance

Nous avons supposé jusqu'ici pour simplifier notre exposition que les barrettes d'appui de la coquille sur la glace avaient exactement la hauteur des orifices du cylindre.

Il n'en est pas habituellement ainsi et cette hauteur de barettes ou *bandes* de la coquille, excède sensiblement celle *a* des orifices.

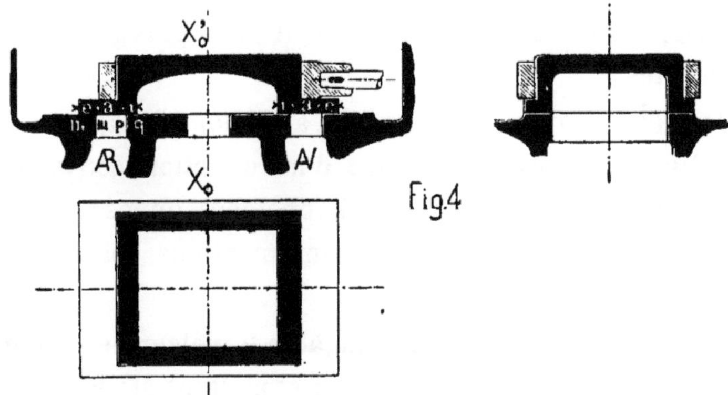

Fig.4

En outre des raisons spéciales au fonctionnement de la vapeur dans les machines *à détente*, machines qu'on construit presque exclusivement maintenant, il est facile de comprendre qu'on obtienne ainsi une étanchéité plus parfaite de la coquille sur la glace.

Si nous supposons le tiroir dans sa *position moyenne* (*fig.* 4). On appelle *recouvrements* les quantités dont les bandes de la coquille dépassent de chaque côté les orifices.

On distingue ces recouvrements entre eux, suivant qu'ils sont situés en dehors ou en dedans de la coquille, et on appelle *recouvrements extérieurs* les quantités *mn*, et *recouvrements intérieurs* les quantités *pq*, dont les bandes dépassent les orifices vers l'intérieur de cette même coquille. On désigne habituellement par *e* les premiers et par *i* les seconds.

Revenant à l'exposé du fonctionnement du tiroir tel que nous l'avons supposé jusqu'ici, nous voyons que l'adjonction de ces recouvrements ne nous permet plus de caler l'excentricité sur l'arbre moteur à angle droit de la manivelle motrice.

Le piston étant à l'un de ses fonds de course, le tiroir ne peut plus être dans sa position moyenne, car alors il ne serait plus sur le point de découvrir l'orifice convenable comme cela doit être ; puisque, pour cela faire, il faudrait qu'il se déplaçât d'abord de la quantité e, c'est-à-dire de toute la hauteur du recouvrement extérieur pour que l'introduction de la vapeur ait lieu, et de toute la quantité i pour que l'ouverture à l'échappement se produisît sur l'autre face ; ou mieux qu'il se déplaçât de la plus grande de ces deux quantités.

D'où la nécessité d'avoir la coquille, à ce moment là, bord à bord avec l'arête extérieure de l'orifice d'introduction convenable et avec l'arête intérieure de celui d'échappement opposé ; de façon qu'au moindre mouvement les communications soient établies convenablement.

Le tiroir aura donc dû marcher déjà de la valeur du plus grand des recouvrements au moment où le piston étant arrivé à fond de course doit repartir en sens opposé.

Il faudra en d'autres termes, qu'au moment où la manivelle est au point mort, l'écart du tiroir ait déjà pour valeur

$$\xi_0 = e$$

si on a, comme c'est l'habitude $e > i$; ou $\xi_0 = i$ si par hasard c'était l'inverse qui eût lieu.

Ceci oblige donc à caler la manivelle du tiroir sous un angle plus grand que 90°, $M_r od_0$ (*fig.* 1), et on nomme *angle d'avance l'angle* dod_0 que fait le rayon d'excentricité avec la normale od à l'axe de la glace, quand le piston est au point mort, et on le désigne ordinairement par la lettre δ.

L'angle des deux manivelles est donc égal à $90^0 + \delta$.

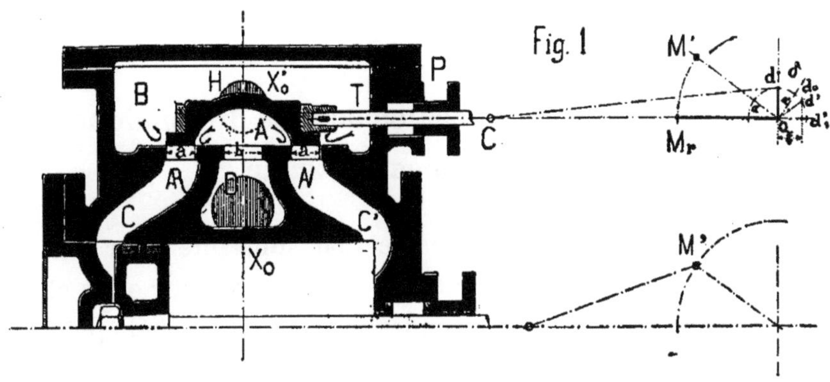

Fig. 1

Il est à remarquer que, si la face de la table du tiroir n'était pas parallèle à l'axe du cylindre, cet angle des deux manivelles ne serait plus égal à $90^0 + \delta$ mais à $90^0 + \delta \pm \beta$, $\pm \beta$ étant l'angle que l'axe du cylindre ferait avec la direction de la glace. La définition de l'avance telle que nous la donnons est donc générale.

§ 5

Avances linéaires à l'introduction et à l'échappement

Ordinairement on ne se contente pas de donner à δ la valeur nécessaire pour que la projection od_0 soit seulement égale à $\xi_0 = e$ et on lui donne un angle plus grand, de façon que la valeur de ξ_0 soit plus grande que e; ce qui revient à dire qu'on commence à démasquer les orifices avant que le piston ne soit arrivé à ses fonds de course, et on nomme *avance linéaire à l'introduction* la quantité dont l'orifice est ouvert à l'introduction quand le piston est au point mort, et *avance linéaire à l'échappement* la quantité dont l'orifice est ouvert à l'échappement quand le piston occupe cette même position.

Nous verrons la raison de ce dispositif, mais il est bon auparavant de donner quelques notions sur la dimension et la disposition des orifices du cylindre.

§ 6

Considérations générales sur les dimensions des orifices du tiroir

Les orifices doivent avoir une section suffisante pour que les communications entre le cylindre et la boîte à vapeur ou la chaudière, et entre le cylindre et le condenseur où l'atmosphère puissent s'effectuer librement et sans perte de charge sensible.

On peut calculer le débit des orifices en déterminant la vitesse de la vapeur sous une charge assignée par avance ; cette charge venant en déduction de la pression effective réalisée dans le cylindre.

En d'autres termes, en se donnant de prime abord la perte de charge qu'on tient à ne pas dépasser pour produire l'écoulement de la vapeur, de la boîte au cylindre, et du cylindre au condenseur ou à l'atmosphère, on déterminera la vitesse d'écoulement, et étant donné le volume de vapeur qui doit passer par l'orifice, on en déduira la section de l'orifice.

Mais les conditions à remplir sont plus complexes : ainsi, au moment de l'admission, bien que le piston marche très lentement, puisqu'il est dans les environs de son point mort, et qu'à ce moment tout se borne à remplir les espaces nuisibles constitués par le volume des orifices compris entre les parois du cylindre et la surface de la glace, il faut encore que l'orifice débite suffisamment pour parer aux condensations énergiques qui se produisent.

En effet, de la vapeur chaude arrive sur des parois qui viennent d'être soumises à l'action refroidissante du condenseur et sont en équilibre de température avec lui. Si l'orifice a une section trop faible pour débiter sous une charge restreinte le volume de vapeur nécessaire pour parer à ces condensations et alimenter le cylindre, il se produira un abaissement de tension que révèlera la courbe de l'indicateur de Watt et qu'on nomme *étranglement* ou laminage.

Bien que cet étranglement, suivant quelques ingénieurs, n'ait peut-être pas des résultats aussi fâcheux qu'on le pensait, par suite des revaporisations auxquelles il donne lieu dans l'intérieur du cylindre, on cherche généralement à l'atténuer le plus possible en donnant des sections suffisantes aux orifices d'introduction.

Ces mêmes étranglements se manifesteraient pendant la période d'évacuation au moment de l'ouverture au condenseur ou à l'atmosphère, si la section des orifices d'échappement était trop exiguë ; et là encore cet étranglement serait accusé par une contre-pression trop élevée sur la face du piston mise en relation avec l'évacuation.

L'équilibre de pression, entre le cylindre et le condenseur ou l'atmosphère, serait trop long à s'établir, et il s'ensuivrait un travail négatif trop grand, diminuant notablement l'utilisation de la machine.

Si les constructeurs ne s'accordent pas sur le plus ou moins de défectuosité des étranglements à l'admission, tous sont d'accord de les éviter soigneusement à l'échappement ; car là il n'y a pas matière à discussion. Le travail de la contre-pression est un travail négatif qu'il faut réduire autant que faire se peut, en donnant aux orifices d'échappement de grandes sections.

La détermination de la section des orifices n'est donc pas aussi simple qu'on serait tenté de le croire, et les phénomènes décrits plus haut, étant bien difficiles, pour ne pas dire impossibles, à analyser mathématiquement, on est dans l'habitude de s'en tenir à des proportionnalités que la pratique confirme.

§ 7

Dimensions usitées des orifices du tiroir

On détermine donc la section des orifices de façon que le rapport de cette section à celle du piston soit compris pour l'*introduction* entre $\frac{1}{14}$ et $\frac{1}{25}$ et pour l'échappement entre $\frac{1}{10}$ et $\frac{1}{15}$; la section des conduits correspondant à ces orifices doit être de cinquante pour cent environ supérieure à ces mêmes orifices.

Quelques ingénieurs estiment qu'il est préférable de prendre pour point de départ non pas la section du cylindre, mais le travail indiqué sur le piston; la vitesse de ce dernier entrant dans l'évaluation du travail. La section des orifices varie pour l'introduction de 1 à 1,5 centimètres carrés, et de 2 à 4 centimètres carrés pour l'évacuation, par cheval *indiqué* sur le piston suivant la rapidité avec laquelle se meuvent les organes de distribution.

D'autres proportionnent les orifices au volume du cylindre, et les proportions usuelles varient de $V \times 0,02$ à $V \times 0,03$ pour l'admission et de $V \times 0,03$ à $0,04$ pour l'évacuation. V étant le volume du cylindre.

Quelques constructeurs calculent leurs orifices en fonction du poids de vapeur écoulé par seconde, et prennent pour section de l'orifice d'échappement, 1,8 à 2 centimètres carrés par gramme de vapeur écoulée par coup de piston.

Si on se base sur la vitesse moyenne d'écoulement, le calcul est facile à faire :

Soit S la section du piston, s celle de l'orifice, c la course du piston, n le nombre de tours que fait la machine par minute, et v la vitesse moyenne du piston par seconde ; on a

$$v = \frac{2\,c\,n}{60}$$

le rapport des sections du piston et de l'orifice étant $\frac{S}{s}$, la vitesse

V de la vapeur, dans son passage au travers de l'orifice, aura pour valeur

$$V = v \times \frac{S}{s}$$

mais c'est là une vitesse absolument fictive, et qui peut servir seulement comme terme de comparaison pour des machines de même type.

En effet, la vitesse du piston est variable en chaque point de la course, et l'orifice présente des sections également variables. Pour avoir la vitesse de la vapeur, il faudrait calculer la vitesse du piston pour un certain nombre de points de sa course, et déterminer pour chacune de ses positons la section de l'orifice.

Nous ne pouvons mieux faire que de renvoyer au travail très intéressant de M. Cornut, présenté au cinquième Congrès des ingénieurs en chef des Associations de Propriétaires d'appareils à vapeur, tenu à Lyon (septembre 1880.)

Ces calculs permettront de déterminer la vitesse maxima de la vapeur.

M. Cornut a trouvé que, pour des machines à conduits d'admission courts, des vitesses maxima de 50 à 55 mètres, ne donnaient aucune perte de charge sensible, et que, dans les machines à conduits sinueux, on devait limiter cette vitesse maxima à 40 mètres

A ne considérer que la vitesse moyenne, celle-ci varie de 25 à 50 mètres, et si on applique le mode de calcul de M. Cornut, on reconnait que les vitesses maxima varient dans les mêmes circonstances de 40 à 83 mètres.

La tendance n'est pas actuellement d'augmenter la vitesse de la vapeur à son passage au travers de l'orifice, mais d'augmenter la vitesse du piston, d'où il découle un accroissement de la section des orifices dans les machines de construction récente.

S'il est bon de parer aux étranglements par de larges orifices, il faut aussi faire entrer en ligne de compte que le volume de ces conduits constitue un espace nuisible, qu'il faut remplir à chaque coup, et un accroissement des surfaces de condensations.

Il serait donc plutôt nuisible qu'utile d'accroître par trop cette section.

En restant dans les limites données plus haut on se tiendra dans une bonne moyenne. C'est du moins ce que la pratique confirme.

§ 8

Forme des orifices

L'orifice affecte la forme d'un rectangle de faible hauteur et de grande longueur ; ceci dans le but d'obtenir une section suffisante sans donner au tiroir une course trop étendue qui entraînerait à des dimensions considérables pour la poulie d'excentrique et pour son collier et des frottements exagérés dans ces organes.

Pour déterminer le rapport de la longueur à la largeur, on se base ordinairement sur la dimension du cylindre à défaut d'autre considération que peut entraîner telle ou telle disposition d'ensemble de la machine. On prend ordinairement cette longueur entre la moitié et les deux tiers du diamètre du cylindre, et la hauteur se déduit du calcul de la section. Cette hauteur d'après cela varie entre 0,1 et 0,14 du diamètre du cylindre.

Dans les machines ne possédant que deux orifices, et c'est là le cas le plus général, chacun d'eux sert à tour de rôle à l'introduction et à l'échappement de la vapeur. Il est donc rationnel d'adopter pour leur section la plus grande des deux, c'est-à-dire celle nécessaire pour la période d'évacuation. Le tiroir doit alors être disposé pour découvrir complètement l'orifice à l'échappement, et de la quantité nécessaire à l'introduction pour que la section de passage corresponde à celle reconnue convenable pendant cette période.

Il est évident que cette ouverture devra être rapidement effectuée et que de cette rapidité dépend le choix du rapport entre la section de l'orifice et celle du piston ; le rapport le plus faible convenant pour les tiroirs à marche lente et le plus fort à ceux animés au contraire de marche rapide. Il est bon de tenir compte en plus des observations faites plus haut sur le travail indiqué et sur la vitesse du piston.

Chaque constructeur trouve dans sa pratique la valeur la plus convenable de ce rapport.

§ 9

Importance des avances à l'introduction et à l'échappement, période de compression

Nous avons dit (§ 5) qu'il était nécessaire que la manivelle commandant le tiroir fasse, avec celle commandant le piston, un angle d'avance δ capable de produire des avances linéaires ; on se propose surtout, en opérant ainsi, d'ouvrir plus rapidement les orifices à mesure que le piston prend de la vitesse en avançant dans le cylindre, de façon que le maximum de vitesse de ce piston, maximum qui se trouve vers le milieu de sa course (ce qui n'a pas besoin de grande démonstration), corresponde à peu près au maximum d'ouverture de l'orifice, et même que cette ouverture maximum se fasse un peu avant. Ceci, important pour la période d'évacuation, l'est encore davantage pour celle d'introduction, surtout dans les machines à grande vitesse.

Avec les machines actuelles, qui fonctionnent à de faibles introductions, il est même nécessaire que ce maximum d'ouverture ait lieu bien avant le point de vitesse maximum puisque l'introduction aura cessé depuis longtemps à ce moment là.

Nous ne croyons pas devoir insister davantage sur la nécessité de l'avance qui trouve encore un argument dans les conditions requises pour un bon fonctionnement de la machine.

En effet, au moment où le piston change de sens, l'inertie des pièces en mouvement tend à produire des chocs nuisibles à la solidité des organes. L'avance à l'introduction, en interposant un matelas élastique de vapeur sous le piston, atténue ces chocs en grande partie et rend la marche plus douce. On ne se borne pas à cette avance qui ne peut, en général, se produire que dans une partie très faible de la course, et on accentue la formation de ce matelas par la *compression* de la vapeur d'échappement, en fermant par avance l'orifice d'évacuation.

L'inspection du tiroir muni de recouvrements montre du reste que, pour un même orifice par exemple, il ne peut y avoir cessation immédiate de la communication au condenseur et ouverture simultanée dans la boîte à vapeur (*fig. 4*). Il faut, en effet, le tiroir étant supposé fermé à l'échappement, pour que l'admission puisse avoir lieu, que le tiroir marche des quantités cumulées $e + i$.

Il existe donc forcément une période pendant laquelle le cylindre est absolument isolé, tant du condenseur que de la boîte à vapeur. Pendant cette période, il y a, le piston continuant sa course, forcément compression de la vapeur d'échappement.

Cette compression vient en aide à l'avance pour produire le matelas que nous avons montré nécessaire à la disparition des chocs ; elle a encore pour effet de réchauffer les parois du cylindre du piston et des conduits, et de diminuer les condensations au moment d'un nouvel afflux de vapeur. De plus elle a l'avantage d'atténuer, dans une certaine mesure, la perte due aux espaces nuisibles, en ramenant, à une pression voisine de celle de la chaudière, la vapeur qui garnit en pure perte ces espaces.

Il n'entre pas dans notre cadre de déterminer au point de vue thermique, la valeur de la compression sur laquelle du reste les constructeurs paraissent peu d'accord. Et en fait, comme la compression constitue un accroissement de travail négatif, il n'est pas aisé de déterminer *à priori* le point exact ou ce travail négatif est racheté par les économies réalisées par le réchauffement des parois (1). L'inspection des diagrammes de différents moteurs prouve amplement combien on s'accorde peu sur ce point délicat.

Chaque constructeur trouvera encore ici dans sa pratique personnelle la valeur la plus convenable à assigner à cette période de compression.

§ 10

De la période de détente

Le tiroir normal possède une fonction qu'il est temps de signaler, celle de produire, pendant une certaine période de la course du piston, la détente de la vapeur, en interceptant l'admission avant la fin de la course du piston.

La raison en est la même que celle donnée plus haut (§ 9) quand nous avons parlé de la période de compression.

En effet, considérons la face Æ du piston, par exemple ; pour que l'ouverture (*fig.* 4) à l'échappement se produise et succède à celle d'introduction, il faut que le tiroir, à partir du point où cette dernière cesse, ait marché de la quantité

$$\xi = e + i\,;$$

pendant cette période, le cylindre ne communiquera par sa face Æ ni avec la boîte à vapeur ni avec le condenseur. Le piston ne pourra donc plus avancer dans le cylindre qu'en vertu de l'excès de pression existant sur la face Æ, il continuera sa marche tandis que la vapeur, augmentant de volume, diminuera de pression ; il y aura détente de vapeur.

Le tiroir normal à recouvrement jouit donc encore de l'importante fonction d'assurer, pendant une période déterminée, la détente de la vapeur.

(1) Voir de Fréminville... *Etude sur les machines compound*, Arthus Bertrand, 1878.

§ 11

Objets des épures de distribution

Ayant ainsi défini le fonctionnement d'un tiroir simple, il nous reste à donner les moyens de trouver les divers éléments d'une distribution. C'est là le but des *épures de distribution* et, pour faciliter leur établissement exact et rigoureux, nous allons tout d'abord entrer dans quelques considérations générales qui nous permettront de résoudre, avec une rigoureuse exactitude, les nombreux problèmes qu'entraîne un pareil sujet.

Le piston d'une machine à vapeur transmettant sa puissance à l'arbre moteur par l'intermédiaire d'une bielle et d'une manivelle, et le tiroir de distribution recevant le mouvement par un intermédiaire analogue, nous allons chercher comment il est possible d'obtenir graphiquement et rigoureusement les positions simultanées d'une bielle dont les extrémités sont assujetties à décrire des trajectoires connues. Ceci nous permettra de retrouver facilement, à l'aide d'une épure convenablement tracée, les relations qui existent entre la marche de la manivelle et du piston, entre la marche de l'excentrique et du tiroir, et enfin entre ces deux mouvements combinés. Nous résoudrons ainsi le problème de l'étude d'une distribution qui consiste, d'une manière générale, à savoir quelle est la position du tiroir pour une position déterminée du piston dans le cylindre à vapeur.

CHAPITRE II

MÉTHODE DES GABARITS

DÉPLACEMENTS SIMULTANÉS DES EXTRÉMITÉS D'UNE BIELLE ANIMÉE D'UN MOUVEMENT QUELCONQUE

§ 12

Méthode générale des gabarits

Soit (*fig.* 5) deux trajectoires quelconques $A A_1$, $B B_1$ sur lesquelles sont astreintes à se mouvoir les deux extrémités A et B d'une bielle $A B$ de longueur constante et égale à L. Par A menons une droite de direction arbitraire $A X$, et par ce même point A comme centre avec

$$A B = L$$

pour rayon, décrivons un arc de cercle $B a$.

Considérons une seconde position $A_1 B_1$ de la bielle et par A_1 menons $A_1 X_1$ parallèle à $A X$. De A_1 comme centre avec L pour rayon, décrivons un arc de cercle $B_1 a_1$; cet arc coupe en a_1 la droite $A_1 X_1$. Si nous opérons de même pour chaque position de la bielle, nous obtiendrons une série de points tels que a, a_1 etc.,

Fig. 5.

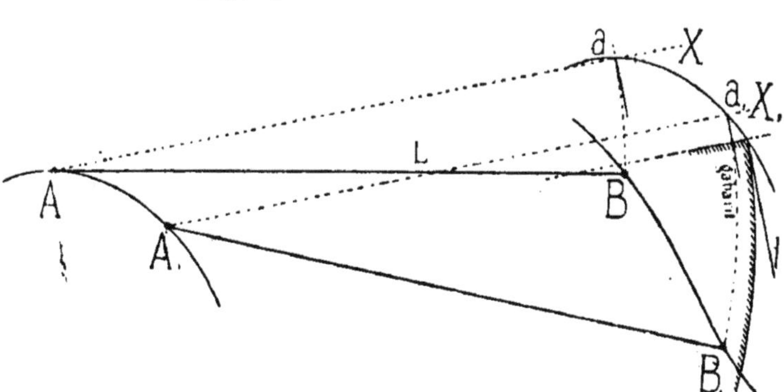

qui, raccordés entre eux, nous donneront une courbe qui ne sera autre chose que la courbe $A A_1$ transportée parallèlement à la direction arbitraire $A\,X$ d'une quantité égale à la longueur L de la bielle, puisqu'on a par construction

$$A\,a = A_1\,a_1 = L.$$

On voit de plus que les arcs $a\,B$, $a_1\ B_1$, etc..., ont leur tangente en a, a_1,... normale à la direction $A\,X$. Il suit de là que la direction $A\,X$ étant déterminée *à priori* et la trajectoire $A\ A_1$ étant transportée parallèlement à $A\,X$ d'une quantité égale à la longueur de la bielle, le gabarit de l'arc constant $a\,B$, permettra de déduire les positions simultanées de chaque extrémité de la bielle $A\,B$ sur ses trajectoires (1).

Les mêmes constructions permettraient de déterminer ces positions simultanées dans le cas où ce serait la trajectoire $B\ B_1$ qui serait transportée parallèlement à $A\,X$ de la même quantité L. Il suffit de remarquer que les arcs à décrire ont toujours leur tangente normale sur la direction $A\,X$, à leur point d'intersection avec la trajectoire dont on a effectué le transport.

Comme gabarit, à moins que l'on ait sous la main un jeu de courbes de tous rayons il sera facile de découper une feuille de carton d'un développement suffisant, en ayant soin d'y repérer la direction d'un rayon, afin de mettre sur le dessin rapidement l'arc dans la position voulue pour effectuer correctement le rabattement. Il est plus expéditif et souvent plus commode de tracer purement et simplement sur une feuille de papier-calque l'arc et l'un de ses rayons. Mettant cet arc en position, grâce à la transparence du papier, il sera facile de pointer à travers le calque et d'une façon lisible l'intersection cherchée de l'arc avec la trajectoire.

(1) Il est possible, par une généralisation des projections, de traduire simplement la loi des déplacements simultanés des extrémités de la bielle. Nous remarquons, en effet, que les points a et B, a_1 et B_1 etc., sont obtenus par les intersections avec les trajectoires d'un arc de rayon constant et toujours orienté de la même manière; les points B, B_1 sont en quelque sorte les *projections circulaires* des points a, a_1. Les extrémités se déplacent donc en étant la projection circulaire l'une de l'autre.

En général, les trajectoires se réduisent à des cercles ou des arcs de cercle. Le transport de l'une d'elles devient dans ce cas très simple, puisqu'il n'y a qu'à transporter son centre de la quantité voulue.

Quant à la direction arbitraire du transport, dans chaque cas, une étude quelque peu attentive permet de la fixer, et le plus souvent elle s'impose d'elle-même.

Dans l'étude des épures des différentes distributions que nous nous proposons de construire, nous nous bornerons à renvoyer à cet exposé complètement général.

Nous déduisons de ce qui précède la règle entièrement générale suivante :

Etant données les trajectoires décrites par les extrémités d'une bielle, et la longueur de cette bielle, pour obtenir les positions simultanées de ses extrémités, il suffira de transporter, suivant une direction convenablement déterminée et d'une quantité égale à la longueur de la bielle, l'une quelconque des trajectoires et de faire passer par une position quelconque de l'une des têtes de bielle sur l'une des trajectoires un arc de rayon égal à la longueur de cette bielle et dont la tangente en son point de rencontre avec la trajectoire transportée soit normale à la direction du transport. Les intersections de cet arc avec les deux trajectoires donneront les positions simultanées cherchées.

Remarquons que *par construction l'arc décrit avec la longueur de la bielle comme rayon, tourne toujours sa concavité vers la position primitive de la trajectoire transportée.*

Cette remarque est importante pour faire cesser toute hésitation possible sur la position à donner au gabarit par rapport à la trajectoire transportée.

Un procédé analogue est applicable aux mouvements des points intermédiaires pris sur la bielle. Nous avons étudié cette généralisation dans l'examen de la distribution Sulzer.

Nous ferons remarquer ici l'utilité de cette méthode : la longueur L de la bielle est toujours très longue par rapport aux trajectoires ;

en rapprochant ainsi les deux trajectoires et en se servant des *gabarits*, on peut, sur une feuille de papier de dimensions réduites faire une épure à une très grande échelle.

Quant à la construction du gabarit elle est fort simple. Il suffit en effet de tracer sur un papier un peu épais un arc de rayon égal à la longueur de la bielle et d'arrêter cet arc à sa rencontre avec un de ses rayons. En découpant le papier suivant ce tracé on constitue le gabarit nécessaire à l'application de notre méthode. Pour les arcs très grands, ce gabarit peut être tracé à l'aide des tables donnant les ordonnées d'un cercle par rapport à une tangente.

On peut aussi se servir d'un simple calque sur lequel on a tracé l'arc et un de ses rayons. Ce calque s'oriente facilement et on lit au travers de son épaisseur les points cherchés.

Pour faciliter ces constructions préliminaires, nous donnons à la fin de notre atlas une série d'arcs tracés avec soin et qu'on reproduira aisément.

Dans les bureaux où on possède des jeux de courbes, celles-ci rempliront le rôle des gabarits, il suffira d'y tracer, s'il n'y existe déjà, un des rayons de l'arc.

§ 13

Application au cas d'une bielle motrice de machine à vapeur

Dans le cas spécial d'une bielle motrice d'une machine à vapeur, l'une des trajectoires est un cercle qui a pour rayon la longueur de la manivelle motrice, l'autre trajectoire se confond avec l'axe du cylindre à vapeur et se réduit par conséquent à une droite.

Il est tout indiqué dans ce cas que la trajectoire rectiligne est celle qu'il faut transporter et que la direction du transport devra être l'axe du cylindre passant par le centre de l'arbre de couche. C'est évidemment la solution la plus simple et la plus commode.

Soit donc (*fig.* 6) O le centre de l'arbre de couche, et OX l'axe du cylindre. Soit OA une position quelconque de la manivelle R, et AB la position correspondante de la bielle L. Tandis que l'extrémité A de la bielle décrit le cercle O, son extrémité B décrira la droite OX et $B_v\,B_r$ seront les deux fonds de course de ce point B. La longueur $B_v\,B_r$ sera évidemment égale à

$$A_v\,A_r = 2\,R.$$

Transportant cette trajectoire $B_v\,B_r$ de la longueur L, le point B_v viendra en A_v, le point B_r en A_r.

Pour avoir sur la trajectoire transportée les positions simultanées des extrémités de la bielle, il suffira de placer le gabarit de rayon L de telle sorte qu'il tourne sa concavité vers la direction OB et qu'il ait sa tangente normale à la direction du transport OX. Le gabarit coupera le cercle O en un point A qui représentera la position du bouton de manivelle correspondant à la position b du coulisseau B ou du piston qui a même course et même mouvement que ce point B.

Fig. 6

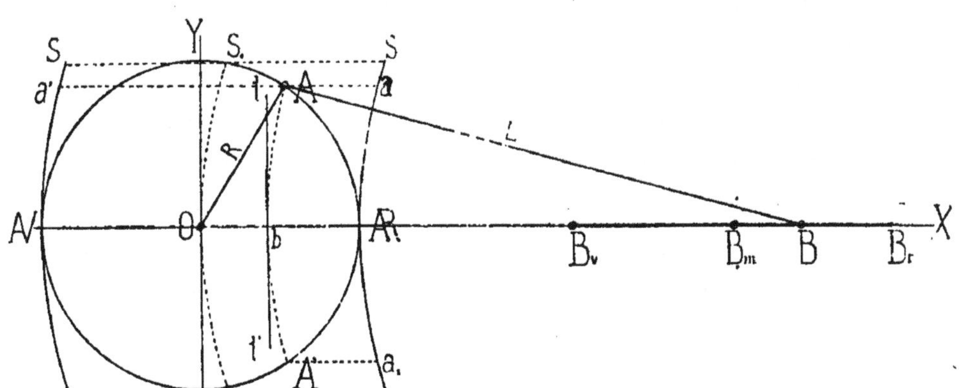

Remarquons qu'ici le gabarit devra être transporté parallèlement à lui-même, puisque sa tangente normale à OX devra toujours passer par le point où il coupe cette droite OX.

Ce qu'il importe de connaître ici, c'est moins la position elle-même du piston, que sa position relativement aux deux fonds de course. La remarque précédente nous conduit donc à décrire une fois pour toutes par les fonds de course N, $Æ$, et avec le gabarit, deux arcs ayant en ces points leur tangente normale à $O X$. Si par la position A du bouton de manivelle nous menons $A a$ parallèle à $O X$ jusqu'à sa rencontre en a avec l'arc $Æ S$, la distance

$$A a = b Æ$$

donnera le chemin parcouru par le piston à partir de son fond de course $Æ$ et

$$A a' = N b,$$

le chemin qui lui reste à parcourir pour atteindre son autre fond de course N.

Il suffira donc de mener des arcs de fonds de course de rayons égaux à la longueur de la bielle et tangents au cercle décrit par le rayon de manivelle aux deux points morts, pour pouvoir mesurer sur des parallèles à l'axe du cylindre, entre ces arcs et le cercle, les écarts du piston par rapport à ses deux fonds de course.

Cette construction montre *à priori* les irrégularités dues à l'obliquité des bielles. Quand le coulisseau est au milieu O de sa course, on voit directement que la manivelle n'est pas à la position $O Y$, elle se trouve en S_0 et l'écart est représenté par l'arc $Y S_0$.

En général, le rapport $L : R$ de la longueur de la bielle au rayon de la manivelle, ne dépasse pas 6 et souvent est inférieur à 5. L'irrégularité pour ses rapports usuels est très sensible, et il sera toujours nécessaire de faire les constructions précédentes si l'on veut procéder avec quelque exactitude. Nous trouverons, dans chacune des épures traitées plus loin, leur application.

Il est facile de comprendre l'utilité pratique de cette disposition. Il suffira d'avoir une feuille de papier capable de contenir le cercle $N Æ$ et de tracer avec un gabarit les deux arcs de fonds de course. Si l'on veut connaître à une grande échelle les positions du piston par rapport à ses fonds de course pour plusieurs positions de la manivelle, il n'y aura plus qu'à mener une série de droites parallèles telles que $a' A a$; il s'agit donc seulement de mener avec soin les arcs de fonds de course qui servent une fois pour toutes.

§ 14

Application à l'excentrique d'un tiroir

Nous avons vu que les tiroirs en général sont commandés par une petite manivelle ou par un excentrique donnant le même mouvement que cette manivelle.

L'épure nous permettra donc de retrouver facilement les positions de l'axe transversal du tiroir X'_0 (*fig. 1*) par rapport à celui X_0 de la place.

Nous avons vu aussi que l'on avait l'habitude de compter les écarts de ces axes par rapport à la position moyenne.

Les arcs de fonds de course deviendraient donc sans intérêt. Ce qu'il nous faut connaître dans ce cas là ce sont les écarts $B B_m$, B_m étant le milieu de $B_r B_r$ (*fig. 6*).

Or, si nous menons l'arc $O S_0$ nous mesurons les écarts du tiroir par les distances de cet arc au cercle, distances comptées parallèlement à la direction OX de transport, l'arc $O S_0$ passant par le milieu O de la distance N Æ et le point O étant, sur la trajectoire transportée, le point simultané de B_m.

Nous verrons plus tard quelle correction il faut faire subir à l'épure ainsi construite, par des raisons que nous exposerons, et qui tiennent à des questions de pratiques des ateliers.

§ 15

Application au cas d'une bielle de machine à balancier

Soit (*fig.* 7) $C B_3$ un balancier dont l'extrémité B_3 est attaquée par la bielle $A_3 B_3$, soit $O A_3$ la manivelle et O le centre de l'arbre de couche.

Le point B_3 décrit un arc de rayon $C B = l$, tandis que le point A_3 décrit le cercle O de rayon R. Soit L la longueur de la bielle.

On pourra effectuer le transport de l'une ou de l'autre trajectoire. Dans le cas où on étudiera spécialement les rotations de l'arbre, on aura avantage à transporter la trajectoire $B_1 B_2$; ce sera l'inverse quand on aura surtout à étudier les positions du balancier.

Quoi qu'il en soit, on choisira une direction $C X$ arbitraire de transport. Supposons que nous transportions la trajectoire $B_1 B_2$, ce transport s'effectuera très simplement en prenant sur $C X$,

$$C C' = L.$$

C' sera le centre de l'arc transporté, qu'on n'aura plus qu'à décrire avec l pour rayon.

Si au point A_3 correspondant à la position $O A_3$ de la manivelle, on applique le gabarit construit avec L pour rayon, de telle façon que sa tangente au point b_3 où il coupe l'arc $b_1 b_2$ transporté, soit normale à $C X$ (*fig.* 7) le point b_3 déterminera la position correspondante de l'extrémité du balancier et $C' b_3$ celle de ce même balancier. Et inversement étant donné $C' b_3$ la position du balancier, le gabarit orienté de telle façon, qu'en ce point b_3 sa tangente soit normale à $C X$, ira déterminer sur le cercle de la manivelle un point A_3 et $O A_3$ sera la position correspondante de la manivelle.

Pour déterminer les fonds de course du balancier, il suffira de placer le gabarit de telle sorte qu'ayant à son point de rencontre avec l'arc, sa tangente normale à CX il soit tangent au cercle de la manivelle. Les points de tangence $A_1 A_2$ détermineront les fonds de course correspondants de la manivelle, et les points $b_1 b_2$ ceux du balancier.

Fig. 7

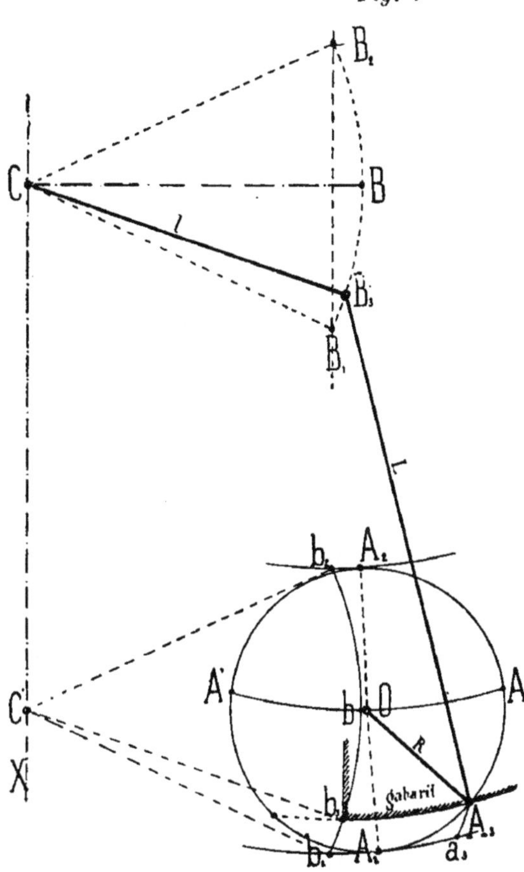

Il faut choisir la direction du transport de telle sorte que toute hésitation dans la détermination de ces points délicats soit impossible. Il suffit pour cela de choisir une direction très oblique. Les oscillations du balancier ne sont pas symétriques, et cela apparaît d'une façon très sensible, si nous menons le gabarit par le point O. Celui-ci coupera l'arc $b_1\,b_2$ en b et on constatera généralement que l'arc $b\,b_2$ n'est pas égal à l'arc $b\,b_1$.

Comme dans le cas précédent on pourra mener les *arcs de fonds de course*. Ces arcs ne sont autre chose que ceux décrits avec le gabarit convenablement orienté, et passant par les points $b_1 b_2$ et $A_1\ A_2$.

Soit A_3, une position du bouton de manivelle. Si par A_3 nous menions un arc *parallèle* à $b_2\,b_1$ (c'est-à-dire décrit avec le même rayon et dont le centre soit transporté sur un arc de rayon L

décrit avec le gabarit orienté en C'), cet arc coupe en a_3 l'arc $b_1 A_1$ de fond de course, et par construction, la distance $A_3 a_3$ comptée sur l'arc est égale à la distance $b_3 b_1$ comptée de la même façon. Les arcs de fond de course pourront donc déterminer encore les distances qui séparent une position quelconque du bouton de manivelle des positions extrêmes, seulement les coordonnées sont ici *circulaires* et non plus rectilignes

On pourra donc aisément avec le gabarit, sans s'astreindre à décrire avec la longueur de la bielle, toujours très grande, une série d'arcs, obtenir autant de positions simultanées du balancier et de la manivelle. *Le gabarit permettra d'obtenir rapidement un grand nombre de points sur une épure tracée à très grande échelle, en donnant par conséquent des tracés exacts sur une feuille de papier capable seulement de contenir le cercle décrit par la manivelle.*

§ 16

Application au cas d'un balancier en conduisant un autre

On a fait, dans ces dernières années, un tel emploi de ces dispositions pour l'établissement des machines Corliss, que nous croyons intéressant d'entrer dans quelques développements sur la construction de ces épures.

Fig. 8

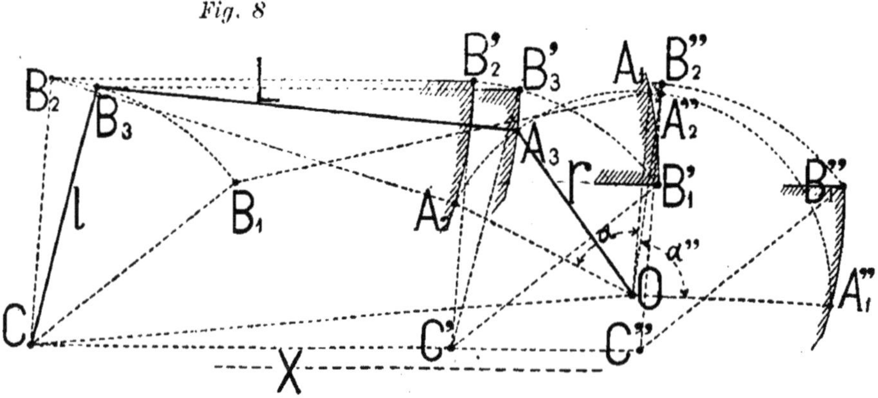

Soit (*fig.* 8) CB_3 un balancier dont l'extrémité B_3 est articulée à la bielle $A_3 B_3$, et donne le mouvement à un second balancier OA''_3.

Tandis que le point A_3 oscille autour d'un centre O et à l'extrémité d'un rayon $O A_3 = r$, le point B_3 oscille autour du centre C à l'extrémité d'un rayon $C B_3 = l$.

Etant données diverses positions du balancier $C B_3$, supposé moteur, trouver les positions simultanées du balancier $O A_3$.

Nous choisirons une disposition de transport X, nous transporterons parallèlement à cette direction le centre C du balancier $C B$, en le déplaçant d'une quantité égale à $C C' = L$.

Le centre C vient en C' et l'arc B_1 B_2 en B'_1 B'_2 ; nous supposons que les points B_1 B_2 sont les deux extrémités de la course du balancier l. A une position quelconque B_3 du balancier l correspondra la position B'_3 sur l'arc transporté; nous plaçons en B'_3 le gabarit du rayon L convenablement orienté, et son intersection avec la trajectoire du balancier r, donne la position simultanée A_3 de ce balancier.

En déplaçant parallèlement à lui-même, le gabarit de rayon L, on obtient directement les positions simultanées des deux balanciers, et particulièrement nous voyons qu'aux deux extrémités B_1 et B_2 de la course du balancier l, correspondent les extrémités $A_1 A_2$ du balancier r. On remarque que le gabarit n'est pas tourné de même pour les points B'_1 et B'_2, ce fait s'explique facilement en se rapportant à l'exposé de la méthode; ici nous ne traçons que la moitié du gabarit, c'est-à-dire la partie d'arc qui est seule utile.

Pour une même course du balancier l, nous pourrons avoir une course différente du balancier r en changeant la direction des organes.

On voit que l'angle décrit par le balancier r dépend : 1° du rapport des rayons l et r; 2° de la longueur de la bielle $A_3 B_3 = L$, ou mieux du rapport de cette longueur L à celle $O C$ qui sépare les deux centres d'oscillation.

En faisant varier l'un ou l'autre de ces rapports, on aura en main la possibilité de varier à l'infini, le rapport entre les arcs décrits par chacun des balanciers.

Il ressort de l'inspection de la figure qu'il y a une limite inférieure à la longueur de ces divers éléments. En effet, il faut qu'on ait à la limite $L+l+r=OC$. Au-delà, le mouvement ne pourrait plus se produire et on arriverait à rompre l'une ou l'autre de ces pièces.

On a utilisé d'une façon fort heureuse ce dispositif, dans les machines nouvelles plus ou moins modifiées sur les types primitifs de Corliss; pour obtenir des accélérations de vitesse et des temps d'arrêt, qui ont pour but d'accélérer l'ouverture des tiroirs de distribution, et les laisser assez longtemps ouverts en grand.

Dans l'exemple (*fig.* 8), il est facile de comprendre qu'en donnant à L une valeur beaucoup plus grande que celle figurée, sans pour cela modifier les distances des arcs d'oscillations, on arrivera à faire décrire à la manivelle r des angles très grands.

En effet, cet accroissement de longueur aura pour résultat de reporter le point C' en en C'' et de déplacer le cercle transporté suivant la même direction primitivement choisie de tout l'allongement donné à la bielle de connexion.

L'arc $B_1 B_2$ transporté, viendra par exemple en $B''_1\, B''_2$ et aura pour centre C'' situé à droite du point C'. En nous servant comme précédemment du gabarit, dont le rayon sera maintenant $C\,C''$, nous obtiendrons deux points $A''_1\, A''_2$ sur la circonférence de rayon r, et ces deux points limitent l'arc d'oscillation du levier r; on voit que l'amplitude de cette oscillation a augmenté et que l'angle α'' est plus grand que l'angle primitif α, tandis que l'oscillation du levier l, est restée la même. Si on augmente encore la longueur de la bielle L, il arrive que le mouvement n'est plus possible, ce qui se traduit sur l'épure par ce fait que le gabarit $B''_1\, A''_1$ ne coupe plus l'arc de cercle de rayon r Nous ferons encore remarquer qu'en faisant varier l'angle α on modifie aussi la vitesse angulaire du levier r. La méthode des gabarits permet facilement de se rendre compte des phases du mouvement et de faire une étude, quand même la bielle L est très longue, ce qui arrive souvent.

Il n'entre pas dans notre cadre de développer les raisons cinématiques qui permettraient d'établir le rapport entre les deux angles obtenus, ainsi qu'entre les deux vitesses angulaires qui en résultent.

Nous plaçant au point de vue purement pratique, nous croyons préférable de tâtonner, en faisant choix de rayons paraissant convenables pour les balanciers, et de tâtonner sur la longueur de la bielle, et par suite sur la distance de transport.

C'est là une recherche qui, avec un peu d'habitude, se fait très aisément et pour laquelle on s'aide du reste en général des exemples qui abondent dans tous les ouvrages spéciaux, et qu'on trouve du reste en assez grand nombre dans les planches annexées à ce travail.

On arrivera donc facilement à déterminer les divers éléments nécessaires pour obtenir un effet déterminé.

Pour ces tâtonnements, on peut considérer pour un instant le gabarit de rayon infini, ou, ce qui revient au même, projeter simplement les divers points de l'une des trajectoires transportée sur la deuxième trajectoire. Les tâtonnements sont ainsi simplifiés et la longueur de la bielle L se trouvera facilement déterminée.

Les gabarits donneront ici une solution simple et une rigoureuse exactitude, car il devient facile de faire des constructions à très grande échelle présentant une rigueur absolue, et cela sans l'emploi de dessins de grandeur exagérée.

CHAPITRE III

DISTRIBUTION PAR TIROIR SIMPLE

§ 17

Diagramme du mouvement du tiroir

Les considérations qui précèdent vont nous permettre d'établir les épures pratiques relatives à la marche du tiroir à coquille mû par excentrique, tel que nous l'avons défini déjà.

Elles nous permettront de nous rendre facilement compte des ouvertures du tiroir tant à l'introduction qu'à l'échappement pour chaque position et de résoudre complètement et avec une rigoureuse exactitude le problème de la distribution.

Nous ne nous arrêterons pas au tiroir sans recouvrements, qui, sauf le cas des pompes, n'a plus guère d'applications maintenant et dont les épures, du reste, ne sont qu'une simplification de celles du tiroir à coquille et à recouvrements.

Le tiroir étant commandé par un excentrique calé sur l'arbre moteur, il s'agit de déterminer la position du tiroir par rapport à la glace, pour un déplacement quelconque de cet arbre ou de la manivelle motrice, et de déterminer en même temps la position correspondante du piston.

Nous reportant aux définitions du chapitre I, et reprenant la figure 4, qui donne les coupes du tiroir, nous savons qu'on a l'habitude de déterminer les positions du tiroir sur sa glace *en fonction des écarts* ξ *de l'axe transversal* X'_1 *de ce tiroir par rapport à l'axe transversal* X_0 *de la glace.* C'est-à-dire que l'on mesure les écarts du tiroir à partir de sa position moyenne.

Nous avons vu, en outre, comment il était possible à l'aide de la méthode des gabarits, de connaître ces écarts, en menant (*fig.* 6), avec le gabarit l'arc passant par le point O, milieu de la trajectoire transportée de l'extrémité de la barre d'excentrique et en mesurant parallèlement à la direction de transport les distances comprises entre le cercle de manivelle ou d'excentricité et cet arc.

Opérons donc ainsi et soit (*fig.* 9), O le centre d'excentricité, $O\,X$ la direction de transport et $\mathcal{N}\,\mathcal{AR}$ la trajectoire transportée de l'extrémité C (*fig.* 1) de la barre d'excentrique.

Menons $O\,Y$ la normale à $O\,X$ et soit δ l'angle $Y\,O\,D$ d'avance dont l'établissement et la nécessité ont déjà été indiqués ; soit $O\,D = r$ le rayon d'excentricité ou la demi-course du tiroir.

Par O menons avec un gabarit de rayon égal à la longueur L de la barre d'excentrique l'*arc de milieu de course* (*fig.* 9).

Fig. 9

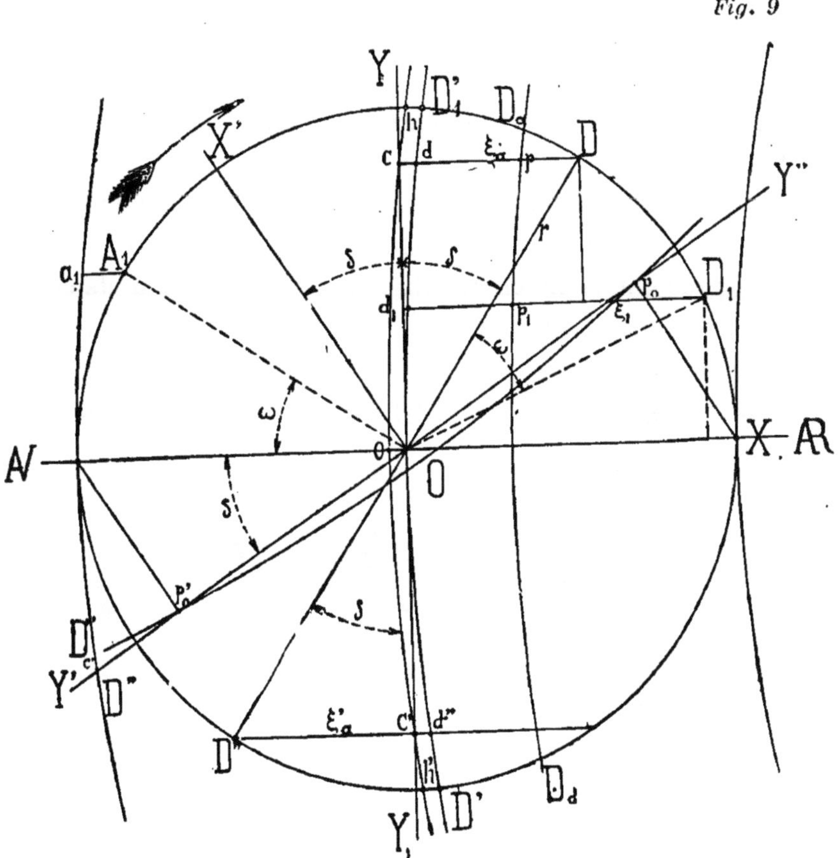

La rotation de l'arbre ayant lieu dans le sens de la flèche, nous savons que quand l'excentricité est en $O\,D$, la manivelle est à son point mort $\mathcal{N}$ dans la direction $O\,\mathcal{N}$.

Pour simplifier l'épure, nous supposerons qu'on ait dessiné le rayon $ON = R$ à une échelle telle, qu'il ait sur le dessin la même longueur que r.

En d'autres termes, nous dessinerons le cercle de manivelle à une échelle telle qu'il se confonde avec celui de l'excentricité. ON représentera donc la manivelle à son point mort N. Menons pour compléter l'épure relative à la marche du piston, les *arcs de fonds de course* N et R, avec un rayon égal à la longueur de la bielle.

A ce moment là, l'excentricité étant en OD, le tiroir aura découvert l'orifice N de la glace, d'une quantité égale à l'avance linéaire a. Il aura donc dû marcher vers la droite de notre figure, à partir de sa position moyenne, d'une quantité égale à $e + a$, mesurée ici par Dd, telle qu'on ait

$$Dd = e + a = \xi_a$$

en appelant e le recouvrement extérieur et a l'avance linéaire à l'admission.

Supposons maintenant que la manivelle ait tourné dans le sens de la marche indiquée par la flèche, d'un angle $A_1 ON = \omega$, ce qui implique que le piston se soit éloigné de son fond de course de la quantité $A_1 a_1$, l'excentricité OD tournera du même angle ω et viendra en OD_1.

L'écart ξ_1 de l'axe de la glace par rapport à sa position moyenne, sera mesuré par $D_1 d_1 = \xi_1$.

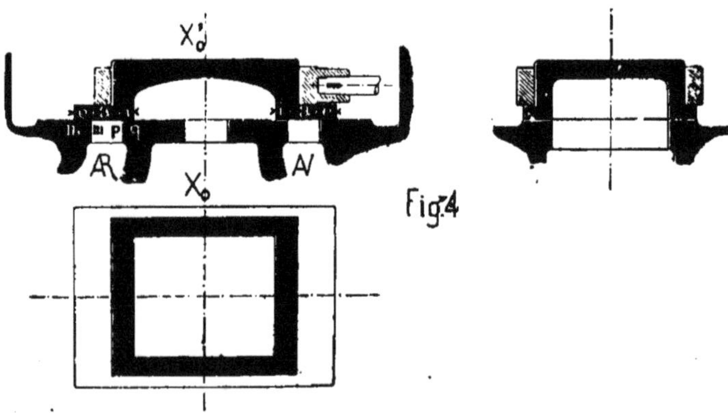

Fig. 4

Pour avoir la quantité a_1 dont l'orifice N est découvert, il faudra déduire de ξ_1 la valeur e du recouvrement, car cet écart est égal à

$$\xi_1 = e + a_1$$

et il en sera de même pour tout autre valeur de la rotation ω.

Il s'en suit que, pour avoir les ouvertures de l'orifice $\mathcal{N}$, il faudra déduire de l'écart mesuré entre le cercle d'excentricité et l'arc de position moyenne, la quantité constante e. Si à partir de l'arc $O\,d$ nous prenons $d\,p = e$ et que par le point p nous fassions passer un arc parallèle mené avec le gabarit, les valeurs tels que $p\,D$, $p_1\,D_1$ représenteront exactement les ouvertures de l'orifice $\mathcal{N}$.

Cet arc coupe le cercle d'excentricité en D_a.

En ce point l'ouverture de l'orifice commencera pour passer par un maximum en Æ et cesser en D_d.

En effet, point n'est besoin de démontrer que ce maximum a lieu en Æ; et aux points D_a et D_d, l'écart ξ étant égal à e, le rebord du tiroir sera justement en coïncidence avec celui de l'orifice. Pour se trouver de nouveau en position moyenne, le tiroir aura encore à marcher de la quantité e, et il y sera lorsque l'excentricité sera arrivée en D'.

Supposons maintenant que le piston soit à son point mort Æ, l'excentricité sera en D'' tel que l'on ait $D''\,O\,Y_1 = \delta$.

A ce moment, le tiroir distribue la vapeur sur la face Æ, et il aura dû découvrir l'orifice d'une quantité égale à l'avance linéaire. On devra avoir comme pour la face $\mathcal{N}$ du tiroir.

$$D''\,d'' = \xi'_a = e' + a'.$$

Nous voyons *à priori* que ξ'_a sera différent de ξ_a et cette différence sera égale à la somme

$$c\,d + c'\,d''.$$

Ce qui implique, soit des valeurs différentes pour les avances linéaires a et a', soit pour e et e', soit pour tous les deux.

A cela il n'y aurait pas grand mal, l'épure permettant de déterminer très exactement les valeurs de ces recouvrements et de ces avances.

§ 18

Réglage à avances égales

Mais dans un but de simplification qui a son importance, on a l'habitude, ans les ateliers de construction, de donner aux avances $\mathcal{N}$ et $\mathcal{R}$ des valeurs égales et d'en faire autant pour les recouvrements. Cette coutume a pris probablement naissance dans un temps où on exécutait les montages souvent sans dessins, et où on laissait aux monteurs le soin de régler les tiroirs. Quoi qu'il en soit, cette coutume s'est conservée et il est bon d'en tenir compte.

Il est facile d'établir l'épure modifiée qui représentera exactement le mouvement du tiroir quand il aura été réglé à avances linéaires égales. L'arc $O\,d\,d''$, à partir duquel nous comptons sur l'épure les écarts de l'axe du tiroir et de celui de la glace, peut s'appeler *arc des coïncidences*, parce que l'excentricité se trouvant en D' ou D'_1 à l'intersection de l'arc avec la circonférence, l'écart relatif des axes X'_0 et X_0 (*fig.* 1) du tiroir et de la glace est nul, et on voit que ces *axes sont en coïncidence.*

Pour faire le réglage indiqué du tiroir, le monteur sera obligé, s'il opère par tâtonnement, de déplacer le tiroir en faisant varier la longueur de la tige de commande, jusqu'à ce qu'il constate que les deux avances linéaires sont devenues égales. Il faut avoir pour cela

$$\xi'_a = \xi_a \quad \text{ou} \quad D''d'' = D\,d$$

car, on sait que

$$\xi_a = e + a$$
$$\xi'_a = e' + a'$$

Nous supposons que par construction du tiroir on ait $e = e'$; il faut obtenir $a = a'$.

Il faudra donc sur l'épure augmenter ξ_a et diminuer ξ'_a car on voit que

$$\xi_a < \xi'_a.$$

Marquons les points c et c' où les perpendiculaires $D\ c$, $D''\ c'$ coupent le diamètre $Y\ Y_1$ et transportons parallèlement à lui-même l'arc $D'\ O\ D'_1$ jusqu'à ce qu'il vienne passer par les points c et c', il occupera alors la position $c\,o\,c'$. Si nous allongeons la tige du tiroir de la quantité $c\,d = c'd''$, la coïncidence des axes $X'_0\ X_0$ (*fig.* 1) aura lieu plus tôt, et l'épure (*fig.* 9) nous montre que cette coïncidence se produira quand l'excentricité sera en h. On voit en outre que tous les écarts à droite de l'axe de la glace seront augmentés de cette quantité $c\ d$, tandis que tous les écarts à gauche seront diminués de la même quantité. L'arc $h'\,c'\,o\,c\,h$ sera le nouvel *arc des coïncidences*, celui à partir duquel nous devrons compter les écarts pour le tiroir déplacé.

Fig. 9

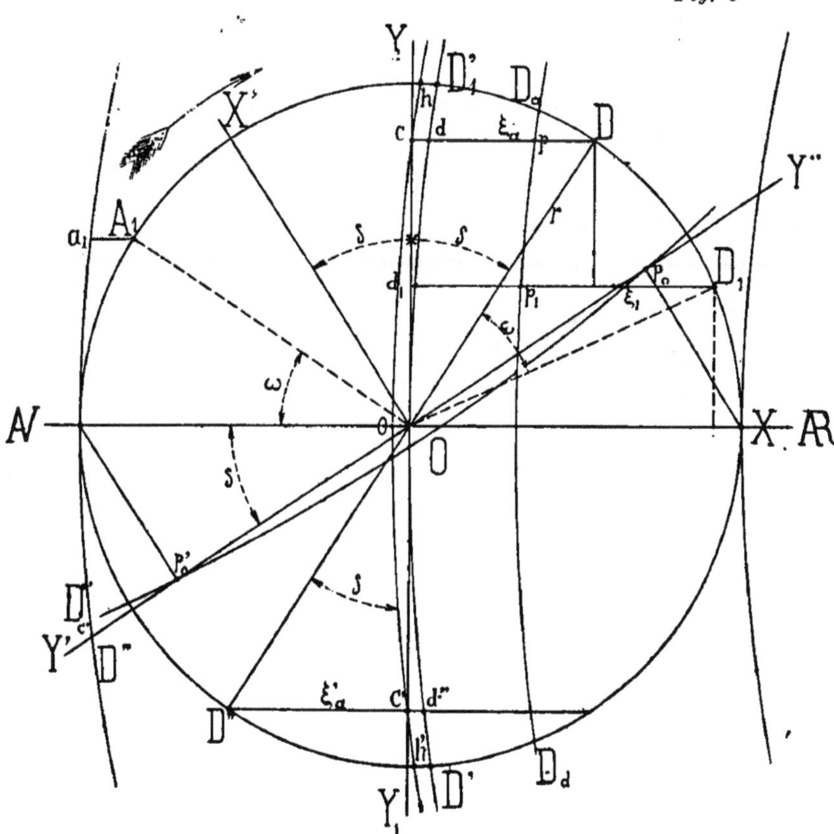

Nous voyons alors que pour les deux points morts de la manivelle, l'excentricité se trouvant en D et en D'', les nouveaux écarts des axes de tiroir et de glace sont $c\,D$ et $c'\ D''$, quantités qui sont égales par construction; il en résulte que nous aurons

$$c\,D = c'\,D''$$

ou $$e + a = e' + a'$$

et comme on a pris $$e = e'$$

il vient $$a = a'$$

c'est-à-dire que les avances linéaires sont égales et que le tiroir se trouve convenablement réglé. L'épure nous donne donc directement la quantité $c\,d$ qui est l'allongement de la tige qu'il faudrait trouver par tâtonnement, et en prenant l'arc de coïncidence $h\,o\,h'$ passant par les points c et c' définis plus haut, on obtient directement l'épure exacte du mouvement qui tient compte à la fois des obliquités des bielles et des conditions pratiques de réglage. Cette épure va donc permettre de faire une étude exacte; quant au mode de réglage à l'atelier, il reste toujours le même; après avoir fait la construction aussi juste que possible, on vérifie le réglage en plaçant successivement la manivelle motrice à ses deux points morts N et $Æ$, on mesure exactement les avances lineaires à l'admission et si elles ne se trouvent pas parfaitement égales, on règle le tiroir pour y arriver. Alors le mouvement du tiroir doit être identique à celui que représente l'épure.

Nous verrons plus loin que cette quantité cd est l'erreur que l'on commet quand on emploie les procédés d'épure qui ne tiennent pas compte de l'obliquité de la barre d'excentrique. Souvent cette quantité est faible, mais il arrive quelquefois que la barre d'excentrique est courte, et alors cette erreur cesse d'être négligeable.

§ 19

Epure complète et exacte de la distribution

Telle qu'elle a été construite, cette épure nous permet de trouver, pour chaque position du piston, les ouvertures des orifices d'admission. Il en sera de même pour l'échappement si, dans les constructions qui précèdent, nous remplaçons la valeur de e recouvrement extérieur par celle i du recouvrement intérieur; en remarquant que les choses sont inversées et que, tandis que le tiroir découvre à l'admission l'orifice $A\!\!\!/$ par exemple, il découvre en même temps à l'échappement l'orifice $A\!\!\!/\!R$.

Mais néanmoins, il y a dans la lecture de l'épure une difficulté, c'est que, pour savoir à quelle position du piston correspond une position de l'excentricité, il faut revenir en arrière de l'angle $90^\circ + \delta$. Quand l'excentricité est en D_1, et le tiroir ouvert à l'admission sur l'avant de $D_1\,p_1$, par exemple, il faut décrire l'angle $A_1 O D_1 = 90^\circ + \delta$ pour savoir que la manivelle est en A_1 et que le piston a marché de $A_1\,a_1$ à partir de son fond de course $A\!\!\!/$.

Pour faire disparaître cette difficulté, nous n'aurons qu'à faire tourner en arrière du sens de rotation et d'un angle de $90^\circ + \delta$, l'épure relative au tiroir, de telle façon qu'un même point du cercle représente à la fois l'excentricité et le bouton de manivelle.

Dans cette rotation l'axe $O\,X$ viendra en $O\,X'$; $O\,X'$ faisant avec $O\,Y$ l'angle $X'\,O\,Y = \delta$ puisqu'on a $Y\,O\,X = 90^\circ$.

De même l'axe $O\,Y$ viendra en $O\,Y'$ et on a par une raison analogue $Y'\,O\,A\!\!\!/ = \delta$.

Dans ce transport le point D viendra en $A\!\!\!/$, et la droite $D\,c$ en $A\!\!\!/\,p_0{}' = D\,c$.

De même $D''c'$ viendra en $Æ p_0$ et on aura $Æ p_0 = D''c'$.

L'arc des coïncidences passera par les points p_0' et p_0 et il sera facile de reconstituer l'épure complète ainsi ramenée en arrière de l'angle $90° + \delta$.

Pour construire cette épure, il faut (*fig.* 10) :

1° *Avec le rayon d'excentricité décrire le cercle O. — Mener le diamètre N Æ, et par les points représentant les fonds de course du piston mener les arcs de fonds de course du piston;*

2° *Mener le diamètre* DD_1 *faisant avec le diamètre N Æ un angle* $NOD = \delta$ *angle d'avance, pris en arrière du mouvement;*

Elever sur cette droite DD_1, *l'axe* OX_0 ;

3° *De N et Æ abaisser sur* DD_1 *les normales* $N\,\mathrm{d}_0$ *et* $Æ\,\mathrm{p}_0$, *représentant des écarts égaux pour le tiroir quand le piston est à ses points morts;*

Par d_0 *et* p_0 *mener l'arc des coïncidences*, h o h' *tel que cet arc tourne sa concavité du côté du point* X_0, *c'est-à-dire suivant la règle générale du côté de la trajectoire transportée. Cet arc se trace facilement avec un gabarit de rayon égal à la longueur de la barre d'excentrique;*

4° *Prendre sur* $N\,\mathrm{d}_0$ *une quantité* $\mathrm{d}_0\,\mathrm{d}_1, = \mathrm{e}$ *et faire passer un arc parallèle à celui des coïncidences par le point* d_1. *Cet arc coupera le cercle d'excentricité en deux points* D_a *et* D_d.

En D_a l'écart étant égal à $\xi = e$ recouvrement extérieur, le tiroir commencera à découvrir. L'écart sera maximum en X_0. En D_d il repassera par la valeur e et la fermeture aura lieu.

Si par D_d nous menons $D_d N_d$ parallèle à N Æ, cette droite représentera la course décrite par le piston à partir de son point mort N, au moment de la fermeture; il représentera donc la fraction d'introduction à pleine pression de la vapeur dans le cylindre et son complément, la période de détente ; le tout compté à l'échelle réduite adoptée pour représenter la course du piston. L'épure représente donc à la fois le mouvement du tiroir, du piston et de la manivelle. Nous aurons ainsi l'épure relative à la face *AV* du piston. Nous opérerions de même pour la face *AR*.

Fig. 10

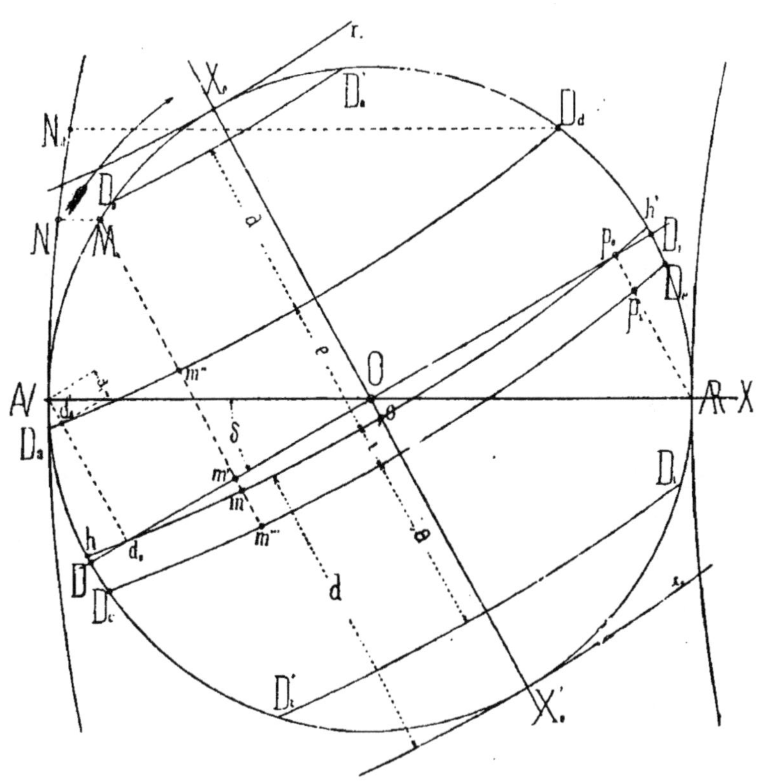

Il reste à tracer l'épure du tiroir relative à l'échappement.

Considérons encore ici la face avant du piston (*fig.* 10).

Sur AR p_0 *et à partir de l'arc des coïncidences prenons* $p_0 p_1 = i$ *recouvrement intérieur. Par* p_1 *menons un arc parallèle à l'arc des coïncidences.* Cet arc coupera le cercle d'excentricité en deux points D_0 et D_c.

Quand la manivelle sera en D_c on aura $\xi = i$, le tiroir commencera à découvrir et quand elle arrivera à *AR*, p_1 *AR* représentera l'avance à l'échappement.

En X_0 l'ouverture sera maxima et enfin en D_c elle sera nulle, le tiroir fermera l'échappement et la période de compression commencera.

Ainsi se trouve construite l'épure pour la face avant du piston donnant les six périodes distinctes suivantes :

De D_a en $\mathcal{N}$ avance à l'introduction.
De $\mathcal{N}$ en D_d introduction à pleine pression.
De D_d en D_e détente de la vapeur.
De D_e en $\mathcal{R}$ avance à l'échappement.
De $\mathcal{R}$ en D_c échappement.
De D_c en D_a compression de la vapeur d'échappement.

On construira de même l'épure pour la face arrière du piston et les figures 1 et 2 de la planche I, donnent les épures relatives à ces deux faces.

On peut, si l'on veut, compléter ces épures, en faisant figurer la largeur des orifices. Il suffit pour cela, de mener des arcs distants de ceux de recouvrement de quantités égales à a, et parallèles à ces derniers. Ces arcs couperont le cercle d'excentricité en des points D_0 D'_0 pour l'introduction (*fig.* 10) D_1 D'_1 pour l'échappement. Quand la manivelle passera par ces points, les écarts seront égaux à $\xi = e + a$. Donc, en ces points-là, l'ouverture du tiroir sera complète, tant à l'introduction qu'à l'échappement.

Il est bon de construire ces arcs pour se rendre compte si la condition d'ouverture complète est bien remplie.

§ 20

Epure approchée

Pour une étude d'avant-projet, il est préférable de simplifier cette épure exacte et de supposer la longueur de la barre d'excentrique infinie. Ceci revient à dire que le rayon de l'arc des coïncidences sera infini, et que cet arc se réduira à sa tangente.

L'arc $h\,o\,h'$ se réduira à la droite $D\,D_1$ et tous les arcs de recouvrement à des droites (*fig.* 11).

Fig. 11

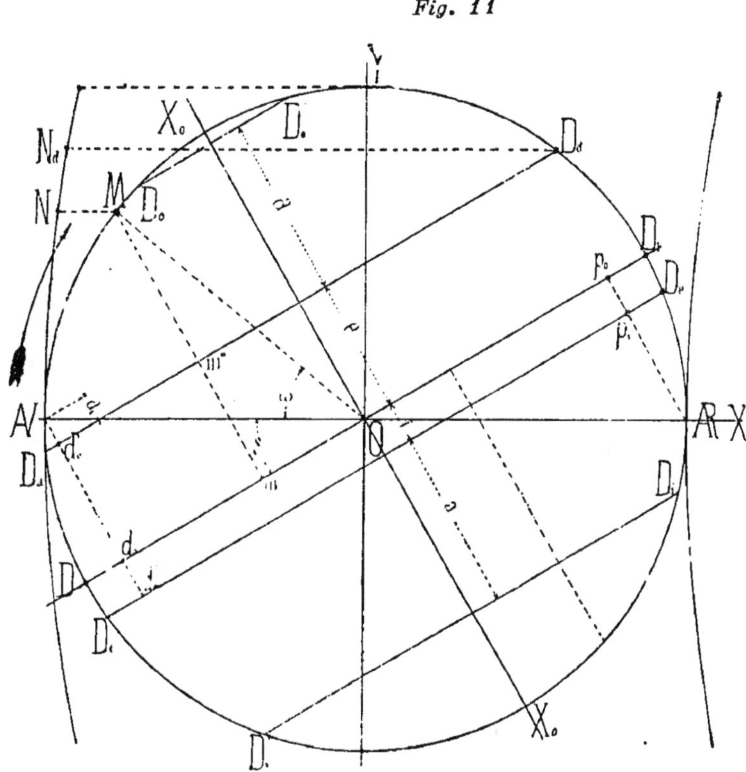

L'épure reste absolument ce qu'elle était et rien n'est changé, sauf cette simplification.

Dans les tâtonnements qu'on est obligé de faire pour déterminer les divers éléments de l'épure, cette simplification a sa valeur, et, dans bien des cas, la barre d'excentrique étant fort longue par rapport à l'excentricité, les résultats obtenus sont bien suffisamment approchés. On obtient ainsi l'épure connue en France sous le nom d'*épure circulaire* (ou de Reech), en Allemagne sous celui d'*épure de Reuleaux*.

Cette épure figure dans l'excellent cours professé à l'Ecole Centrale par M. de Fréminville. Seulement, cette épure circulaire ne se borne pas à traduire le mouvement de l'axe du tiroir par rapport à celui de la glace, mais donne le mouvement de chaque arête du tiroir. En superposant les quatre épures ainsi obtenues, on arrive à une épure générale de la forme de celle adoptée par nous, dans le cas où on ne tient pas compte de l'obliquité des barres.

La considération du mouvement des axes qui sert de base aux calculs de M. Zeuner, apporte, suivant nous, une grande clarté dans la question, et c'est ce qui nous a déterminé à l'adopter comme base de nos tracés.

Nous remarquerons que, la longueur de la bielle motrice n'étant jamais négligeable, il est bon de maintenir les arcs de fonds de course, la simplification qui consiste à admettre la bielle comme infinie, n'étant plus admissible, même pour le cas de bielle ayant 6 à 7 fois la longueur de la course, ce qui constitue une bielle longue. Ordinairement, le rapport donné par Watt (la bielle égale à 5 fois la manivelle) est adopté, et on ne descend guère au-dessous de 4 pour ce rapport.

La construction de l'épure approchée se résume ainsi (fig. 11) : Décrire avec la demi-course du tiroir ou l'excentricité pour rayon, un cercle O. *Mener le diamètre* $\mathcal{N}$ $\mathcal{R}$ *suivant la direction de l'axe du cylindre et le diamètre* $D\ D_1$ *faisant un angle* $\mathcal{N}$ O D *égal à l'angle d'avance* δ *mesuré en arrière de* $\mathcal{N}$ O *par rapport au sens du mouvement ; construire de plus la normale* $O\ X_0$ *à* $D\ D_1$. *Mener la parallèle* $D_a\ D_d$ *distante de* O D *d'une quantité égale au recouvrement extérieur* e, *du même côté que le fond de course considéré par rapport au diamètre* $D\ D_1$; *mener de même et à l'opposé, à une distance égale au recouvrement intérieur* i, *la parallèle* $D_c\ D_e$.

Les distances des différents points de la circonférence au diamètre $D\ D_1$ *représenteront les écarts correspondants de l'axe du tiroir par rapport à l'axe de la glace. Les distances des points de la circonférence aux arcs de fond de course, comptées parallèlement à* $\mathcal{N}$ $\mathcal{R}$, *représentent les déplacements du piston. Les parallèles* $D_a\ D_d$. $D_e\ D_c$ *déterminent les arcs* $D_a\ X_0\ D_d$ *d'admission et* $D_e\ X'_0\ D_c$ *d'évacuation.*

§ 21

Choix de la course du tiroir et de l'angle de calage

La course du tiroir ou le double du rayon d'excentricité, doit être choisie de telle façon que l'ouverture de l'orifice corresponde exactement à la valeur donnée par le calcul de la largeur et de la hauteur de l'orifice.

Nous avons donné chapitre I, les indications nécessaires pour ce calcul.

Pour que cette ouverture soit obtenue, il faut donc que la demi-course du tiroir soit égale à $e + a$ ou à $i + a_1$ ou mieux à la plus grande de ces deux valeurs, a étant la hauteur de l'orifice pour l'introduction et a_1 celle nécessaire pour l'échappement.

Nous rappelons ici ce que nous avons déjà dit, c'est que les orifices servant tantôt pour l'introduction, tantôt pour l'échappement, on adopte pour l'orifice la section nécessaire pour cette dernière période; d'où on déduit la hauteur a_1 et la largeur l.

L'orifice n'est alors découvert que de a pour la période d'introduction.

Pour déterminer e ou i il faut procéder par un tâtonnement.

On se donne ou on connait en général la fraction d'introduction à pleine pression que nécessite le travail demandé à la machine. Cette fraction pour ce genre de tiroir peut varier entre (45 et 90 %) de la course. On se donne aussi l'avance linéaire à l'introduction (1). On se donne encore pour déterminer i, l'avance à l'échappement et la compression.

Dans ces machines à tiroir simple, l'avance à l'échappement doit commencer quand le piston a encore à parcourir 3 à 5 % de sa

(1) Avance linéaire qui varie entre un et quelques millimètres suivant l'allure de la machine, une avance plus grande étant nécessaire pour les machines donnant un grand nombre de coups de piston à la minute, que pour celles dont l'allure est lente.

course pour arriver au point mort, et la compression commence à 8 à 10 °/. avant que le piston n'atteigne le fonds de course.

En général pour des admissions de 75 °/. la couse du tiroir atteint 4 fois la largeur de l'orifice et peut aller à 7 fois pour des admissions réduites de 45 à 50 °/..

§ 22

Exemple

Nous donnons figure 1 et 2, planche I, un exemple des épures relatives à l'établissement d'une distribution par tiroir simple.

Nous supposerons que les données de la machine soient :

Diamètre du piston	550
Section —	2400
Course —	1,100
Nombre de tours	40
Introduction moyenne	75 °/.
Rapport de la bielle à la manivelle	5
Vitesse moyenne du piston	1,460
Largeur de l'orifice (échappement)	45
— — (introduction)	30
Hauteur —	400
Section — (échappement)	180 $^{c}/_{m}{}^{2}$
— — (introduction)	120
Rapport des sections du cylindre et de l'orifice (échappement)	13,3
— (introduction)	20,0
Vitesse moyenne de la vapeur (échap.)	19,400
— — — (introduc.)	29,200
Avances à l'introduction (égales)	0,003
Compression	9 °/.

On détermine par tâtonnement la course du tiroir afin de découvrir complètement les orifices du cylindre, c'est à dire 45 $^{m}/_{m}$ à l'évacuation et de 30 m/m à l'introduction. Cette course devra être de 110m/m.

L'avance et la compression étant déterminées on trouvera facilement l'angle de calage correspondant à ces conditions, et les recouvrements qui en découlent.

L'avance à l'admission étant constante sur les deux faces et les compressions étant égales aussi, il s'en suit forcément l'inégalité des avances à l'évacuation et de la détente.

L'épure tracée donne :

Course............................	0,110
Angle de calage....................	30°
Recouvrement extérieur AV	0,0245
— — AR.........	0,0245
— intérieur AV..........	0,009
— — AR.........	0,002
Introduction AV....................	72 %
— AR....................	82 %
Avance à l'évacuation AV...........	25
— — AR..........	19

L'ouverture du tiroir à l'évacuation a lieu quand le piston à encore à parcourir à l'avant 4 %, à l'arrière 3 %

L'ouverture à l'évacuation est complète à l'avant quand le piston a parcouru 5 % 1/2 de sa course à l'arrière 22 %.

Les irrégularités tiennent à l'obliquité de la bielle et à la condition posée d'avoir des compressions égales.

La fraction d'introduction n'est pas absolument égale sur les deux faces.

Pour obtenir l'égalité absolue il faudrait sacrifier celle des avances ou des recouvrements. L'égalité des introductions est en somme plus importante que les dernières, le travail de la vapeur s'équilibrant sur les deux faces du piston. Dans la majorité des cas on devra s'astreindre à obtenir l'égalité du travail et on sacrifiera celle des autres éléments de la distribution.

Nous donnons fig. 12 la coupe du tiroir de l'exemple ci-dessus dans les trois positions principales. Nous avons supposé le tiroir placé dans sa position moyenne, c'est-à-dire dans la position de coïncidence des axes. Cette position est intéressante car les recouvrements se trouvent immédiatement déterminés et le tiroir facile à coter dans toutes ses parties.

Fig. 12.

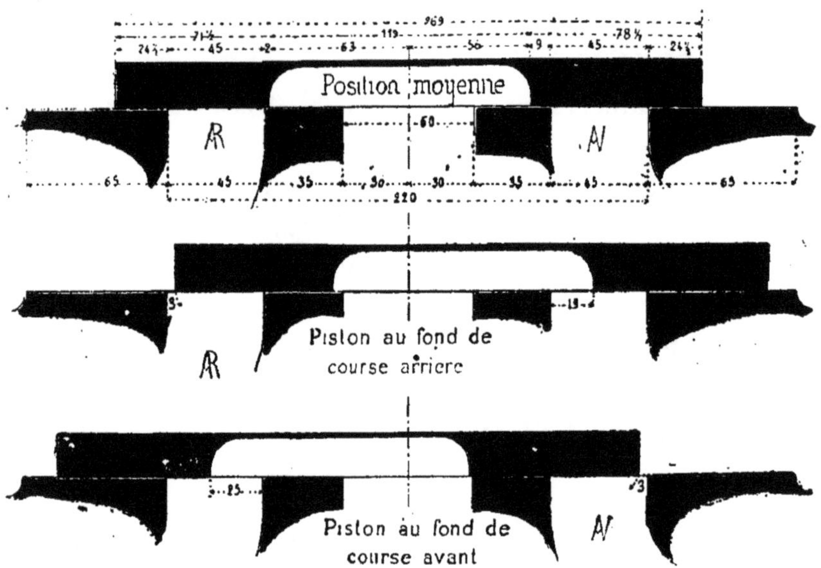

Nous avons également figuré le tiroir dans la position correspondante aux fonds de course du piston. Ces deux tracés montrent en vrai grandeur la valeur des avances linéaires et permettent de vérifier l'exactitude des épures.

En général on ne trace que la position moyenne et si, comme le font quelques ingénieurs, on trace le tiroir dans l'une des 2 autres positions, on a soin de porter en légende la valeur des recouvrements, car ceux-ci n'apparaissent plus nettement et il est intéressant d'en conserver la valeur, la connaissance de l'angle d'avance et des recouvrements permettant de reconstituer facilement l'épure de réglage.

§ 23

Considérations pratiques concernant la construction et le montage de cette distribution

Il nous reste à déterminer la longueur de la barre d'excentrique et de la tige du tiroir.

Nous donnerons une fois pour toutes la méthode à employer pour ces déterminations, méthode qui s'applique à tous les tiroirs mûs par excentrique. Le plus simple pour cette détermination, c'est de supposer le tiroir dans sa position moyenne. L'excentricité est alors dans la position correspondante *h* de l'épure (*fig.* 9), et distante de la normale à l'axe de la tige d'une quantité mesurée sur l'épure par *h Y*.

Nous aurons donc le centre de l'excentrique en *h* (*fig.* 9), position prise sur la machine, quand les axes du tiroir et de la glace coïncident.

Si la barre d'excentrique était infinie, la somme des longueurs de cette barre, et de celles de la tige mesurée jusqu'à l'axe transversal *X'* du tiroir, serait égale à la distance de l'axe de l'arbre, à l'axe *X* de la glace (*fig.* 1.)

On a déterminé préalablement, par des considérations spéciales, la distance de l'axe *X* à la base du guide de la tige de tiroir, ainsi que l'emplacement occupé par la tête de la barre d'excentrique. Tenant donc compte de la course de cette tête et du jeu nécessaire entre elle et la base du guide, on déterminera le point où se trouvera l'axe de l'œil de la barre pour la position moyenne du tiroir.

La longueur de la tige sera donc déterminée et on aura la possibilité de coter complètement cette tige. Quant à la barre sa longueur sera comptée du centre de la partie d'excentrique à l'œil de l'articulation de cette barre.

La longueur exacte de la tige elle-même, se déduira ainsi facilement des cotes du collier d'excentrique.

Cette longueur diffère de celle qui eût été trouvée si on l'avait considérée comme se mouvant parallèlement à elle-même de la quantité *Oo*; on a ainsi tous les éléments pour établir ces pièces.

Quant au tiroir, les orifices étant déterminés comme écartement, ou comme position sur la glace, on portera dans le sens convenable les recouvrements et on en déduira les longueurs des bandes de la coquille, la longueur du tiroir, et généralement toutes les cotes qui sont nécessaires pour constituer des dessins d'atelier bien complets.

Nous avons insisté sur ces détails, afin de ne laisser aucun doute, et d'éviter aux contremaîtres et monteurs, l'ennui de déterminer les longueurs des barres et des tiges, après coup, au moment du montage.

S'il est bon d'indiquer sur les dessins de la tige : *Longueur à déterminer au montage*, afin de parer aux différences de longueurs entre l'axe de l'arbre et celui de la glace, provenant de différences de montage ou d'exécution, il n'en est pas moins vrai qu'il est d'une bonne pratique d'indiquer les cotes exactes de toutes les parties de la distribution, si on veut ne rien laisser au hasard et construire les machines en série.

En général, on indique les angles de calage par les cotes du centre de l'excentrique, en partant de la position de fond de course de la manivelle motrice. L'épure donnant l'angle d'avance δ, on trouve sur les tables de sinus naturels, soit à l'aide d'une table de logarithme, soit encore plus simplement sur le reglet d'une règle à calcul, le sinus et le cosinus de cette angle.

Quelques constructeurs donnent sur les dessins de construction l'angle de calage, en le désignant par ses sinus et cosinus (1). L'ouvrier chargé du traçage, a ainsi le moyen de trouver cet angle en traçant sur le marbre un cercle de 100 millimètres de rayon, un trait quelconque étant alors pris comme position de la manivelle à son point mort; il trace une normale à cette direction

(1) Le rapporteur n'étant pas en usage dans les ateliers et ne présentant pas d'ailleurs une exactitude suffisante.

passant par le centre du cercle; il prend sur cette ligne et à partir du centre, une longueur égale au cosinus, et, par le point déterminé, il mène une parallèle à la manivelle. Prenant sur cette nouvelle ligne, une longueur égale au sinus, il a un point appartenant à un diamètre du cercle d'excentricité. Traçant alors ce diamètre en joignant le point trouvé au centre du cercle et prenant, à partir de ce centre, et sur le diamètre tracé une longueur égale au rayon d'excentricité, il détermine le centre de l'excentrique convenablement calé.

Il peut être plus simple de tracer directement le cercle d'excentricité, au lieu d'un cercle de 100 millimètres de rayon. Il faut alors indiquer sur le dessin de l'exentrique, non plus les sinus et cosinus, mais les cotes exactes du centre de l'excentrique, en prenant toujours pour abscisse ou ligne des cosinus la direction de la manivelle, et pour celle des sinus la normale à cette direction.

On a évidemment, r étant le rayon d'excentricité :

$$x = \frac{r \sin. \delta}{100} \quad y = \frac{r \cos. \delta}{100}$$

pour coordonnées du centre de l'excentrique. Pour les excentriques de faible course, on a plus de chance d'erreur avec cette dernière notation.

Outre les cotes du tiroir et celles concernant les longueurs de barres, il est bon d'indiquer au monteur les avances linéaires qu'il doit observer au montage.

Les épures donnant facilement les avances à l'introduction et à l'évacuation, on en indiquera la valeur sur les dessins de montage et ceci est essentiel, quand pour arriver à des introductions constantes sur les deux faces du piston, on a sacrifié l'égalité des avances à l'introduction et celle des recouvrements.

La connaissance des avances à l'échappement, n'a pour but que de donner un contrôle de la conformité des résultats pratiques avec ceux prévus par l'épure.

En général, les avances étant constantes, les monteurs se bornent à régler leurs tiroirs de telle sorte, qu'il y ait égalité d'avance à l'introduction sur les deux faces du piston. Il est bon, ce réglage obtenu, de forcer l'avance de l'arrière, afin de tenir compte de l'allongement des tiges de tiroir par suite de l'accroissement de température pendant le fonctionnement de la machine.

Quelques constructeurs cependant, négligent cette précaution, comptant sur les jeux et usures qui se produisent au bout de quelques temps de marche, quand les pièces en mouvement ont pris leur place et se sont rodées.

Pour pouvoir vérifier le réglage du tiroir, en tout temps, il est bon de repérer, en un point accessible et bien visible dans la boite à vapeur, les orifices du cylindre et d'en faire autant sur le tiroir. Les recouvrements et les bandes du tiroir à coquille cessent d'être visibles, quand le tiroir est en position sur sa glace, et il en est de même pour les orifices que ce tiroir masque.

Les repères évitent tout démontage autre que l'ouverture des boites, et permettent de se rendre rapidement compte, à n'importe quel moment, des conditions de marche du tiroir et de vérifier si tout est bien dans l'état prévu lors du montage. Il est bon également de repérer la position de la tige par rapport à la coquille du tiroir. Cela facilite le montage en cas de réparation, un compas suffit pour remettre à sa place le tiroir sur sa tige, dans sa vraie position, sans s'astreindre à un nouveau réglage ; les repères sont tracés dans une partie apparente de la boite, afin d'être facilement retrouvé. Un coup de pointeau sur la tige et un autre coup de pointeau sur la coquille sont de bons repères.

§ 24

Dispositions diverses des tiroirs à coquilles

Le tiroir à coquille le plus simple est celui représenté fig. 1 du texte, et fig. 5, Pl. II. Il se compose d'une coquille simple *A*, terminée à sa partie supérieure par une partie rectangulaire sur laquelle s'ajuste un cadre également rectangulaire C, de telle sorte que le tiroir puisse plaquer exactement sur la glace du cylindre, tout en subissant l'entraînement de ce cadre.

Celui-ci porte une douille sur laquelle vient se claveter la tige du tiroir F, attaquée par la tige d'excentrique à l'aide de l'articulation à fourche E

Une disposition semblable ne se prête pas à un réglage ultérieur, et nécessite qu'on suive constamment les cotes au montage.

Quelques constructeurs, pour plus de facilité dans l'exécution de ce cadre, et de la portée d'ajustage de ce dernier sur le tiroir, le font cylindrique, (*fig.* 7, *Pl. II*), et si les dimensions de la boîte à vapeur le permettent, font venir de forge la tige du tiroir avec le cadre.

Ce dispositif exige, en général, une boîte assez grande, le cercle devant être circonscrit à peu près au rectangle que présente la coquille du tiroir.

Les fig. 1 à 4, Pl. III, montrent un exemple d'attaque du tiroir, qu'on rencontre dans beaucoup de machines. La tige traverse le tiroir dans une douille l'isolant complètement de la cavité réservé à l'échappement de la vapeur. Cette douille venue de fonte avec la forme ovale, le grand axe étant normal à la glace, permet à la glace de s'user sans que, pour cela, la tige cesse de garder son axe de montage.

Des écrous et contre-écrous permettent à la tige d'attaquer le tiroir, tout en ne le bridant pas, car il faut que la pression de la vapeur le fasse plaquer convenablement sur la glace; on serre dans la position convenable, les écrous, en évitant qu'ils brident et on bloque sur eux les contre-écrous, qui, en somme, supportent alors toute la charge.

Ce système permet une mise en place facile du tiroir et un réglage aisé, à tout instant. Il est moins coûteux que le précédent.

Les fig. 8 et 9, Pl. II, montrent une disposition très simple et très employée. Le tiroir porte un logement rectangulaire, dans lequel vient s'engager un T, fixé à l'extrémité de la tige du tiroir. Le tiroir reste parfaitement libre, mais pour qu'il n'y ait aucun retard dans la distribution, il est essentiel que l'ajustage de ce T soit bien fait, sans jeu, et avec des surfaces de contact suffisantes pour éviter tout mattage ultérieur de ces surfaces.

§ 25

Frottement des tiroirs, compensateurs

Certains constructeurs sont dans l'habitude d'équilibrer les tiroirs, toutes les fois que la surface d'appui offre une surface un peu grande, et que les machines ont une allure rapide.

Les constructeurs sont peu d'accord sur la surface qu'on doit introduire dans le calcul de la pression agissant sur le tiroir.

Les uns mesurent la surface totale d'appui du tiroir sur sa glace et la multiplient par le 1/10e de la pression de la vapeur.

D'autres ne veulent considérer que la surface en communication avec l'évacuation, en d'autres termes, la partie de la coquille communiquant avec l'évacuation. La capillarité, suivant eux, interposant entre le tiroir et la surface de la glace de l'eau, sous pression, cette eau équilibre la pression de la vapeur, et les parties vides intérieurement à la coquille, sont seules à être comptées comme recevant la pression de la vapeur.

Il nous parait prudent pour le calcul des effets mis en jeu et des pièces les subissant, de s'en tenir à l'évaluation des premiers.

Quoi qu'il en soit, on peut compter que le coefficient de frottement du tiroir sur la glace, oscille entre 1/10 et 1/8, suivant le plus ou moins bon graissage, la nature des eaux d'alimentation et la nature des métaux en présence (en général, on préfère les frottements de fonte sur fonte à ceux de bronze sur fonte.)

Si la pression de la vapeur est élevée, ce frottement peut entraîner à des efforts considérables, à des charges excessives par centimètre carré de surface d'appui, et il devient intéressant de le supprimer en partie.

Il est bon de vérifier la pression par centimètre carré que supporte la face d'appui du tiroir sur la glace et de proportionner la surface frottante à la pression qui agit sur elle. Pour assurer un bon graissage et éviter la pénétration des surfaces ou leur grippement, la pression mutuelle ne doit pas dépasser 20 kilogr. par centimètre carré.

Pour constituer cette compensation on fait venir une table sur le plateau de la boite à vapeur et on coiffe le tiroir d'un compensateur. La pression de la vapeur n'agit plus alors que sur la différence des surfaces du tiroir et de son compensateur.

Cette compensation est extrêmement intéressante, car le travail exigé par les tiroirs est loin d'être négligeable et peut atteindre assez facilement plusieurs chevaux-vapeur, qui viennent affaiblir dans une proportion notable le rendement de la machine.

La course du tiroir étant connue, l'effort qui applique le tiroir sur sa glace et le frottement l'étant également, le calcul du travail absorbé devient facile.

Une disposition simple consiste à donner à ce compensateur la forme cylindrique (*fig.* 1 *à* 4, *Pl. IV*). Le tiroir porte également une partie cylindrique, s'engageant à frottement doux dans une rainure circulaire pratiquée dans le compensateur. Un rondin de caoutchouc opère le joint entre ce dernier et le tiroir, et par son élasticité fait bien appliquer sur leurs tables respectives chacune de ces deux pièces.

La fig. 10, Pl. II, montre une disposition préférable. Le compensateur emboite le tiroir, et des segments en acier opèrent le joint. On évite ainsi les désagréments que peut amener l'emploi d'un caoutchouc de mauvaise qualité, et l'entretien qu'il nécessite, surtout quand la température de la vapeur doit être élevée.

Deux ou trois ressorts à boudin répartis également entre le fond du tiroir et du compensateur, assurent l'adhérence de ce compensateur contre le tampon de la boite à vapeur.

Nous donnons, fig. 4, 5, 6, Pl. III, un dispositif employé dans les machines marines pour de grands tiroirs. Le dessin se passe de description. La table sur laquelle plaque et glisse le compensateur, est mobile pour parer aux usures qui pourraient se produire et conserver aux glaces leur étanchéité et leur contact avec les vis du tiroir. Des vis de pression traversant le tampon de la boite à vapeur permettent de régler ce contact.

Les compensateurs se font de bien des manières différentes, dont on trouvera de nombreux exemples dans les publications relatives aux machines marines. Nous nous bornerons à ceux-ci, pris parmi les plus simples et les plus efficaces (1).

Il est un moyen d'équilibrer en partie le tiroir, c'est d'opérer l'évacuation sur la face inférieure d'appui et d'incliner la glace de distribution. L'effort qui applique le tiroir n'est plus alors que la résultante de ceux qui l'appliquent sur chacune de ces glaces, et comme on est maitre de l'angle que font entre elles les directions de ces efforts on peut limiter cette résultante à telle quantité qu'on désire.

Nous donnerons des exemples de ce dispositif assez fréquemment employé.

Dans les machines verticales du type dit *à pilon*, le poids des tiroirs repose entièrement sur les articulations des barres d'excentrique qu'il charge d'une façon démesurée, surtout quand les tiroirs sont équilibrés. Il devient alors utile et avantageux d'équilibrer ce poids par un piston de soulagement monté sur le prolongement supérieur de la tige du tiroir. La face inférieure de ce piston reçoit la pression de la vapeur de la boite à vapeur et, en général, le cylindre de soulagement est en communication avec cette boite.

Les fig. 1 à 4, Pl. IV, montrent en *P* ce piston, dont la partie inférieure reçoit la vapeur par une tubulure spéciale. Cela est nécessaire dans les machines du type Compound, où au départ la boite

(1) Il est en tout cas indispensable que l'élasticité soit parfaite entre le tiroir et son compensateur, car sans cela, on aurait augmenté bien fâcheusement les frottements du tiroir, en les majorant de toute la pression répartie sur la surface du compensateur qui n'agirait plus.

à vapeur du grand cylindre n'a pas encore reçu la vapeur affluant du petit cylindre. — Ces pistons d'équilibre doivent être munis de segments et bien étanches.

Leur section doit être telle, qu'elle équilibre le poids du tiroir, déduction faite des frottements du tiroir sur sa glace.

Ce frottement peut être estimé à un dixième de la pression répartie sur la surface du tiroir, dans les machines bien graissées et bien entretenues, comme nous l'avons dit plus haut.

§ 26

Orifices multiples

Quand les cylindres atteignent de grandes dimensions, le tiroir devient lui-même très grand, et il en est de même des orifices qui nécessitent des courses très grandes au tiroir.

Il est un moyen de limiter cette course, dont le plus grave inconvénient est de nécessiter des poulies d'excentriques de grandes dimensions, donnant des frottements considérables. Ce moyen consiste à doubler le nombre des orifices qui n'atteignent ainsi chacun que la moitié de la hauteur qui serait nécessaire à la bonne marche de la machine. Ceci se produit surtout à l'introduction, quand on veut obtenir une détente un peu prolongée à l'aide du simple tiroir à coquille. Les recouvrements deviennent grands et l'orifice se démasque alors très peu du côté de l'introduction.

A l'échappement, il n'en est pas de même, car alors, au contraire, pour éviter des compressions exagérées, les recouvrements intérieurs deviennent très faibles. De sorte qu'il n'y a insuffisance d'ouverture qu'à l'introduction; l'inspection de notre épure permet de s'en rendre facilement compte. Il est un moyen d'y remédier facilement, c'est d'employer le tiroir connu sous le nom de *tiroir*

Trick, et que donne nos fig. 1 à 4, Pl. IV. Dans la hauteur du recouvrement Æ (*fig.* 4), par exemple, coté 34m/m, on dispose un conduit de 18m/m entourant la coquille d'échappement et venant déboucher dans le recouvrement Ɲ dont la hauteur est de 30m/m.

La table a une longueur déterminée de 43m/m pour l'Æ et de 34m/m (1) sur l'Ɲ, distances comptées à partir des rebords externes de ce conduit supplémentaire.

Au moment où l'introduction commence à l'Æ, le tiroir a marché vers l'Ɲ de la hauteur du recouvrement, soit 34m/m. A ce moment, l'inspection de la figure montre que vers l'Ɲ, le conduit débouchera hors de la glace et commencera à se remplir de vapeur. Cette vapeur, traversant le conduit, arrivera vers l'orifice Æ qui sera démasqué doublement.

Du côté de l'évacuation rien n'est changé, et le tiroir se comporte comme un tiroir ordinaire.

On a ainsi réalisé le problème de découvrir doublement l'orifice de l'admission.

Cette disposition simple et ingénieuse est d'un grand secours et nous en trouverons des applications intéressantes dans les distributions à renversement de marche.

Les fig. 1, 2, 3, Pl. III, donnent un exemple de tiroir à double orifice. Le tiroir est complètement double, tant pour l'introduction que pour l'échappement.

Des cloisons, convenablement disposées, réunissent les échappements au centre de la coquille et permettent à la vapeur d'affluer vers le centre de la glace, et l'épure reste la même que pour le tiroir simple. Cette disposition a l'inconvénient de fournir des tiroirs de grande dimension, mais permet de réduire de moitié les courses d'excentrique, et si on augmente la pression totale répartie

(1) C'est par erreur que cette distance est cotée 36m/m au dessin. C'est 34m/m qu'il faut lire.

sur le tiroir, on diminue la vitesse et les chemins parcourus par ce dernier. Il est du reste toujours loisible d'atténuer les frottements en équilibrant le tiroir, comme nous l'avons vu plus haut et comme le montrent les fig. 1, 2, 3.

§ 27

Problèmes principaux

La résolution des quelques problèmes qu'on peut avoir à traiter a sa place marquée ici ; les constructions suivantes s'appliquant même au cas de l'épure exacte, l'épure approchée doit toujours être établie comme avant-projet. Il sera ensuite facile d'en corriger certains éléments pour tenir compte des irrégularités négligées dans une première étude.

On dispose de huit quantités variables dans l'établissement d'une distribution simple. Quatre d'entre elles étant données, il sera possible de construire l'épure et d'en dégager les quatre autres. Les données sont : L'avance angulaire δ ; l'avance linéaire à l'introduction a' ; l'avance linéaire à l'échappement, a'' ; le recouvrement extérieur, e ; le recouvrement intérieur, i ; la fraction d'introduction m ou celle de détente n ; la fraction de la course pendant laquelle il y a compression ; enfin la course du tiroir, $2\ r$.

Il existe trois problèmes principaux à résoudre.

I. On donne : l'avance angulaire δ,
la course du tiroir $2\,r$,
le recouvrement extérieur e,
le recouvrement intérieur i.

Avec r pour rayon, décrire le cercle O (*fig. 11*).

Fig. 11

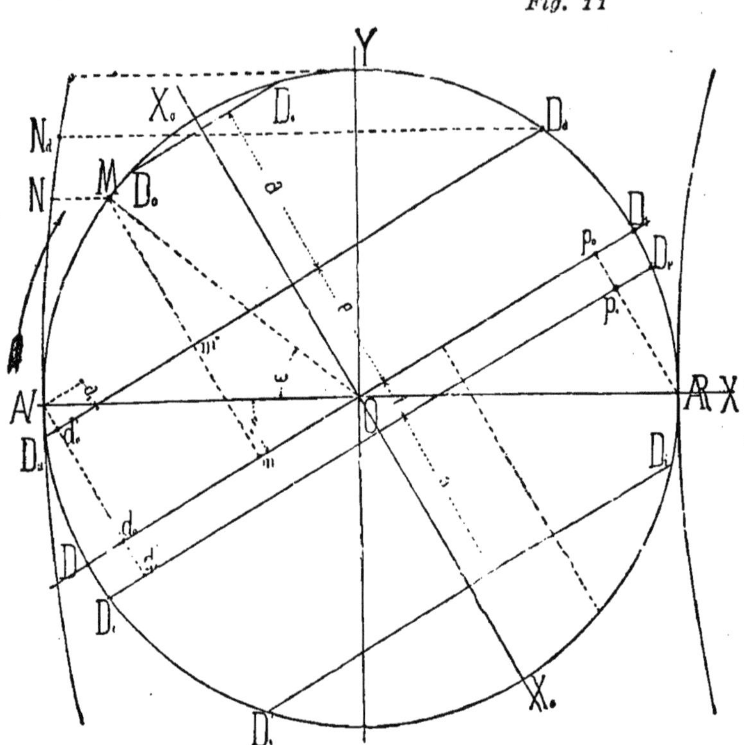

Mener le diamètre N Æ, suivant la direction de la glace OX' et $D D_1$ faisant avec ce diamètre l'angle δ pris en arrière du mouvement.

Mener $O X_0$ normale sur $D D_1$; prendre

$$d_0 d'_0 = e$$

du même côté de $D D_1$ que le fond de course considéré, et à l'opposé

$$d_0 d''_0 = i$$

Par les points d'_0 et d''_0, mener les parallèles $D_a D_d$, $D_c D_e$, et par les points N, Æ abaisser des normales sur le diamètre $D D_1$, on obtient

$$N d'_0 \text{, Æ} p_1$$

on en déduira les périodes $D_a D_d$ d'introduction ; $D_d D_e$ de détente ;

D_e D_c d'évacuation ; D_c D_a de compression ; D_a N d'avance à l'introduction qu'on pourra estimer en fonction de la course totale.

Quant aux avances linéaires, elles seront $N\ d'_0$ pour l'introduction $Æ\ p_1$ pour l'évacuation.

II. On donne : l'avance angulaire δ,
la course du tiroir $2r$,
l'avance linéaire à l'introduction a_1,
l'avance linéaire à l'échappement a'_1,

Tracer comme ci-dessus le cercle O de rayon r, et les diamètres $N\ Æ$; $D\ D_1$, $O\ X_0$, etc.

De N comme centre avec l'avance a_1 comme rayon, décrire un arc de cercle. Parallèlement à $D\ D_1$ mener une corde D_a D_d tangente à ce cercle. On a en $d_0\ d'_0$ le recouvrement extérieur. La période d'introduction sera donc $N\ D_d$ et la détente commencera en D_d.

De $Æ$ comme centre avec l'avance à l'échappement a'_1 décrivons de même un arc de cercle et menons D_e D_c parallèle à $D D_1$ tangente à ce cercle, $d_0\ d'_0$ mesure le recouvrement intérieur i. Les périodes d'évacuation se trouvent donc déterminées.

III. On donne : la fraction d'introduction,
la fraction de compression,
l'avance linéaire à l'introduction a_1,
la course du tiroir $2r$.

Avec r pour rayon et O comme centre, décrire un cercle. Tracer à l'échelle les arcs de fond de course de la manivelle.

Prendre une distance N_d D_d à partir du fond de course N égale à la fraction d'introduction et dans le sens du mouvement. On détermine ainsi le point D_d par où doit passer le recouvrement extérieur. Prendre de même la fraction de compression qui détermine le point D_c par où doit passer le recouvrement intérieur. De N comme centre avec l'avance a_1 comme rayon, décrire un arc de cercle. Par D_d mener une tangente à ce cercle. Cette tangente détermine en D_a le commencement de l'introduction. Par O mener le diamètre $D\,D_1$ parallèle à $D_a\,D_d$. L'angle $N\;O\;D$ est l'angle d'avance δ et $d_0\;d'_0$ le recouvrement extérieur cherché e. Mener de même par D_c la corde $D_c\;D_e$ parallèle à $D_a\;D_d$. On a en $d_0\;d''_0$ le recouvrement intérieur i, et tout est déterminé.

CHAPITRE IV

DÉTENTE PAR PLAQUE

§ 23

Emploi d'un second tiroir pour produire la détente

L'inspection des épures du chapitre précédent permet de se rendre compte facilement des difficultés qu'on rencontre quand on veut obtenir de faibles introductions et, par suite, des détentes un peu grandes.

On est en effet obligé, pour cela, d'avoir recours à des avances angulaires considérables, donnant de grandes avances linéaires, et surtout des compressions exagérées, tout en n'offrant que des ouvertures à l'admission complètement insuffisantes.

L'exemple donné par nous, au numéro 22, page 48 ; peut être considéré presque comme une limite supérieure des détentes pratiquement réalisables avec le tiroir simple. On peut aller au delà, mais il faut alors se résoudre à l'emploi de grands tiroirs à course longue et donnant de grands efforts.

On peut considérer l'introduction de 40 pour cent comme limite pratique inférieure des introductions réalisables.

On doit donc avoir recours à l'adjonction d'un deuxième tiroir lorsqu'on désire obtenir des introductions moindres.

On emploie souvent alors deux tiroirs superposés, et mus chacun par un excentrique ; le tiroir qui est en contact avec la glace agit comme un tiroir simple à coquille ; il opère l'admission et l'évacuation de la vapeur, on l'appelle grand tiroir ou *tiroir de distribution*. L'autre tiroir qui glisse sur le premier, a pour but simplement de couper l'introduction de la vapeur au moment convenable. Il devient donc possible, en modifiant les conditions de marche de ce second tiroir, d'opérer la détente à telle ou telle fraction de course que l'on voudra sans rien modifier aux autres conditions de la distribution. Ce second tiroir s'appelle le petit tiroir ou *tiroir de détente*.

Fig. 13.

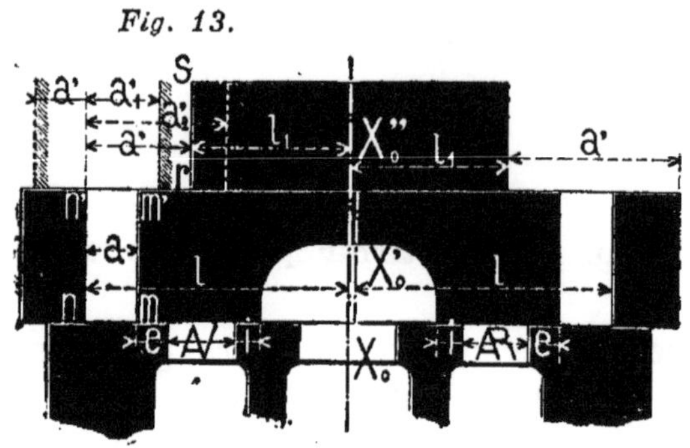

Le grand tiroir est disposé comme un tiroir à coquille ordinaire ; il a des recouvrements extérieurs *e* et intérieurs *i* (*fig. 13*). La seule modification consiste en ce que la coquille est plus allongée et présente de chaque côté une lumière spéciale *a* qui donne passage à la vapeur. Le petit tiroir est simplement une plaque qui glisse sur la table supérieure du grand tiroir.

Pour que la vapeur puisse être introduite dans le cylindre il faut que le petit tiroir découvre l'orifice *a* et que cet orifice *a* se trouve en communication avec la lumière de la glace. Chaçun des deux tiroirs étant commandé par un excentrique possède une excentricité et une avance spéciales.

Nous négligerons d'abord l'obliquité des barres et nous donnerons une épure approchée, toujours suffisante pour un avant-projet et extrêmement simple à tracer.

§ 29

Epure approchée de la détente par plaque

Nous nous proposons d'abord d'établir une épure qui représente le mouvement relatif des axes des deux tiroirs. Soient D_1 D_2 les excentricités des deux tiroirs et δ_1 δ_2 les angles de calage ; le grand tiroir a son excentricité en D_1 (*fig. 14*). Comme nous supposons d'abord que les barres d'excentriques sont infinies, la distance d_1 d_2 des projections des excentricités D_1 D_2 représente l'écart relatif des axes des tiroirs, quand le piston est au point mort N. D'une manière générale, si les excentricités sont venues en D'_1 D'_2 après une rotation ω, l'écart relatif des axes est donné par

Fig. 14.

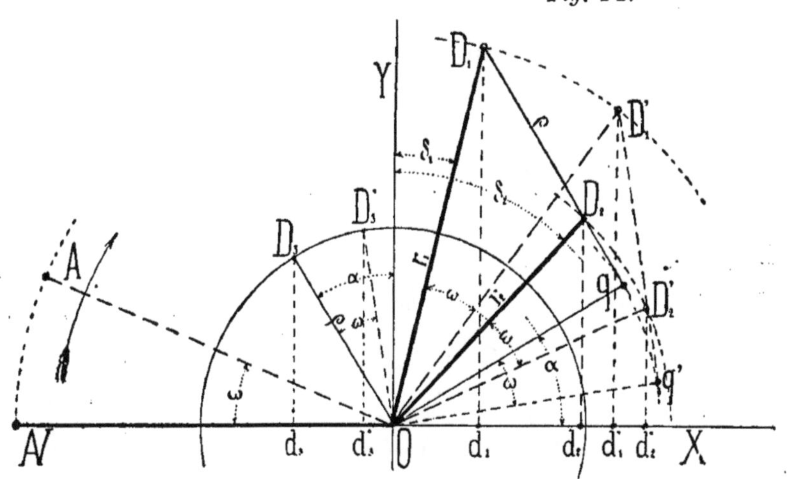

la projection d'_1 d'_2 de la droite D'_1 D'_2 qui joint les excentricités et dont la longueur reste constante pendant la rotation.

Du centre O nous abaissons les perpendiculaires $O\ q$, $O\ q'$ sur les droites D_1 D_2, D'_1 D'_2, ces perpendiculaires forment entre elles un angle ω. Puis par le centre O nous menons deux droites $O\ D_3$, $O\ D'_3$ perpendiculaires à $O\ q$, $O'\ q'$; ces perpendiculaires forment aussi un angle ω et elles sont parallèles à $D_1 D_2$, D'_1 D'_2. Nous prenons ensuite sur ces perpendiculaires

$$O\ D_3 = O\ D'_3 = \rho,$$

en désignant par ρ la distance des excentricités D_1 D_2. On voit directement sur la figure, que la projection $O\ d'_3$ du rayon $O\ D'_3$ est égale à celle de la droite D'_1 D'_2 ; de même la projection du rayon $O\ D_3$ est égale à celle de la droite D_1 D_2 ; nous pouvons donc dire en généralisant que, si on fait tourner le rayon ρ avec la même vitesse que les excentricités à partir de la position initiale $O\ D_3$, les projections de ce rayon représenteront à chaque instant l'écart relatif cherché des axes. Remarquons que l'angle α de la perpendiculaire Oq avec OX est égal à l'angle $D_3 O Y$ et que, si nous supposons que la manivelle motrice O étant en N, nous avons un *excentrique fictif* en D_3, l'angle de calage de cet excentrique sera α compté en sens inverse des angles δ_1 et δ_2.

De tout ceci nous concluons comme il suit :

En supposant les barres d'excentrique infinies, les écarts relatifs des axes des deux tiroirs sont égaux à chaque instant aux écarts fictifs de l'axe d'un tiroir qui serait mu par un excentrique d'excentricité ρ et de calage α.

Les quantités ρ et α ont été définies.

Nous décrivons (*fig. 15*) un cercle ayant pour rayon $\rho = O N'$ et soit $O X$ la direction commune de la glace et du cylindre. A partir

Fig. 15.

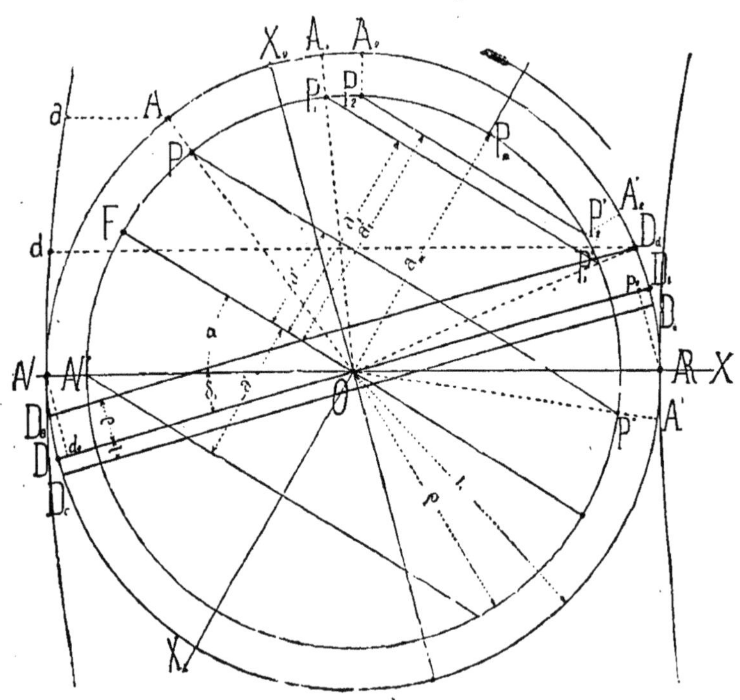

de $N O$ menons $O F$ faisant dans le *sens du mouvement* un angle $N O F = \alpha$, puisque α est un *calage de retard*. $O F$ sera le diamètre à partir duquel nous devons compter les écarts de l'axe du tiroir fictif, ou mieux les écarts relatifs des axes des deux tiroirs, parallèlement à la direction $O X_1$, normale sur $O F$.

On voit en effet, en généralisant l'épure donnée aux § 19 et 20, pp. 41 à 45, que si l'angle de calage δ était en retard au lieu d'être en avance, il faudrait sur l'épure (*fig. 10 ou fig. 11*) porter l'angle δ au-dessus de l'axe N Æ dans le sens du mouvement au lieu de le porter en dessous en sens contraire du mouvement, comme il a été fait.

Quand la manivelle sera venue en F, les écarts relatifs seront nuls. Ceux-ci seront égaux à ρ, c'est-à-dire atteindront leur maximum quand la manivelle aura tourné de $90^\circ + \alpha$. Ces écarts passeront évidemment par deux maxima et deux minima. Nous insistons sur ce fait que les deux tiroirs auront leurs axes en coïncidence quand la manivelle sera en F (*fig. 15*) après une rotation α de la manivelle.

Cette remarque permet dans la pratique de retrouver facilement l'orientation des lignes de l'épure et de se rappeler simplement la construction. Nous voyons (*fig. 14*) que l'écart relatif des deux tiroirs devient nul quand la droite $D_1 D_2$ qui joint les excentricités se trouve être perpendiculaire à l'axe $O X$, c'est-à-dire quand le triangle $O D_1 D_2$ a tourné de l'angle α ; à ce moment la manivelle s'est déplacée de son point mort N de ce même angle α. Si nous traçons (*fig. 15*) le cercle de rayon $O N' = \rho$ et si nous menons le diamètre $O F$ faisant l'angle α à partir du point mort dans le sens de la rotation, nous obtenons immédiatement le cercle représentatif des écarts relatifs dont le diamètre ou axe des coïncidences sera $O F$. En effet, les distances des points du cercle à ce diamètre, représentant les écarts relatifs correspondant à la position de chaque point, l'extrémité F du diamètre est le point du cercle, c'est-à-dire la position de la manivelle pour laquelle l'écart est nul ; le diamètre des coïncidences doit donc bien se confondre avec le rayon $O F$ qui fait l'angle α avec $N O$ Æ X.

Si nous reprenons la figure 14, nous voyons qu'à partir du moment où la coïncidence des axes à lieu, c'est-à-dire quand la droite $O\,q$ est venue en $O\ X$, le grand tiroir continue à marcher vers la droite, tandis que le petit, au contraire, rétrograde vers la gauche. L'arête $r\,s$ (*fig. 13*) tend donc à rencontrer l'arête $n\,n'$ pour produire la fermeture.

Nous voyons que lorsque l'axe de la plaque coïncide avec l'axe du grand tiroir, le rebord $r\,s$ est distant du rebord $n\,n'$ d'une quantité égale à a'. A partir du moment où les axes coïncident, il faut donc que ceux-ci s'écartent l'un de l'autre de cette quantité a' pour que la fermeture ait lieu. En d'autres termes, pour produire cette fermeture, il faut que l'écart relatif des axes soit devenu a'.

La coïncidence des axes ayant lieu pour la position $O\ F$ (*fig. 15*) de la manivelle, pour déterminer la position de celle-ci correspondant au point de fermeture, il suffira de mener $P\ P'$ parallèle à $O\ F$ et à une distance a'. $O\ P$ et $O\ P'$ seront les positions de la manivelle au moment où les arêtes $r\ s$ et $n\ n'$ coïncident. Cette coïncidence aura lieu deux fois. En P il y a fermeture, les écarts des axes allant en croissant ; en P' il y a réouverture, ces écarts allant au contraire en diminuant.

L'épure du mouvement relatif étant construite, il est essentiel de contrôler la marche propre du grand tiroir, et d'en tracer l'épure par les procédés ordinaires. Il est avantageux de superposer cette nouvelle épure à celle du mouvement relatif.

Du même point O (*fig. 15*), nous tracerons un cercle de rayon $r_{,} = O\ D$, excentricité du grand tiroir. Nous tracerons le diamètre $D\,D_1$, faisant avec $O\,X$ l'angle δ en sens contraire du mouvement, puis nous mènerons les cordes de recouvrement $D_a\,\theta$, $D_c\,D_e$. Nous tracerons de plus en Av et Ar les arcs de fond de course du piston.

Nous savons que la manivelle étant dans la position $O\,P$ il y a fermeture du grand tiroir par la plaque. Prolongeons ce rayon $O\,P$ jusqu'à sa rencontre en A avec le cercle d'excentricité $Av\ Ar$,

A sera la position du bouton de manivelle correspondant à la fermeture et nous avons en A a le chemin parcouru par le piston. $A\,a$ sera donc la fraction de course pendant laquelle il y a pleine introduction.

Si le grand tiroir avait fonctionné seul, la période d'introduction eût été $D_d\ d$.

L'admission de la vapeur ayant été interrompue au point A, il faut en outre que la fermeture par la plaque ait lieu aussi longtemps que le grand tiroir n'aura pas fermé la lumière de la glace, sinon il y aurait une nouvelle introduction de vapeur. Nous pouvons vérifier, grâce à la construction de l'épure du grand tiroir, si la fermeture obtenue par la plaque est effective.

Dans l'exemple choisi, la plaque coupe l'admission en A et en ce point le tiroir de distribution ouvre largement les orifices d'introduction. Nous avons vu que lorsque la manivelle vient en $O\,P'$ il y a réouverture du grand tiroir par la plaque. Il faut vérifier si cette réouverture est effective, elle le serait si à ce moment l'orifice du grand tiroir se trouvait en communication avec celui de la glace.

Menons $O\,P'$ prolongée jusqu'en A' au cercle d'excentricité $N'\ R'$. Le point A' tombant en dehors de l'arc d'introduction $D_a\,X_0\,D_d$, le grand tiroir n'ouvre pas l'orifice de la glace, il n'y a donc pas réintroduction de vapeur. Pour que celle-ci existât, il faudrait que le point A' fût à l'intérieur de cet arc.

Avec des excentricités mal choisies, des dimensions de tiroirs mal étudiées, cette réintroduction peut se produire très facilement, et il nous a été donné de trouver un certain nombre de distributions présentant ce vice capital au point de vue de l'utilisation de la vapeur. Il est donc essentiel d'effectuer cette vérification urgente que la superposition des deux épures très rapidement tracées l'une et l'autre rendra facile.

En résumé, tout se réduit au tracé de l'épure des mouvements relatifs des axes des deux tiroirs et à celui de l'épure du grand tiroir considéré comme un tiroir ordinaire.

Fig. 15.

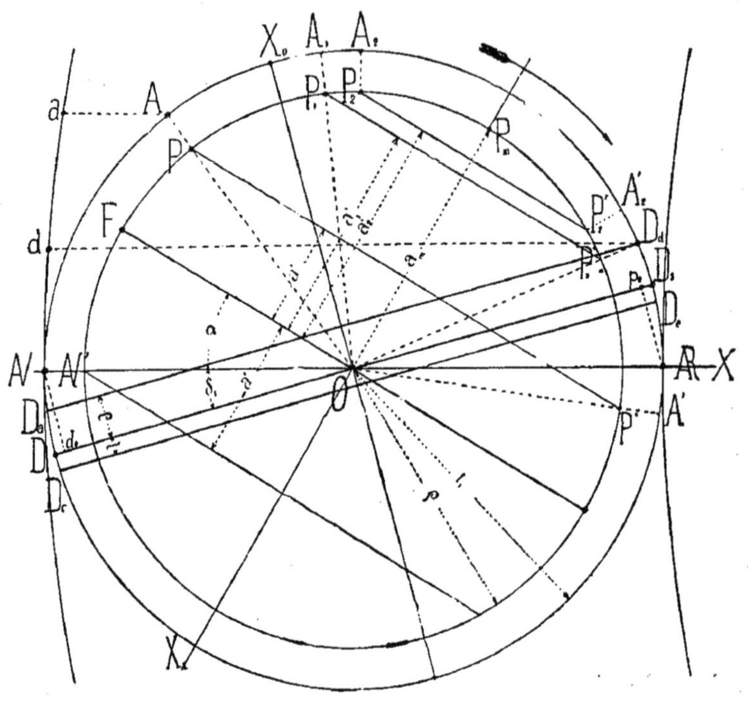

Il faut donc pour tracer l'épure des mouvements relatifs :

Tracer au préalable, en mettant la manivelle en l'un de ses points morts les rayons d'excentricité O D_1, O D_2 (fig. 14), *joindre* D_1 D_2, *abaisser sur* D_1 D_2 *une normale* O q *qui fait avec* O X *l'angle* α. *Tracer* (fig. 15) *avec* D_1 D_2 *pour rayon un cercle. A partir du point mort choisi plus haut mener un rayon* O F *faisant avec* O X *dans le sens du mouvement l'angle* α, *mener parallèlement à* O F *dans le sens du mouvement, et à une distance égale à la longueur* d' *qui sépare les arètes de la plaque de celles extérieures de l'orifice du grand tiroir, une droite* P P′. O P *est la position de la manivelle pour laquelle il y a détente. Superposer à cette épure celle du grand tiroir et vérifier si le rayon* O P *tombe bien à l'intérieur de l'arc d'introduction de ce dernier. Vérifier en outre si le rayon* O P′ *tombe bien en dehors de ce même arc d'introduction.*

Nous avons supposé que l'on se donnait la longueur a' et qu'on voulait en déduire la fraction d'introduction ; en général, c'est le problème inverse qui se présente.

D'après cela, si on se donne le point A pour trouver la longueur de la plaque, il suffira de mener le rayon $O\ A$ qui coupe en P le cercle d'excentricité fictive. Par P on mènera $P\ P'$ parallèle à $O\ F$. La distance de $P\ P'$ à $O\ F$ sera la valeur cherchée de a'.

Il se pourrait qu'en procédant ainsi, le rayon $A\ O$ tombe en deçà du rayon $O\ F$, c'est-à-dire que le point P soit à l'intérieur de l'arc $N'\ F$. Cela prouverait que la valeur de a' devrait être prise négativement.

Si l est la demi-longueur du grand tiroir (*fig.* 12) et l_1 la demi-longueur de la plaque, on a

$$l - l_1 = a'$$

Dans le cas qui nous occupe on aurait

$$l - l_1 = -a', \text{ ou } l_1 - l = a'$$

la valeur de a' devrait donc être prise en sens inverse extérieurement à partir de l'arête nn'.

C'est là ce qui se passe si l'on veut que la détente fasse robinet, c'est-à-dire réduire l'introduction à zéro. La fermeture devant avoir lieu quand la manivelle est en $N\ O$, ce rayon coupe en N' le cercle $O\ F$ et c'est par N' qu'il faut mener la droite $P\ P'$, cette droite étant en dessous de $O\ F$ par rapport au sens du mouvement.

Par conséquent, les axes de la plaque et du grand tiroir étant en coïncidence, comme cela a lieu (*fig.* 13), on mesurera la distance a' de l'arête $r\,s$ à l'arête nn' et la parallèle $P\ P'$ (*fig.* 15) sera menée à la distance a' de $O\ F$, au-dessus si $r\,s$ est à droite de nn', au-dessous quand $r\,s$ est à gauche de nn'. On voit donc que pour obtenir de très faibles admissions, il faut que la plaque ferme l'orifice du grand tiroir dans la position de coïncidence des axes. Rappelons encore que le choix des excentricités D_1 D_2 (*fig.* 14) déterminant l'angle α, exerce une grande influence sur les faibles admissions. L'épure montre en outre qu'il est toujours possible de trouver une dimension de plaque qui permette de couper l'admission dès le point mort *N*.

§ 30

Epure exacte de la détente par plaque

Pour tracer l'épure du mouvement relatif des axes des deux tiroirs, en tenant compte de l'obliquité des barres d'excentrique, il suffit de tracer séparément l'épure exacte de chacun des deux

Fig. 16.

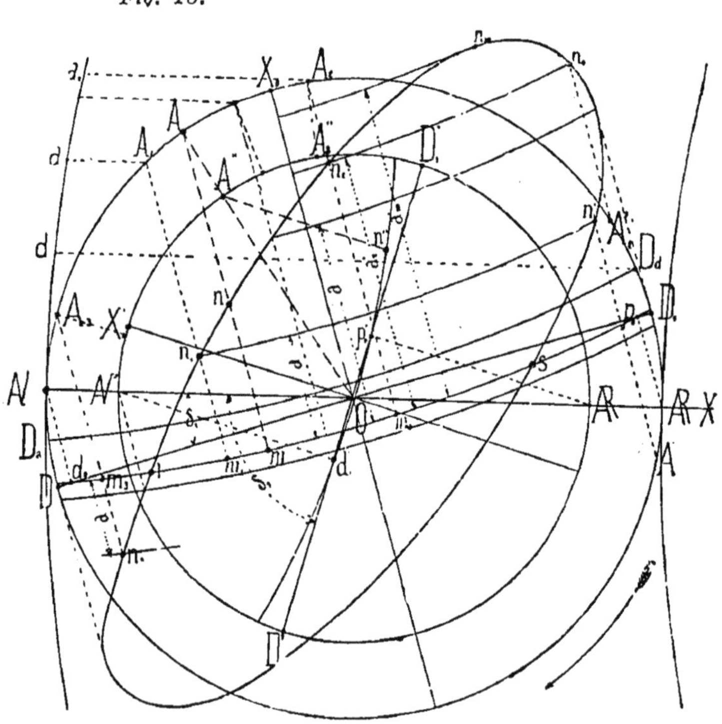

tiroirs et de relever par point les écarts relatifs des axes de chacun d'eux par rapport à l'axe de la glace pour un certain nombre de positions de la manivelle. Soit donc O le cercle d'excentricité (*fig.* 16) du grand tiroir, $O\,D_1$ le rayon de ce cercle.

Menons $D\,D_1$ faisant avec $O\,X$ l'angle d'avance δ_1, de chacun des fonds de course $\mathcal{N}\,\mathcal{R}$, menons deux normales $\mathcal{N}\,d_0$, $\mathcal{R}\,p_0$ sur $D\,D_1$. Par D et D_1 faisons passer l'arc des coïncidences, et menons $O\,X_0$ normale à $D\,D_1$.

Quand la manivelle sera en A, par exemple, l'axe du grand tiroir sera écarté de l'axe de la glace d'une quantité $A\,m$ (§ 19.)

Traçons de même le cercle d'excentricité du petit tiroir et menons le diamètre $D'\,D'_1$ faisant l'angle δ_2 avec l'axe $O\,X$ en sens contraire du mouvement. De $\mathcal{N}'$ et $\mathcal{R}'$, nous abaisserons deux normales $\mathcal{N}'\,d'_0$ $\mathcal{R}'\,p'_0$ sur $D'\,D'_1$, et par d'_0, p'_0 nous ferons passer l'arc des coïncidences, arc dont le rayon pourra différer de celui $d_0\,p$; les barres d'excentrique en général étant plus courtes pour le tiroir de détente que pour le grand tiroir, par suite des dispositions générales de la distribution.

Menons $O\,X'_0$ normale à $D'\,D'_1$.

Pour une même position $O\,A''\,A$ de la manivelle, l'axe du petit tiroir sera distant de l'axe de la glace d'une quantité $A''\,n''$.

Si du point A comme centre avec $A''\,n''$ pour rayon, nous décrivons un arc de cercle, cet arc coupe en n la droite $A\,m$ et

$$m\,n = A\,m - A''\,n''$$

sera l'écart relatif des axes des deux tiroirs. Pour la position A de la manivelle, les écarts des axes des deux tiroirs par rapport à l'axe de la glace sont d'un même signe, ou autrement dit sont pris tous deux d'un même côté de l'axe de la glace; pour d'autres positions, l'axe d'un tiroir est d'un côté, tandis que l'axe de l'autre est du côté opposé ; dans ce cas, la méthode indiquée conduit à additionner les écarts, l'écart du petit tiroir se porte à la suite de l'autre, et le point n tombe en dehors du cercle $O\,D$. Cela a lieu par exemple pour la partie $n_m\,n'_1$.

Si nous traçons par la même méthode la série des points tels que n et que nous les relions entre eux par une courbe continue, nous voyons que, *pour une position quelconque de la manivelle, l'écart relatif nous sera donné par les distances comprises entre l'arc des coïncidences du grand tiroir et le point correspondant de la courbe comptée suivant la direction des écarts du grand tiroir.*

Cette courbe affecte la forme d'une ellipse aplatie à l'une de ses extrémités et renflée à l'autre, ce qui tient à l'obliquité des barres; elle coupe l'arc des coïncidences $D\,D_1$ en deux points r et s. En ces points les écarts relatifs sont nuls, et les axes des deux tiroirs coïncident.

Les tangentes au cercle O, parallèles à $O\,X_0$, sont les tangentes extrêmes de la courbe elliptique, et cela par construction. Cette courbe suffit évidemment pour les deux faces avant et arrière, et si nous traçons les quatre arcs de recouvrement qui correspondent à la distribution sur les deux faces, l'épure se trouvera satisfaire à l'étude complète de la distribution. La courbe, quoique très rapidement tracée, n'aura donc pas à être construite deux fois.

Nous avons dit que, pour qu'il y ait fermeture du grand tiroir par le petit, il faut qu'à partir du point, où il y a coïncidence des axes des deux tiroirs, les écarts relatifs aient atteint la valeur a' § 29 (*page 69.*)

Il suffira donc de mener un arc $n_1\,n'_1$ *parallèle* à $d_0\,p_0$ et de même rayon, tracé à l'aide du gabarit et à une distance de cet arc égal à a'. Cet arc coupera la courbe elliptique en un point n_1 tel que si l'on mène une normale $n_1 m_1$ à la corde $d_0\,p_0$, on aura

$$m_1\,n_1 = a'.$$

Quant à la position de la manivelle, on l'obtiendra facilement en prolongeant $m_1\,n_1$ jusqu'à sa rencontre avec le cercle d'excentricité en A_1. On aura en A_1 la position cherchée, et $A_1\,a_1$ sera la fraction de pleine introduction.

Inversement, si l'on se donne $A_1\,a_1$ la fraction de course correspondant à la pleine introduction, il suffira de mener $A_1\,m_1$ parallèle à $O\,X_0$. Cette droite coupe en n_1 la courbe elliptique, et $m_1\,n_1$ mesure la valeur cherchée de a'. Il pourrait arriver, en faisant cette dernière construction, que l'on obtienne le point m_3 et que la quantité a' soit égale à $m_3 n_3$ située en dessous de l'arc $d_0 p_0$, on voit alors, en se rendant compte de la construction de la courbe, que a' est bien en effet négatif et, comme nous l'avons fait remarquer (*page 72*) pour l'épure approchée, l'arête $r s$ se trouve à gauche de l'arête $n n'$ (*fig. 13*). C'est ce qui arriverait si on voulait fermer l'admission au point mort N, il faudrait que la droite m_3 n_3 passe par les points d_0 et N, le recouvrement serait négatif et l'arête $r s$ serait à gauche de l'arête $n n'$. L'arc $n_1 n'_1$ coupe la courbe elliptique en deux points n_1 et n'_1, deux positions pour lesquelles il y a coïncidence des arêtes $r s$ et $n n'$ (*fig. 13*). Pour qu'il y ait fermeture, il faut que les écarts relatifs croissent, puisqu'il faut que les arêtes se rapprochent, et cette considération permet de déterminer lequel des deux points est celui qu'il faut prendre. Dans l'exemple

Fig. 16.

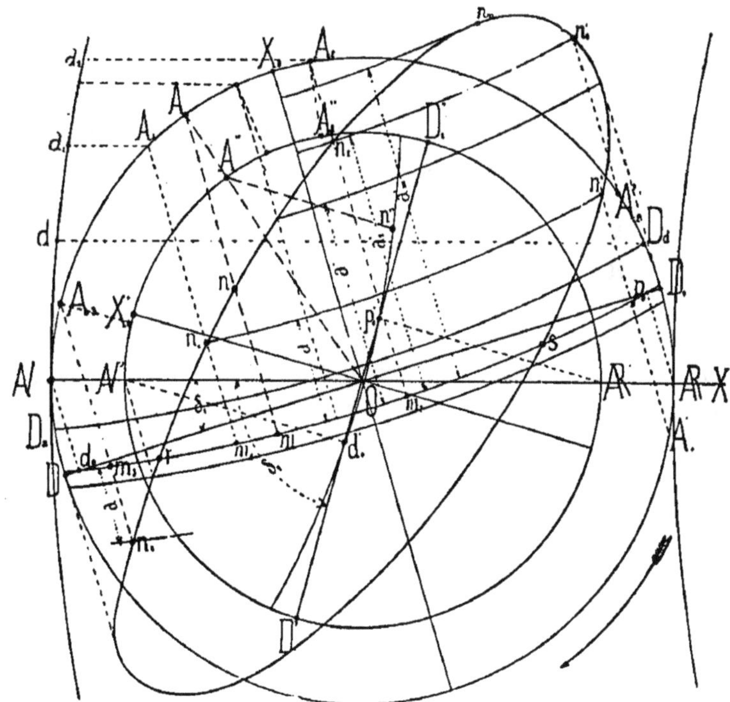

choisi, c'est évidemment le point n_1 puisqu'à partir de ce point les écarts relatifs vont en croissant.

Il est essentiel de vérifier ici, si la réouverture ne se produit pas pendant la période d'admission du grand tiroir. Pour cela, considérons l'arc de recouvrement du grand tiroir D_a D_d.

L'arc pendant lequel il y a admission est D_a A D_d, la fermeture du tiroir d'admission par la plaque a lieu en A_1 correspondant au point n_1 sur la courbe des écarts relatifs.

En n'_1 sur cette même courbe, il y a réouverture et ce point n'_1 correspond à la position A'_1 du bouton de manivelle. Si le point A'_1 tombait à l'intérieur de l'arc D_a A D_d, il y aurait réintroduction *effective* de la vapeur.

Dans l'épure tracée ici, il n'en est pas ainsi. La réouverture ayant lieu après que le grand tiroir a fermé l'orifice de la glace, elle n'a plus aucune importance au point de vue de la distribution de la vapeur. De ce qui précède on déduit la règle suivante :

Pour tracer la courbe des écarts relatifs (fig. 16), *tracer les épures exactes des deux tiroirs, qui donnent pour chaque point* A *les écarts* A m *et* A″ n″ *de chacun d'eux par rapport à l'axe de la glace. A partir du point* A, *porter sur la droite* A m, *écart du grand tiroir, celui* A″ n″ *du petit dans un sens convenable. Le point* n *est sur la courbe des écarts relatifs; mesurer la distance* a′ (fig. 13) *et suivant qu'elle est comptée à droite ou à gauche de l'arête* n n′, *mesurer en dessus ou en dessous, à la distance* a′ *un arc parallèle à l'arc* d_0 p^0 *des coïncidences du grand tiroir. Cet arc coupe en* n_1 *et* n'_1 *la courbe des écarts relatifs. Celui à partir duquel les écarts vont en croissant indique la position* A_1 *du point où il y a détente. Vérifier si le second point* A'_1 *donné par la seconde intersection* n'_1 *tombe dans l'arc d'introduction du grand tiroir. S'il en est ainsi, il y a réouverture effective de la vapeur et il faut modifier la distribution.*

§ 31

Emploi de la détente par plaque

Cette distribution est fort peu employée telle que nous l'indiquons dans ce chapitre, car si elle est susceptible de donner des détentes aussi prolongées qu'on le désire, elle ne se prête nullement à la variabilité de la détente, qui garde la valeur qu'on lui a assignée lors de la construction, sans qu'il soit possible de la modifier sans un travail assez considérable.

Ce travail consisterait, soit à changer l'angle de calage du tiroir de détente, soit à modifier la longueur de la plaque.

Nous nous bornons à signaler cet inconvénient, pour expliquer l'absence à l'atlas de dessins concernant cette disposition.

Si nous lui avons consacré ce chapitre, c'est que les épures 15 et 16 trouvent une application immédiate dans les chapitres suivants.

Dans certains cas cependant, il peut y avoir intérêt à employer ce genre de distribution, et pour ne citer qu'un exemple, dans la distribution d'une machine Compound, le tiroir du grand cylindre doit être calculé de façon que la vapeur s'échappant du petit cylindre passe intégralement dans le grand. Dans ce cas, on se borne souvent à opérer la variabilité de l'introduction au petit cylindre, en la laissant constante au cylindre à basse pression. Si le rapport des volumes des cylindres est un peu grand, on se trouve ainsi amené à faire des introductions assez restreintes à ce cylindre de basse pression, trop restreintes pour pouvoir être opérées par le tiroir simple à coquille.

L'emploi de la distribution décrite plus haut est tout indiqué.

CHAPITRE V

DÉTENTE MEYER

§ 32

Description

Le dispositif que nous venons de décrire convient parfaitement quand on connait exactement la fraction d'introduction que doit posséder la machine pour produire le travail maximum qu'on a à lui demander. Le régulateur agit alors sur un papillon qui étrangle la vapeur et règle sa pression suivant les besoins pour maintenir la vitesse constante.

Il est des cas où l'on préfère modifier le degré d'introduction, et cela se présente surtout quand le travail résistant est susceptible de grandes variations.

L'inspection des épures montre qu'il est très facile d'arriver à une détente variable répondant à ce nouveau problème, en modifiant simplement la longueur l_1 de la tuile de détente (*fig. 13*).

Fig. 13.

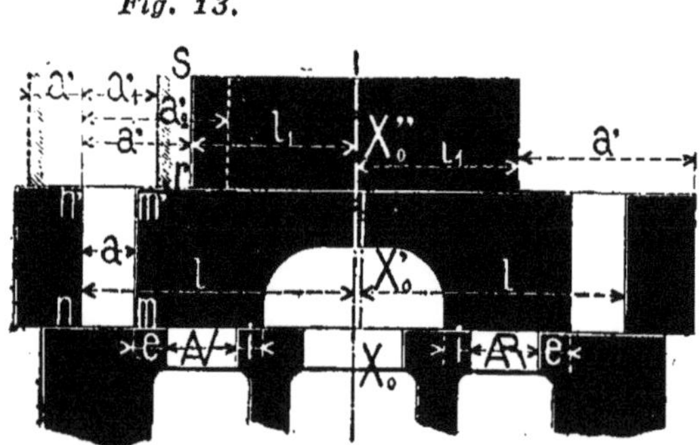

Il suffit pour cela de fractionner la tuilette en deux parties pouvant s'écarter ou se rapprocher l'une de l'autre à volonté, et réalisant ainsi les variations cherchées de la distance a' et de la longueur l_1 (*fig. 13*). Pour arriver à ce résultat, le dispositif, connu depuis longtemps sous le nom de Meyer, emploie une tige filetée comme tige de détente (*fig. 1 à 3, pl. 5*). Cette tige porte en tt' deux vis à pas discordants, l'un à droite, l'autre à gauche, s'engageant dans deux écrous fixés sur deux pièces EE' d'entraînement qu'ils traversent de part en part.

Ces pièces doivent être telles qu'elles entraînent les tuilettes tout en les laissant plaquer librement sous la pression de la vapeur (ou avec adjonction de ressorts MM' si on redoute un décollement), sur la face antérieure du tiroir de distribution.

Les fig. 1, 2, 3, pl. 5, donnent un exemple de la seconde disposition qui est celle généralement adoptée.

La pièce d'entraînement porte deux logements cylindriques, dans lesquels s'engagent à frottement doux deux tétons rectangulaires venus de fonte avec les tuilettes de détente; et des ressorts à boudins tendent continuellent à écarter les tuilettes de l'axe de la tige en les faisant plaquer sur la glace du tiroir de distribution.

Il en résulte une certaine fatigue de la tige filetée de détente qui sert ainsi de point d'appui aux ressorts, mais comme la pression de la vapeur agit fortement pour plaquer les tuilettes, l'action des ressorts se borne à assurer le contact parfait de la tuilette, et la raideur de ces ressorts peut être très faible. La tige de détente sort de la boîte à vapeur en traversant un presse-étoupe, au-delà duquel elle vient passer dans un guide rigide fixé au cylindre. A son passage dans ce guide, la tige de détente cesse d'être cylindrique et présente une section rectangulaire C.

Le guide porte une bague en bronze, présentant intérieurement même section rectangulaire, tournée à l'extérieur et s'engageant dans le guide alésé à la demande.

Un épaulement empêche la bague de glisser dans le guide, lorsque la tige de détente va et vient, entraînée par l'excentrique de détente, et vers l'arrière un volant V, calé sur la bague, permet d'imprimer à celle-ci un mouvement de rotation.

On comprend maintenant que, pour modifier la longueur l_1, ou la valeur de a', il suffira d'imprimer au volant ci-dessus le mouvement de rotation dont il est susceptible. On fera par cela même pivoter la bague, et par suite la tige filetée, dont les écrous, ne pouvant tourner, se rapprocheront ou s'écarteront suivant le sens de la rotation, en entraînant les tuilettes. Celles-ci, s'écartant ou se rapprochant l'une de l'autre, produisent la variabilité cherchée des longueurs l_1, ou des distances a' (*fig. 13*).

Cette modification dans les grandeurs de ces deux quantités pourra s'opérer pendant la marche, grâce à la bague *f* qui ne cessera jamais d'actionner la tige de détente, malgré son mouvement de va et vient.

Telle est la disposition très simple, connue depuis longtemps sous le nom de Meyer, et que sa simplicité a fait rechercher par un très grand nombre de constructeurs. Cette simplicité de construction et la facilité que présente le réglage de cette détente, l'a fait résister à la vogue croissante des systèmes à déclanchement, et encore à ce jour voit-on de nombreux constructeurs l'adapter à leurs machines.

§ 33.

Réglage d'une distribution Meyer

La fig. 2, pl. 5, montre comment il est possible d'adapter une règle graduée *P* donnant pour une rotation quelconque du volant le résultat de cette manœuvre et le degré de détente réalisé. Pour cela, un écrou *O*, fileté extérieurement et s'engageant dans le manchon du support-guide, porte une oreille à laquelle se fixe un réglet, *P*. Ce réglet maintenu dans une rainure pratiquée dans le support, empêche l'écrou de tourner, de telle sorte que sous l'action du volant *V* l'écrou et le réglet sont animés d'un mouvement de translation proportionnel au pas de l'écrou.

En un point quelconque du support-guide, se trouve un index indiquant les déplacements du réglet sur lequel on trace des divisions.

Ordinairement on trace ces divisions de la règle par expérience.

Pour cela, on fait tourner la machine, après avoir, au préalable, divisé la glissière en dixièmes ou en vingtièmes de la course.

On amène par exemple la crosse ou coulisseau à la division correspondant à 1/10 de course du piston, et on tourne le volant jusqu'à ce que le rebord externe de la tuilette vienne fermer l'orifice du tiroir de distribution convenablement réglé pour son fonctionnement spécial.

On trace alors un repère sur le réglet *P* et on note la fraction d'introduction obtenue soit 0, 1, et ainsi de suite de dixièmes en dixièmes.

Il est à remarquer que, par suite des obliquités de la bielle, les divisions ainsi obtenues, bonnes pour l'avant, seraient défectueuses pour l'arrière et que la graduation devrait être double, et être faite pour chaque face du piston. Dans la plupart des cas, les différences trouvées sont partagées en deux ; car ce qu'on cherche surtout, c'est un repère certain qui permette au mécanicien qui a, pour une cause ou pour une autre, modifié temporairement la détente, de revenir sûrement à la détente normalement employée.

Pour obtenir cette moyenne, on place le piston à 10 pour cent de sa course *AV* et on trace sur le réglet *P* un trait provisoire. On amène alors le piston dans sa position symétrique *AR*, c'est-à-dire à 10 pour cent de sa course. On trace sur le réglet *P* un second trait qui ne se confond pas en général avec celui déjà tracé. On place alors la graduation à distance égale de ces deux traits.

Si on connaît par avance le degré de détente de la marche normale de la machine, on arrive très facilement à produire des introductions égales sur les deux faces du piston. Il suffit pour cela de régler la machine à ce cran de détente, ce qu'on réalise très promptement, surtout si on a eu la précaution de sectionner la tige de détente entre les deux filets de vis, entre *t* et *t'* et de les réunir par un manchon qu'on ne clavette qu'après coup. On amènera alors la machine au point où la détente doit s'opérer, et on tourne la vis convenablement jusqu'à ce que la tuilette commence à fermer l'orifice du tiroir. On opère de même pour l'autre face, et, ceci fait, on réunit les deux tiges en clavetant à poste fixe le manchon de jonction.

On réalisera ainsi l'égalité d'introduction pour le degré de détente choisi, mais les variations dues à l'obliquité de la bielle se feront évidemment sentir d'autant plus qu'on s'éloignera davantage de cette introduction normale.

Il est un moyen simple de resserrer entre des limites plus étroites l'importance de ces variations dans les degrés d'introduction. Ce moyen consiste dans l'emploi de pas de vis inégaux. Un exemple rendra le procédé plus intelligible.

Prenons l'épure 1 et 2 (*Pl.* 6). Les valeurs de a' sont respectivement :

Degré d'introduction 0 face *AV* $a' = 11,5$ face *AR* $a' = 11$
» » 0,5 » *AV* $a' = 20$ » » $a' = 18$

Si nous voulons obtenir des introductions égales sur les deux faces pour ces degrés extrêmes d'introduction, il suffira que les pas de vis cessent d'être égaux et soient dans le rapport l'un à l'autre des sommes : $11,5 + 20 = 31,15$
et $11 + 18 = 29$
représentant les allongements à produire pour passer des introductions 0 aux introductions 0,5.

Pour déterminer la valeur du pas à adopter, il faut se donner le nombre de tours que devra effectuer le volant *V* pour passer de l'introduction nulle à celle de 50 pour cent ; si ce sont là les limites d'action qu'on impose à l'appareil de détente.

Si nous supposons que le volant doive faire 1 tour, 015, pour passer d'une limite à l'autre, nous adopterons pour pas des deux vis :

Vis *AV* pas 32 millimètres $= 31,5 \times 1,015$.
» *AR* » 30 » $= 29 \times 1,015$.

qui sont sensiblement dans le rapport indiqué et que nous avons choisi dans l'exemple de la planche n° 6.

Ainsi disposée la machine ne donnera encore l'égalité dans les introductions que pour les extrêmes O et 50 pour cent, mais entre ces deux limites, les écarts dans les introductions seront assez resserrés pour qu'on puisse admettre le problème comme résolu.

§ 34

Procédé graphique de réglage

Cependant il est possible de réaliser d'une façon plus parfaite cette égalité des introductions.

Il faut pour cela faire intervenir une petite épure supplémentaire.

Prenons, fig. 17 du texte, une ligne xy, que nous diviserons en un certain nombre de parties égales représentant des fractions de course du piston, 0. 0,1 0,2 0,3 etc. Elevons en ces points des normales à xy et sur ces normales prenons à partir de xy les valeurs de a' relevées sur les épures de la distribution.

Fig. 17.

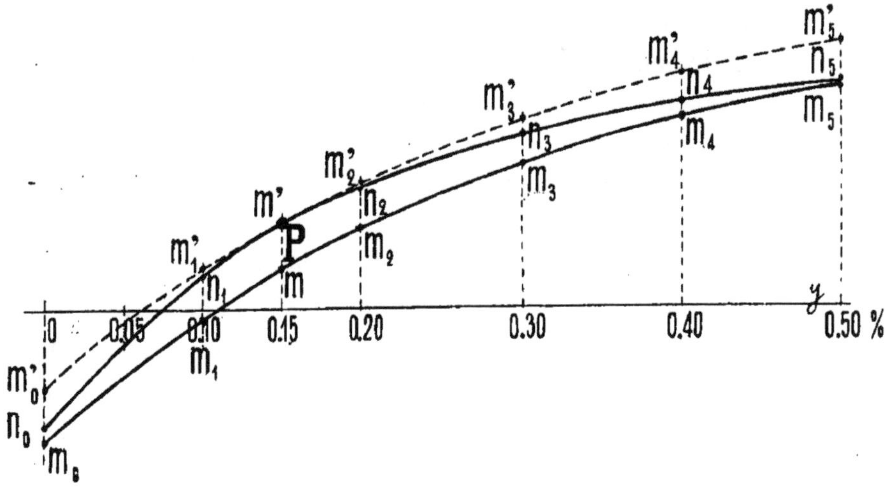

Ainsi nous porterons à 0 m_0 ; 0, 1 m_1; 0, 2. m_2 etc. les valeurs de a' pour la face N et en $0n_0$; 0, 1 n_1 ; 0, 2 n_2 ; etc. les valeurs de a' pour la face R.

Si par m_0, m_1, m_2 nous faisons passer une courbe, nous aurons, pour une position quelconque du piston, la valeur de a pour ce qui concerne la face *N* et nous aurons de même la série des valeurs de a' pour la face *Æ* en reliant par une courbe les points n_0 n_1 n_2, etc.

Ces deux courbes ne se confondent pas grâce aux différences que donne l'obliquité de la bielle.

Si, calquant une des deux courbes, nous la déplaçons en superposant les ordonnées de même ordre 0,1 m_1, 0,1 n_1 par exemple jusqu'à ce que nous constations que les écarts arrivent à leur minimum, nous verrons que ces courbes vont se couper en un point *P* qui correspond à une position du piston égale à 15 °/₀ de la course, par exemple. En ce point les valeurs de a' seront égales pour les deux faces, et si, procédant comme il a été dit plus haut au numéro 31, nous réglons les vis de façon que les introductions soient égales pour cette position du piston, nous serons certains d'obtenir les autres introductions sensiblement égales pour les deux faces. Nous mesurerons, du reste, facilement les écarts en les lisant sur l'épure auxiliaire, normalement à xy et à l'échelle du dessin.

Dans la plupart des cas, on arrive à obtenir une période assez grande pendant laquelle, les courbes se confondant sensiblement, les valeurs de a' s'écartent infiniment peu l'une et l'autre.

En somme, il y a là un moyen sûr et élégant d'arriver à réaliser ce désidératum, l'égalité des introductions, par l'emploi raisonné des deux pas de vis égaux.

Il suffit pour cela de se reporter à l'épure auxiliaire, de déterminer le point *P* où les valeurs de a' s'égalent sur les deux faces et de régler les tiroirs pour qu'en cette position du piston la détente se produise sur les deux faces également. On indiquera au monteur le point qu'il doit choisir pour régler sa machine et, si les épures ont été bien faites, on agira ainsi en toute sécurité.

La détermination du pas ne sera donc plus basée sur la considération du nombre de tours que devra effectuer le volant de manœuvre *V* pour passer d'une limite à l'autre.

Ce nombre de tours est en général restreint et on a l'habitude, les pas des vis étant toujours assez forts eu égard au diamètre de la tige, de multiplier les filets. C'est ainsi qu'on emploie précisément, 3,4 et même 6 filets de vis.

§ 35

Applications. Distribution Meyer

Nous donnons, planche 6, des exemples d'épures relatives à la distribution Meyer pour les deux faces du tiroir, épures approchées (*fig.* 1 *à* 2) et exactes (*fig.* 3 *à* 4); les dernières sont extrêmement simples à tracer puisqu'elles n'exigent que la construction d'une courbe elliptique dont la fig. 3 donne le tracé complet pour les 2 faces, tandis que la fig. 4 ne reproduit que la partie intéressant la face *N* considérée.

L'inspection de ces deux groupes d'épures montre l'influence des obliquités des barres que les fig. 1 et 2 négligent.

Ces épures permettent de se rendre compte d'un point important de la distribution : la vitesse avec laquelle les fermetures ont lieu.

Il est en effet intéressant que cette fermeture ait lieu aussi rapidement que possible pour éviter le laminage de la vapeur au moment où la tuilette vient fermer le passage du fluide dans les orifices du tiroir de distribution. Si la fermeture est lente, il y a étranglement et laminage.

La courbe des écarts relatifs indique si ces derniers diminuent plus ou moins rapidement et montre que cette vitesse de fermeture n'est pas constante. Cela apparaît surtout clairement dans les épures 3 et 4. Mais pour s'en rendre un compte exact, il faut avoir recours à l'épure supplémentaire (*fig.* 17 *du texte*).

En effet, les écarts relatifs étant rapportés aux fractions de course du piston, l'inclinaison plus ou moins forte des tangentes successives à cette courbe montre l'allure des vitesses de fermeture et leur peu de constance.

Dans l'étude de la distribution ce point n'est nullement à négliger et, étant donné la détente adoptée par l'allure normale de la machine, il est bon d'étudier les calages relatifs des tiroirs pour qu'à ce point le maximum de vitesse de fermeture soit obtenu.

En général, si on tient à ce que la distribution fasse robinet, c'est à dire que l'introduction puisse devenir nulle, et qu'en agissant sur le volant *V* (*fig.* 2, *Pl.* 5.) on puisse arrêter la machine, et si d'autre part on veut pousser les introductions vers 70 °/。 de la course, il devient difficile d'obtenir vers ces extrêmes de bonnes fermetures.

On a pour satisfaire à ces conditions multiples bien des éléments dans la main : courses de tiroirs, calage des excentriques, etc., et en apportant un peu d'attention à cette étude on arrivera assez facilement aux dimensions les plus avantageuses.

L'épure approchée et l'épure auxiliaire seront d'un grand secours dans cette recherche dont l'épure exacte viendra contrôler les résultats.

CHAPITRE VI

ATTAQUE DE LA DÉTENTE PAR LE RÉGULATEUR

§ 36

Action du régulateur sur la détente

On a cherché depuis longtemps à rendre la détente variable automatiquement, de telle sorte que l'introduction de la vapeur au cylindre et par suite le travail de la machine, suive exactement les oscillations du travail résistant et maintienne le nombre de tours invariable.

Plusieurs causes peuvent faire varier le nombre de tours de la machine; tout d'abord le travail demandé à la machine peut varier, puis le travail résistant restant constant, la pression de la vapeur peut éprouver certaines variations ; enfin les deux causes énoncées ci-dessus peuvent se produire en même temps.

Pour parer à ces oscillations dans la vitesse du moteur, il était rationnel d'agir sur la période d'introduction, de l'augmenter ou de la diminuer suivant que la machine se ralentit ou s'accélère.

Mettre la détente en relation directe avec un régulateur à force centrifuge ou autre, était une solution qui se présentait facilement à l'esprit. Mais le problème, très simple en apparence, ne laisse pas que d'être assez compliqué, par suite de la difficulté de trouver un mécanisme simple et ne demandant pas au régulateur un effort trop considérable.

Les vis de commande des tuilettes ne laissent pas que de provoquer une assez grande résistance. Quoi qu'il en soit, on est arrivé à résoudre la question de bien des manières, et nous allons donner une série d'exemples choisis parmi les meilleurs ou les plus originaux.

§ 37

Disposition Claudius Jouffray

Le dessin (*Pl. 13*) ne donne que l'appareil de commande de l'écrou *H* attaquant le prolongement de la tige filetée de détente *T*.

Cet écrou *H* porte un pignon, recevant le mouvement d'une crémaillère *E* entraînée dans son mouvement vertical par le manchon du régulateur.

Cette crémaillère affecte la forme d'un manchon monté sur un arbre creux *D*. Cet arbre *D* tourne, entraîné par le pignon *J*, calé à sa partie inférieure, qui reçoit le mouvement du moteur à l'aide d'un engrenage de commande engrenant avec lui.

Le manchon-crémaillère *E* ne devant pas tourner est relié au manchon du régulateur par un plateau *F* qui emprisonne un disque venu de fonte avec lui. Ce plateau est clavetté sur l'arbre intérieur *C* et il en est de même du manchon du régulateur.

Un bâti *A* porte tout le système.

Si nous reprenons l'exemple du paragraphe 33, nous voyons que les valeurs extrêmes de a' exigent un déplacement de l'écrou des tuilettes égal à 31,15 pour l'avant et de 29 pour l'arrière.

Le pignon H ayant 16 dents, et la crémaillère en ayant 12 utiles, quand le régulateur passe de son point haut à son point bas le pignon tourne de 12/16 de circonférence.

On déduira de là la valeur des pas de vis que l'on devra adopter pour l'avant et pour l'arrière.

Rien n'étant changé dans les dispositions des tiroirs, cette description sommaire suffit pour faire comprendre l'attaque de la détente par le régulateur

---

§ 38

Disposition Brenier & Ce

Dans le but de rendre plus facile l'attaque de la vis à filets inversés de Meyer, MM. Brenier et Ce ont eu l'idée de faire commander ces vis par la machine elle-même, le régulateur n'ayant plus pour action qu'un embrayage dans un sens ou dans un autre de cette commande. Voici une description de cet appareil représenté Fig. 1 et 4, Pl. 7.

Un levier d'équerre *I*, actionné par la tige du tiroir, communique un mouvement de montée et de descente au piston *J* qui porte les cliquets *K* et *L*.

Une douille en bronze avec écrou carré *M*, supportée par le bâti, livre passage à la tige des tiroirs et reçoit les rochets *O*, *P*, clavetés sur la douille, que permet d'actionner à la main le volant *Q* si besoin est ; un indicateur *R* permet de juger où en est la détente.

La stabilité de la tige est assurée par un frein *S*. Un arbre *W* porte des palettes *X* actionnant les cliquets K et *l*, à la demande du régulateur qui agit par l'intermédiaire d'une tringle *U*. Une contre-palette de sûreté *Y* est folle sur l'arbre *W*.

Comme à la mise en marche ou à l'arrêt le mouvement pourrait dépasser les limites d'action de la détente et occasionner des ruptures, un bouton *A'* fixé sur la coulisse indicatrice est réglé de telle sorte qu'il entraîne le levier *Z* et par suite la contre-palette *Y* pour soulever le cliquet *M*, quand les tuiles à détente ont leur maximum d'admission.

On voit, d'après le dessin, que le constructeur a cru, pour augmenter la sensibilité du mécanisme et la rapidité d'action du régulateur, devoir maintenir, outre la variabilité de la détente, l'action du papillon.

On évite ainsi une trop longue action de la détente, ce qui obligerait à animer les rochets d'une trop brusque amplitude ou à augmenter le pas des tiges de détente dans de trop grandes proportions ; mais on a aussi l'inconvénient d'étrangler la vapeur et de diminuer sa tension à l'entrée dans les boites.

§ 39.

Distribution Hayward

Il est un moyen élégant d'arriver à la variabilité des valeurs de a' (*fig.* 13), connu sous le nom de Hayward, et qui n'exige l'emploi d'aucune complication de leviers, d'engrenages ou de crémaillères.

Le tiroir de détente se compose (*fig.* 2, 3, *Pl.* 8 ; *fig.* 1, *Pl.* 12) d'une tuilette cylindrique, venant plaquer sur la face antérieure du tiroir ordinaire de distribution, alésé au diamètre de la tuilette Celle-ci est entraînée par deux épaulements venus à la tige qui affecte la forme rectangulaire à son passage au travers du tiroir de détente, de telle sorte que, tandis que la tige l'entraîne dans le mouvement qu'elle reçoit d'un excentrique spécial, on puisse en même temps imprimer à volonté un mouvement de rotation à la tige et au tiroir. Cette tige est reliée à la barre du régulateur par un mécanisme analogue à celui qui permet d'attaquer la tige de détente de Meyer, décrite plus haut.

Les orifices du tiroir de distribution débouchent sur la table cylindrique, suivant une hélice, découpée sur cette table, et les faces de la tuilette affectent la même forme.

Il est facile de comprendre que, en faisant tourner plus ou moins la tuilette avec sa tige, on arrivera à allonger la quantité que nous avons appelée l_1 ou à diminuer la quantité a' (Voir Chapitre IV et fig. 13) en présentant à l'hélice de l'orifice du tiroir, des fractions de génératrice de l'hélice tuilette plus ou moins longues.

L'action du régulateur sur cette tuilette devient toute simple et peut se faire à l'aide d'un simple levier relié au régulateur.

Le pas de l'hélice qui limite la tuilette est facile à calculer, si on se donne l'angle de rotation que peut prendre sous l'action du régulateur le levier d'attaque de la tige de détente.

Si cet angle est de 60 degrés par exemple, et si l'épure détermine pour les valeurs de a' des accroissements de 30 m/m, il est évident que, dans la rotation correspondant à 60°, l'allongement de la tuilette devant être de 30 m/m, le pas devra être de

$$\frac{360}{60} \times 30 = 180 \text{ m/m}$$

En d'autres termes, si α est l'angle de rotation, a'_1 la différence entre les valeurs extrêmes de a', le pas de l'hélice devra être égal à

$$\frac{2\pi}{\alpha} \times a'_1 = p.$$

et on déduira facilement le pas sur chaque face du tiroir. En opérant comme il a été dit pour les détentes Meyer à pas égaux, il sera aisé de trouver le pas moyen qui donne les introductions égales ou peu s'en faut sur les deux faces du piston, et l'introduction à laquelle le réglage des tiroirs doit s'effectuer.

Au point de vue pratique, il y a, dans le tracé de ces tiroirs, des précautions à prendre, et il est bon d'exécuter ses dessins au retrait, ajustages compris, pour le modeleur, afin que la pièce, une fois sortie de la fonderie et travaillée, ait bien le pas prévu.

Il est bon également de déterminer soigneusement la fraction de cylindre qui doit travailler dans le mouvement de détente et de coter avec soin la longueur des génératrices extrêmes.

Si l'orifice du tiroir de distribution se trouve devoir découvrir sur sa glace cylindrique en embrassant un angle α', il faut que la tuile embrasse un arc égal à $\alpha' + \alpha$, augmenté d'un léger recouvrement pour éviter les défauts d'étanchéité sur les bords. On en déduira facilement la longueur des génératrices extrêmes utiles et par suite les dimensions de la tuile.

La facilité avec laquelle cette distribution se manœuvre la fait très fréquemment employer.

Dans l'exemple ci-dessus, nous voyons que le pas moyen de l'hélice doit être égal à 180 m/m.

Si on suppose que le diamètre de la face cylindrique du tiroir doit avoir 100 m/m et que la hauteur des orifices débouchant en forme d'hélice occupe les 4 dixièmes de la circonférence de ce diamètre ou un angle de 144 degrés, en admettant d'autre part qu'il y ait 5 degrés de recouvrement à la tuilette de chaque côté de l'orifice, on aura un arc de tuilette de 154 degrés.

Si, d'autre part, le régulateur fait décrire à la tuilette un angle de 60 degrés pour passer de l'introduction minima à l'introduction maxima, la tuilette comprendra un angle total de

$$154 + 60 = 214 \text{ degrés.}$$

Si le pas est de 180 m/m, la fraction de pas de l'hélice comprise par la face travaillante de la tuilette sera les 214 : 360 ou les 0.59 centièmes de la circonférence.

La différence de longueur des génératrices extrêmes sera donc de 0,59 × 180 m/m, soit 106 m/m.

Les conditions spéciales à la construction du tiroir de distribution détermineront la distance des hélices de ce tiroir, l'épure donnera la position relative des hélices du tiroir et de la tuile en un point connu, et on en déduira aisément les cotes relatives à la tuilette.

Le diamètre du cylindre du tiroir étant connu, on détermine la cote dont il faut diminuer ce diamètre pour l'ajustage. On augmente celui de la tuile également de tout l'ajustage, et on calculera les développements de ces deux cylindres de façon à pouvoir fournir au modeleur les gabarits des hélices de même pas décrites sur chacun d'eux. Ceci est essentiel si on veut éviter des erreurs dont le moindre inconvénient serait de ne plus donner des pas égaux à la tuile et aux orifices venus de fonderie, chose essentielle pour le bon fonctionnement de cet appareil.

§ 40

Régulateur système Denis.

Le régulateur système Denis, (*Pl. 14*) présente une disposition spéciale qui a pour but de produire une action énergique sans que pour cela le manchon du régulateur ait à vaincre une grande résistance. A cet effet, le mouvement qui doit faire varier la détente est produit par la machine et le régulateur a seulement pour mission d'assurer le sens et la durée de ce mouvement. Le principe de cette disposition est analogue à celui de la disposition système Brenier, étudiée au § 38 ; ce régulateur peut, il est vrai, actionner un mécanisme quelconque de détente variable, car il convient dans tous les cas d'exiger le moins d'effort possible du régulateur pour obtenir une grande sensibilité. Mais il s'appliquerait particulièrement à une distribution Meyer puisque nous avons vu que la commande de la vis demande beaucoup d'efforts.

C'est le levier *D* (*Pl. 14*) qui est relié au mécanisme de détente variable et le levier supérieur *A* reçoit son mouvement du manchon du régulateur pour le transmettre à la tige *B*. Cette tige porte un pas de vis qui commande un écrou articulé au levier *D*, et à sa partie inférieure elle présente deux ailettes comprises à l'intérieur de deux manchons creux *C* et *C'*. Quand le régulateur est dans sa position moyenne, qui correspond à la marche normale de la machine, les ailettes ne touchent pas les manchons.

Comme ces deux manchons portent des roues dentées, qui engrènent avec un pignon mis directement en mouvement par la machine au moyen d'une grande roue dentée montée sur l'arbre horizontal, on voit que dans ce cas ils peuvent tourner en sens contraire autour des ailettes et la tige *B* reste immobile ainsi que le levier *D* : la détente ne sera donc pas modifiée. Si le régulateur soulève un peu la tige *B*, les ailettes seront aussitôt touchées par un heurtoir disposé à l'intérieur du manchon *C* qui va entraîner dans son mouvement de rotation la tige *B* ; dès lors la vis déplacera l'écrou du levier *D* qui modifiera la détente, et le mouvement sera ainsi donné par la machine et non par le régulateur. Quand la vitesse de la machine aura été suffisamment retardée; le régulateur descendra et, les ailettes déclanchant, la tige *B* cessera de tourner. Si au contraire le régulateur descend au-dessous de sa position moyenne, le manchon *C'* agira sur la tige *B* qui tournera en sens contraire et le levier *D* se déplacera en sens inverse pour modifier la détente. Aux oscillations du régulateur correspondront des oscillations du levier *P*, avec cette différence que, pour une très faible oscillation du régulateur, on pourra avoir une longue oscillation du levier *P* dont l'action se prolongera jusqu'à ce que la détente ait été convenablement modifiée.

Ce régulateur pourra donc être très sensible et exigera peu d'effort de la part de son manchon, pour agir cependant avec toute la force nécessaire sur la détente variable.

Une seule difficulté se présente dans son emploi, c'est de trouver le rapport exact des engrenages interposés entre le manchon et la tige de détente.

Si ce rapport est faible, l'action du régulateur se fera trop rapidement sentir et dépassera le but en prolongeant ou diminuant par trop les fractions d'introduction; si l'inverse à lieu le régulateur mettra trop de temps à produire les modifications voulues des introductions de vapeur et la machine sera mal réglée.

Du choix judicieux de ce rapport dépend entièrement le bon fonctionnement de cet appareil.

CHAPITRE VII

DÉTENTE SYSTÈME FARCOT

§ 41

Description d'une détente Farcot

Les distributions que nous venons de passer en revue ont le défaut d'être difficilement attaquables par le régulateur sans l'emploi d'organes compliqués, et sauf la disposition Hayward, qui échappe à ce reproche, exigent le développement d'une assez grande énergie de la part du régulateur.

Le dispositif déjà ancien que nous allons décrire a pour but de parer à ces inconvénients en rendant l'attaque du régulateur facile et en supprimant le second excentrique de détente que nécessitait la disposition Meyer et ses dérivés.

La disposition Farcot comprend, comme la détente Meyer, deux tiroirs distincts.

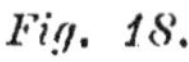
Fig. 18.

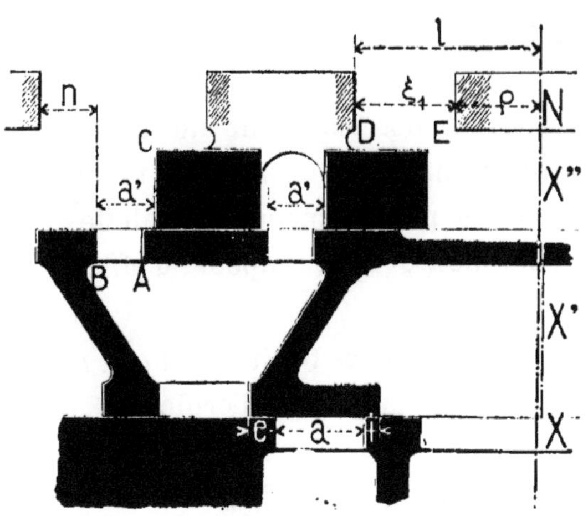

L'un disposé comme un tiroir à coquille ordinaire, est chargé d'assurer la distribution à l'échappement ; il ne se distingue du tiroir à coquille que par l'adjonction, en dehors de ses recouvrements extérieurs, de deux canaux communiquant avec deux boîtes spéciales réservées à l'intérieur du tiroir, Ces boîtes s'alimentent dans la boîte à vapeur à l'aide de un, deux, ou trois petits orifices.

La vapeur pour arriver aux orifices du cylindre doit donc traverser le tiroir de distribution, et c'est en fermant les petits orifices de ce tiroir qu'on intercepte l'arrivée de la vapeur au cylindre ; la vapeur contenue dans les orifices du tiroir se détend alors tout comme celle qui se trouve dans le cylindre avec laquelle ces boîtes communiquent pendant la plus grande partie de la course.

Pour obtenir la fermeture des boîtes du tiroir il existe sur la face supérieure de ce tiroir, qui est dressée et rôdée exactement comme celle de la glace, des *tuilettes* ou bandes de métal, entraînées à frottement doux par le tiroir lui-même contre lequel elles sont pressées par des ressorts suffisamment tendus.

Ces tuilettes participent au mouvement du tiroir, et tant que rien ne vient modifier leur marche, elles suivent ce dernier.

Au centre de la boîte du tiroir se trouve une came contre laquelle, à un moment donné, viennent buter les tuilettes. A ce moment les tuilettes étant arrêtées, et le tiroir continuant à marcher dans le même sens, la fermeture des orifices du tiroir va se produire et elle sera effective quand le tiroir aura marché de toute la quantité a' dont le rebord de la tuilette était séparé du rebord externe de l'orifice supérieur du tiroir. La détente étant produite et le tiroir changeant de sens, il faudra qu'une seconde butée soit disposée pour ramener la tuilette dans sa position primitive, et permettre à la vapeur d'affluer de nouveau au cylindre, etc.

Soit (*fig.* 18) une coupe des tiroirs. Soit e et i les recouvrements du tiroir inférieur a, la largeur de l'orifice du cylindre, $B\,A$ celle de l'orifice du tiroir.

Soit $E\,N = \rho$ la largeur de la came.

Le tiroir étant dans sa position moyenne, la tuilette, qui a pour longueur CD, laisse ouvert l'orifice du tiroir de la quantité a' et la distance de son arête intérieure D à l'axe X'', est l, de telle sorte qu'on a

$$l = \rho + \xi_1$$

Soit $n + a'$ la distance qui sépare le rebord extérieur C de la tuilette de la butée extérieure F.

§ 42

Epure de la distribution Farcot

L'épure du tiroir principal se tracera comme pour un tiroir simple à coquille dont il a les mêmes fonctions.

Soit (*fig.* 19) O le cercle d'excentricité de rayon r, l'angle d'avance δ. L'épure du tiroir de distribution ne différera en rien de celle d'un tiroir simple, et nous la construirons comme s'il s'agissait de ce dernier, en tenant compte de l'obliquité de la bielle motrice, soit en supposant la barre d'excentrique infinie, soit en tenant compte de l'obliquité de cette barre. C'est là ce que nous avons supposé dans notre épure.

Traçons les arcs de fond de course, et supposons comme toujours le tiroir réglé avec avances égales. L'arc des coïncidences sera déterminé puisque nous connaissons l'angle d'avance δ. Il en sera de même des arcs des recouvrements intérieurs et extérieurs, et nous aurons l'épure complète du tiroir de distribution, comme il a été indiqué page 41.

Considérons le moment A'_m où le tiroir de distribution est à son fond de course gauche, celui qui est le plus rapproché de l'arbre de la machine (*fig.* 19). Avant d'arriver à cette position le petit tiroir a été arrêté par le taquet (*fig.* 18) de telle manière que, le grand tiroir étant à son fond de course, les axes des deux tiroirs coïncident et sont dans la position relative représentée par la figure. Il y a en ce moment symétrie pour les deux extrémités des tiroirs et nous appelons a' la distance de l'arête C à l'arête B. Pour établir plus d'analogie avec les études précédentes, nous considérons ici les deux plaques supérieures comme formant un second tiroir dans leur ensemble.

Observons ce qui se passe quand la manivelle continue à tourner à partir du point A'_m (*fig.* 19). Tandis que le grand tiroir se meut comme un tiroir simple et vient commencer l'admission au point D_a, le petit tiroir est entraîné et participe au même mouvement ; la position relative des deux tiroirs reste la même. Il en est ainsi jusqu'au moment où l'arête D touche la came en E (*fig.* 18) ; alors le petit tiroir s'arrête et le grand tiroir continuant son mouvement de gauche à droite, l'arête B viendra coïncider avec l'arête C ; c'est à ce moment que l'admission de la vapeur sera coupée et que la période de détente commencera.

Supposons que la manivelle soit en A' quand le petit tiroir butte en E contre la came et qu'elle soit en A quand commence la détente par suite de la coïncidence des arêtes B et C des tiroirs. Sur l'épure nous menons par A une parallèle à $A_m\,A'_m$ et par A', avec le gabarit, un arc parallèle à $d_0\,p_0$; nous obtenons l'intersection h et l'épure nous montre que pendant la rotation $A'\,A$ de la manivelle, le grand tiroir s'est déplacé de Ah ; en nous reportant à la coupe du tiroir (*fig.* 18) nous voyons que nous avons (1)

$$Ah = a'.$$

Quand la manivelle était en D, l'axe du grand tiroir coïncidait avec celui de la glace, nous avions la coïncidence des trois axes et les deux tiroirs se trouvaient avoir par rapport à la glace les positions relatives indiquées dans la figure 18. Soit à ce moment

$$DE = \xi_1$$
$$EN = \rho,$$
$$DN = l$$

en supposant l'axe de la came placé sur l'axe de la glace on voit que ces quantités sont celles qui doivent servir à la construction.

(1) Sur l'épure 19 c'est par erreur qu'il y a la cote a, il faut a' à la place de a.

Or, pendant que la manivelle décrit l'arc $D\,A'$, le grand tiroir doit se déplacer de ξ_1, donc nous avons sur l'épure

$$h\,h' = \xi_1$$

En outre, prenons à partir de h la longueur

$$h\,h'' = l$$

le rayon ρ de la came sera donné sur l'épure par

$$h'\,h'' = \rho$$

puisque

$$\rho = l - \xi_1.$$

Fig. 19.

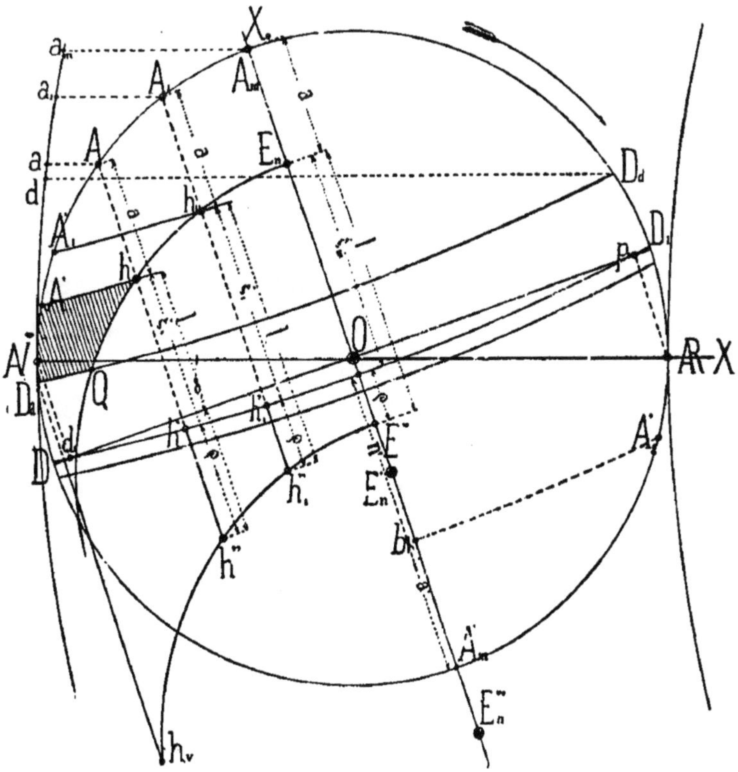

Si donc nous connaissons les quantités a', ξ_1, ρ, l qui sont les éléments des tiroirs, nous pourrons connaître exactement le moment où commence la détente et la course Aa du piston pendant la pleine admission.

En effet il suffira de prendre, entre l'axe $D\ D_1$, des coïncidences et la circonférence, une longueur égale à

$$\xi_1 + a' = h'\ h\ A$$

pour déterminer la position A de la manivelle au moment où la détente commence.

Supposons maintenant que nous voulions faire varier la détente, ce qui se fait en changeant seulement le rayon ρ par une rotation de la came. Concevons que la manivelle soit en A'_1 au moment de la butée contre la came, quand le rayon est ρ_1, et que la détente, commence en A_1. En raisonnant comme nous l'avons déjà fait, nous aurons sur l'épure

$$A_1\ h_1 = a',$$
$$h_1\ h'_1 = \xi_1,$$
$$h_1\ h''_1 = l,$$
$$h'_1\ h''_1 = \rho_1.$$

En généralisant, nous pouvons donc conclure que, quand on fait tourner la came de butée, les points h décrivent un arc de circonférence $h\ h_1$ qui n'est autre chose que l'arc $A\ A'\ A_m$ transporté parallèlement à lui-même de la quantité a' ; d'autre part, les points $h''\ h''_1$ se trouvent sur un arc parallèle, distant du dernier de l. Nous sommes donc amenés à décrire ces deux arcs et alors pour une valeur quelconque de ρ nous trouvons immédiatement la valeur exacte de ξ_1 et le moment de détente avec la course du piston pendant la pleine admission.

Il est inutile d'insister davantage sur la liaison qui existe entre tous les éléments de la distribution, et de montrer comment cette épure permet très facilement de discuter et d'étudier une distribution Farcot. On voit, à la seule inspection de la figure, qu'il est impossible d'avoir une course de pleine admission plus grande que $a_m\ A_m$ et qu'au-delà elle devient brusquement constante et égale à la pleine admission $d\ D_d$ du grand tiroir. Remarquons que l'arc des coïncidences $D D_1$ forme, avec l'arc h''_1 h'' E'', le diagramme des rayons ρ de la came et qu'il permet facilement de la construire. La partie couverte de hâchures $Q D_a$ A' h donne, pour le degré de détente correspondant, le diagramme des variations des sections de passage de la vapeur.

Pour l'autre face du piston, il faudrait faire une épure analogue de gauche (*fig.* 19).

Voyons maintenant la position que doit occuper la taquet. Soit n (*fig.* 18) la distance du taquet à l'arête B, le grand tiroir étant à la position de coïncidence des axes, dans son mouvement de droite à gauche. A ce moment, la manivelle est en D_1 (*fig.* 19) et le grand tiroir aura la distance $o A'$ à parcourir avant d'arriver à son fond de course (1). Soit A'' la position de la manivelle quand l'arête du taquet est en coïncidence avec l'arête B, à ce moment l'écart du grand tiroir est n et on a sur l'épure $o b = n$. Remarquons que le taquet a touché l'arête C de la plaque, un peu avant de venir coïncider avec B, que la manivelle étant en A'', l'arête du taquet coïncide avec B par hypothèse et avec c qui a été repoussé au-dessus de B, et que pendant la rotation A'' A'_m, il faut que, la plaque restant immobile, le grand tiroir s'écarte à gauche précisément de la quantité a', donc on a sur l'épure

$$b A'_m = a'$$

Par conséquent, la position du taquet est déterminée par

$$n = o A' - a' ;$$

nous voyons que le taquet conserve toujours la même position

(1) Dans cette démonstration, nous supposons que le taquet touche directement sur l'arête C, tandis que d'après la fig. 18, le contact a lieu sur un heurtoir supérieur. Cette supposition rend la démonstration plus nette, il sera ensuite facile dans chaque cas de tenir compte de la modification produite par le heurtoir supérieur.

Dans la figure 19, le point o n'est pas indiqué, il est au-dessous du point O. Le point A' est au-dessous de R et a été marqué A'_1 par erreur.

quand on fait varier la détente. Nous remarquons que pour l'autre face la position n'est pas symétrique, car on a

$$n = o\,A_m - a',$$

la différence est très appréciable, et il importe beaucoup de faire l'épure exacte.

Il est facile de voir sur l'épure que la limite d'action de la came de détente variable est atteinte quand la manivelle est en A_m. En effet, à partir de ce point, le tiroir, qui marchait vers la droite, revient en sens inverse pour repasser, en D_1, par sa position moyenne. Si au moment A_m, la tuilette n'avait pas encore fermé l'orifice AB, elle serait ensuite entraînée avec le tiroir dans un mouvement rétrograde en laissant toujours la même ouverture pour l'orifice AB.

La détente obtenue correspondra à la position D_d de la manivelle, pour laquelle le tiroir de distribution fermera l'orifice du cylindre.

En résumé, on sera maître de varier les introductions depuis zéro en N jusqu'à $A_m\,a_m$ en A_m et à partir de cette *introduction limite*, l'introduction ne pourra plus être modifiée, elle deviendra fixe et égale à $D_d\,d$.

Si la came est commandée dans sa rotation par le régulateur, comme c'est le cas le plus général, l'action de ce dernier sera donc forcément limitée à une période d'introduction égale à $A_m\,a_m$ et au delà le régulateur cessera son action.

Les rayons de la came auront donc pour limites supérieures et inférieures les valeurs

$$\rho = Dh_1$$

correspondant à une introduction nulle, et

$$\rho = OE''$$

correspondant au maximum d'introduction.

Ces limites dépendent essentiellement de la valeur de l'angle d'avance δ, qui dépend elle-même des valeurs assignées aux avances linéaires et surtout aux avances à l'échappement et aux compressions.

Ce n'est qu'en acceptant des valeurs faibles pour ces quantités qu'on arrive à pousser un peu loin celle de l'action de la came, qui se trouve toujours comprise entre 25 et 30 °/₀ d'introduction.

§ 43

Exemple d'une distribution Farcot

Un exemple fera mieux comprendre l'établissement d'une distribution de ce genre.

Exemple (*Fig.* 1, 2, 3, *Pl*, 9.)

Soit une machine pour laquelle on a :

Longueur de la barre d'excentique.		=	1,450
Hauteur de l'orifice		=	35 m/m
Avance linéaire à l'introduction,		=	2 m/m
Avance linéaire à l'échappement,	AV	=	12 m/m
» »	AR	=	16 m/m
Compression,		=	4,5 °/₀
Hauteur de l'orifice du tiroir d'introduction		=	30

On suppose que, pour réduire la course des tuilettes, l'orifice d'introduction sera triple sur la face supérieure, chacun de ces orifices ayant 11 m/m de hauteur (1).

Après tâtonnements, on trouve (*fig. 1 et 2, Pl. 10*).

1/2 course du tiroir ou rayon d'excentricité	r	=	40
Angle d'avance	δ	=	20°
Recouvrement extérieur AV	e	=	15

(1) On suppose que la tuilette découvre exactement l'orifice du tiroir, c'est-à-dire qu'on a $a' = 11$ m/m.

Recouvrement extérieur	AR	e	=	15
Recouvrement intérieur	AV	i	=	4
» »	AR	i	=	0

Limite des introductions variables	AV	25 %
» » »	AR	32 %

Valeurs de ρ pour les introductions de :

Face AV	0,05	ρ = 37,5	Face AR	ρ = 42,5
	0,10	» = 33,3		» = 38.5
	0,15	» = 31,3		» = 35,5
	0,20	» = 30,5		» = 34
	0,25	» = 30		» = 33

Valeur de n pour l'AV = 11
» » » » AR = 11

Ces quantités étant fournies par l'épure, il sera facile de dessiner le tiroir et de le coter. Supposons-le dans sa position moyenne. (*fig.* 1, 2, 3, *Pl.* 9.)

Les bandes auront pour hauteurs $l + a + i$. On trouvera donc pour l'AV une hauteur de 54 m/m et pour l'AR 50 m/m (1).

La distance comprise entre les rebords extérieurs des orifices étant égales à 150, la longueur comprise entre les rebords internes de la coquille aura pour valeur 145 m/m.

Les conditions de construction donnent, outre les valeurs a' et e qui sont connues, la largeur des barettes des tuilettes qui est égale à 30.

La position des buttées (*fig.* 1, *Pl.* 9), est déterminée par les côtes d'écartement aux axes du tiroir ; on a 50 m/m pour la distance à l'axe longitudinal, et 60 m/m pour celle à l'axe transversal ; se reportant aux désignations précédentes (*fig.* 18), on a

$$l = 60.$$

(1) C'est par erreur que le dessin porte 60 au lieu de 54.

Il est facile maintenant de construire la came *G*, c'est-à-dire d'établir la courbe des points qui doivent successivement venir rencontrer la buttée, quand on fait tourner la came afin de modifier la détente.

Nous traçons (*fig.* 3, *Pl.* 10), deux axes rectangulaires se coupant en O, et nous marquons aux cotes 50 et 60 les buttées *N* et *Æ*. Pour construire la came *N*, nous portons sur la direction de la buttée les valeurs de ρ, déjà déterminées sur l'épure pour des admissions données :

Admissions	0,00 — ρ	= 54
»	0,05 — »	= 37,5
»	0,10 — »	= 33,3
»	0,15 — »	= 31,3
»	0,20 — »	= 30,5
»	0,25 — »	= 30,0

Nous supposons que la came doive tourner de l'angle ω, quand l'admission varie de 0 à 0,25 ; dans l'intérieur de l'angle ω, nous traçons les rayons vecteurs qui doivent correspondre aux admissions indiquées, et en rabattant par des arcs de cercle, sur ces rayons vecteurs, les diverses valeurs de ρ, on obtient la courbe de la came en réunissant les intersections. Les rayons vecteurs se tracent dans l'angle ω, suivant le mode de variation de détente que l'on veut obtenir.

Le tracé de l'épure (*fig.* 4), suppose que la came tourne beaucoup moins vite, quand l'admission devient grande. Il est possible de diviser l'angle ω en parties égales.

On pourrait aussi, au lieu de diviser l'angle de rotation en parties égales, ce qui suppose que, pour des déplacements égaux du régulateur, les introductions varieront de quantités égales , partir de de telle loi de variation qu'on voudra. Il s'en suivrait une forme différente de la came, mais la construction serait toujours la même.

On pourrait, par exemple, admettre que, pour des fractions égales de la course du régulateur, des variations de puissance égales soient données par la machine. Cela n'offrirait aucune difficulté. Tout se bornerait à calculer les introductions nécessaires.

Dans la coupe (*fig.* 2, *Pl.* 9), on a dessiné les deux tuilettes symétriques et exactement superposées au tiroir dans le but de rendre le dessin plus net. Mais il est clair que cela ne se présente pas ainsi en marche.

Dans le but de parer aux différences d'exécution, le buttoir extérieur est formé d'un goujon taraudé dans les parois de la boîte, et le contre-taquet d'un goujon analogue, de telle sorte qu'en les vissant ou dévissant on puisse donner, au montage, à n la valeur trouvée sur l'épure.

On remarquera que la came traverse le tampon de la boîte à l'aide d'un presse-garniture et que la tige de commande de la came porte un cône s'emboîtant dans une fraisure pratiquée au tampon. La pression de la vapeur agissant sur la section de la tige, applique ce cône contre les parois de la fraisure et, tout en maintenant la tige bien centrée, vient en aide au presse-étoupe pour intercepter le passage de la vapeur.

La position de la came devant être bien déterminée, on remarque aux quatre angles de la boîte à vapeur des portées ajustées qui permettent, lorsqu'on démonte le tampon, de le replacer exactement dans sa position primitive. A la rigueur, deux ou quatre chevilles de repères fixées au tampon et s'emboîtant dans des trous alésés ou percés sur des brides de la boîte, rempliraient le même but, mais avec moins de sûreté.

Pour les autres détails de construction, nous renvoyons au chapitre où nous traitons spécialement le côté pratique de construction.

Quant à la longueur de la barre, nous ne reviendrons pas sur ce que nous avons déjà dit en traitant le cas du tiroir simple.

C'est toujours la même chose, ce seraient des redites inutiles.

Il est bon de s'assurer si, lorsque la came fait faire robinet à la machine, et annule parfaitement l'introduction, la tuilette est bien assez haute pour que l'orifice du tiroir ne soit pas réouvert par la face intérieure de cette tuilette. En d'autres termes, il faut s'assurer que, dans toute position, la tuilette est dans de bonnes conditions d'étanchéité.

§ 41

Distribution système Laurent jeune

Comme nous venons de le voir, le dispositif décrit plus haut ne se prête pas à des introductions dépassant 25 °/₀ Cette limite était considérée, il y a quelques années, comme suffisante, alors qu'on estimait que le maximum d'utilisation était donné par les détentes les plus prolongées.

On est à peu près d'accord maintenant que ce maximum d'utilisation correspond à des introductions variant du 1/9ᵉ au 1/5ᵉ, suivant la disposition des cylindres, pour des machines à condensation ; et du 1/5ᵉ au 1/4, pour celles à échappement libre.

Il suit de là que le maximum d'introduction, qu'il est possible de réaliser avec ce système, se rapproche beaucoup trop de l'introduction normale, pour qu'il n'y ait pas danger de voir cette introduction devenir à certains moments insuffisante.

Ce défaut s'accentue davantage encore quand on applique ce système à une machine sans condensation ou que, par suite d'avaries au condenseur, on met la machine à échappement libre.

Cet inconvénient rend l'emploi de la distribution Farcot impossible dans le cas des machines Woolf ou Compound pour lesquelles la détente étant en grande partie obtenue par l'échappement de la vapeur dans un cylindre spécial de détente, l'admission dans l'autre doit atteindre 30 pour cent et au-delà.

Il y a déjà longtemps que M. Laurent jeune, constructeur à Bourgoin (Isère) a eu l'idée de modifier le dispositif de M. Farcot de façon à repousser très loin la limite des introductions variables, et nous retrouverons dans les machines Compound demi-fixes de la Société de construction de Pantin un dispositif analogue qui consiste dans l'emploi de trois tiroirs superposés. (*Fig* 20 *du texte, Planche* 11 *de l'atlas*).

Fig. 20.

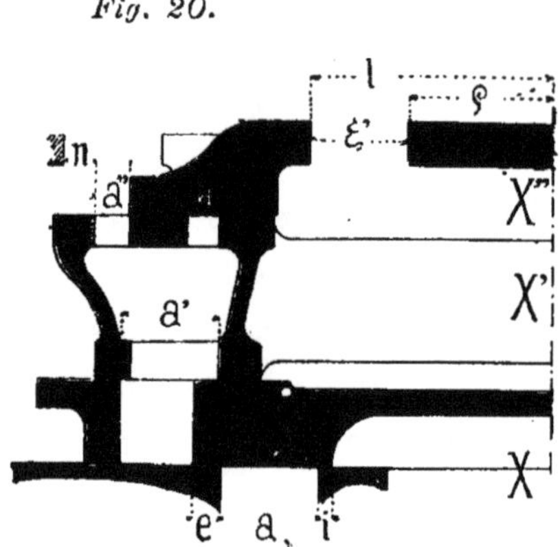

Le tiroir inférieur n'a pour mission que d'assurer la distribution à l'évacuation. Sur ce tiroir, qui ne diffère en rien de celui de Farcot, se meut, entraîné par un excentrique spécial et convenablement calé, un grand tiroir absolument semblable au premier, si ce n'est qu'il ne possède pas de coquilles d'échappement. Ainsi sur ce tiroir, dont la table supérieure est semblable à celle du tiroir de Farcot, glissent deux tuilettes de Farcot dont le fonctionnement est exactement celui décrit plus haut.

Le deuxième tiroir n'étant plus chargé de distribuer la vapeur à l'échappement peut être calé en retard et par conséquent conduire les tuilettes qui le recouvrent à la rencontre de la came pendant une période de 180° environ. L'introduction n'a donc pour limite que celle donnée au premier tiroir de distribution, c'est-à-dire qu'elle peut varier dans des limites extrêmement étendues.

La construction de l'épure relative à ces deux tiroirs est des plus simples, et se résume à la superposition de celle du tiroir simple et de celle de Farcot.

Soit donc (*fig.* 21) *Ꞥ O Ꞧ* le cercle d'excentricité du tiroir de distribution proprement dit, δ son angle d'avance. Menons l'arc des coïncidences $d_0\, p_0$, aux distances e et i les arcs de recouvrements intérieurs et extérieurs. Complétons l'épure par les arcs de fond de course *Ꞥ* et *Ꞧ* du cylindre. Nous supposerons pour plus de simplicité que le rayon d'excentricité r' du deuxième tiroir est égal à r et que la limite d'introduction demandée doit être portée jusqu'au point A_m.

Fig. 21.

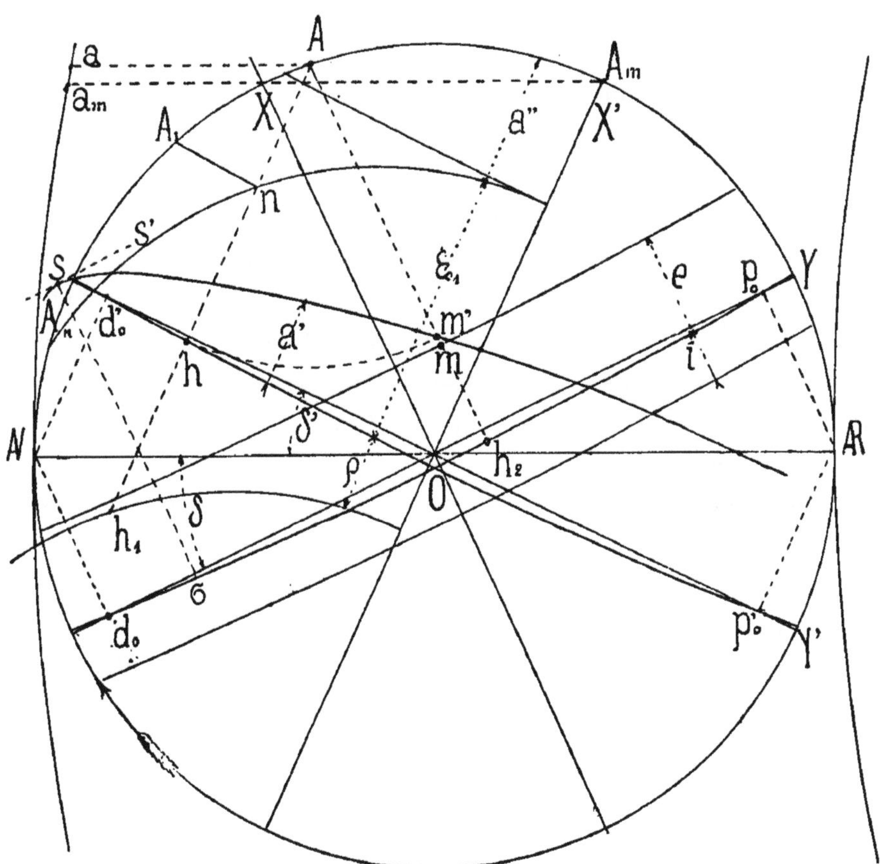

Le maximum d'introduction devant être atteint en ce point, l'axe $O X'$ devra passer en A^m, ce que nous avons exposé (*fig. 18*) pour le tiroir Farcot nous dispense ici de donner des explications détaillées. L'axe normal se trouvera donc mené en OY et si de N et $Æ$ nous abaissons les normales $N d_0'$ et $Æ p_0'$, l'arc des coïncidences de ce deuxième tiroir passera par les points d_0' et p_0'. Quant à l'angle d'avance, il sera mesuré par $Y' O Æ = \delta'$ qui se trouve négatif et reporté en avant de $Æ$ dans le sens du mouvement.

Il sera facile de compléter cette épure comme celle du tiroir de Farcot déjà décrite et de déterminer les valeurs de ρ et de ξ ; ce deuxième tiroir ayant un fonctionnement complètement indépendant du premier.

Une seule remarque à faire, c'est que, pendant toute la marche de la manivelle motrice de N en A_m, les orifices d'introduction des deux tiroirs doivent être en communication constante. (*fig.* 20).

Si nous prenons une position A par exemple, correspondant à une introduction $A a$ °/₀, le tiroir de distribution découvrira l'orifice de $A m$ et sera écarté de l'axe de la glace de $A h_2 = \xi$.

Tandis que le tiroir supérieur sera écarté de l'axe de la glace de $A h$. L'écart relatif sera mesuré par la différence

$$A h_2 - A h = A m$$

obtenue en rabattant, par un arc de cercle décrit de A comme centre, l'écart $A h$ sur $A h_1$ et le maximun de ces écarts aura lieu en un point facile à déterminer. Il suffira pour cela de répéter la construction ci-dessus pour un certain nombre de points et de faire passer une courbe par la succession des points m' obtenus, l'arc tangent S S', parallèle à $p_0 d_0$, mené à cette courbe donnera en A_n la position de la manivelle pour laquelle le maximum est atteint.

En ce point les deux orifices superposés des tiroirs devront encore être en communication et laisser une ouverture au moins égale à l'orifice supérieur a'' (*fig.* 20)

De sorte que si a' représente l'écartement des deux arêtes opposées entre les tiroirs et a'' la largeur de l'orifice supérieur, on devra avoir $a' = a'' + S\,\sigma$, et on aura dès lors la certitude que les orifices seront toujours en communication.

Quant au tracé de la came, il se déduira directement des valeurs de l de ρ et de ξ', et il n'est pas besoin de revenir sur sa construction, car ce que nous avons dit, en traitant de la distribution Farcot s'applique ici exactement.

CHAPITRE VIII

RENVOI DE MOUVEMENTS PAR LEVIER. — COMBINAISON DE PLUSIEURS LEVIERS

Nous allons maintenant appliquer la *méthode des gabarits* à une nouvelle classe de mouvements de distribution. Le mouvement doit être transmis au tiroir par l'intermédiaire d'un ou de plusieurs leviers d'oscillation, ce qui nécessite l'emploi de deux bielles : la barre d'excentrique qui attaque le levier oscillant, et la bielle qui attaque le coulisseau de la tige du tiroir.

Nous allons voir comment la méthode des gabarits permet de superposer simplement tous les mouvements, pour en déduire la connaissance exacte des phases de la distribution. Les applications que nous allons faire, comprendront les principales combinaisons de leviers qui se rencontrent dans la pratique.

§ 45

Renvoi de mouvement par un levier et deux bielles

TIROIR SIMPLE

Quand la manivelle motrice M est à son point mort gauche N (*fig.* 22) l'excentrique de commande de rayon r est au point E et fait

Fig. 22

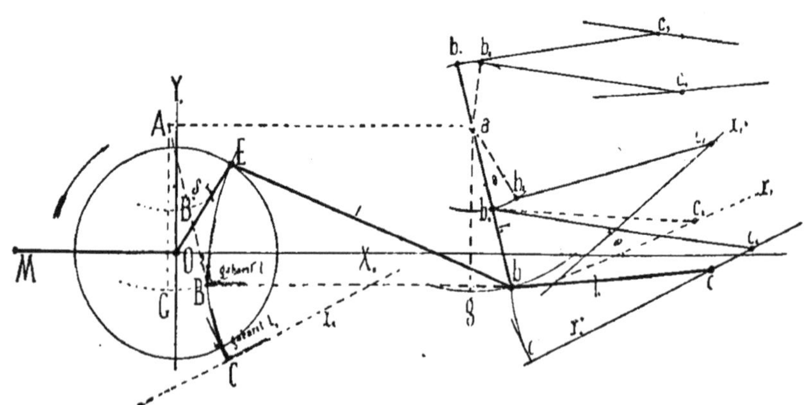

un angle d'avance δ, l'axe de la machine est OX_0. Une barre d'excentrique E b de longueur l attaque un levier d'oscillation $ab = r_1$, le point d'articulation b commande le coulisseau c de la tige du tiroir par une bielle $b\,c = l_1$, le coulisseau c se meut sur la droite $x'_0\,c$ dont la direction est quelconque. Nous supposons d'ailleurs que nous avons un tiroir ordinaire.

Nous allons appliquer la méthode des gabarits, en nous servant des gabarits d'arc de rayon l et l_1. Transportons (*fig.* 22) la trajectoire du point c suivant la direction cx'_0 d'une quantité l_1, le gabarit l_1 nous permettra d'obtenir les positions correspondantes de

Fig. 23.

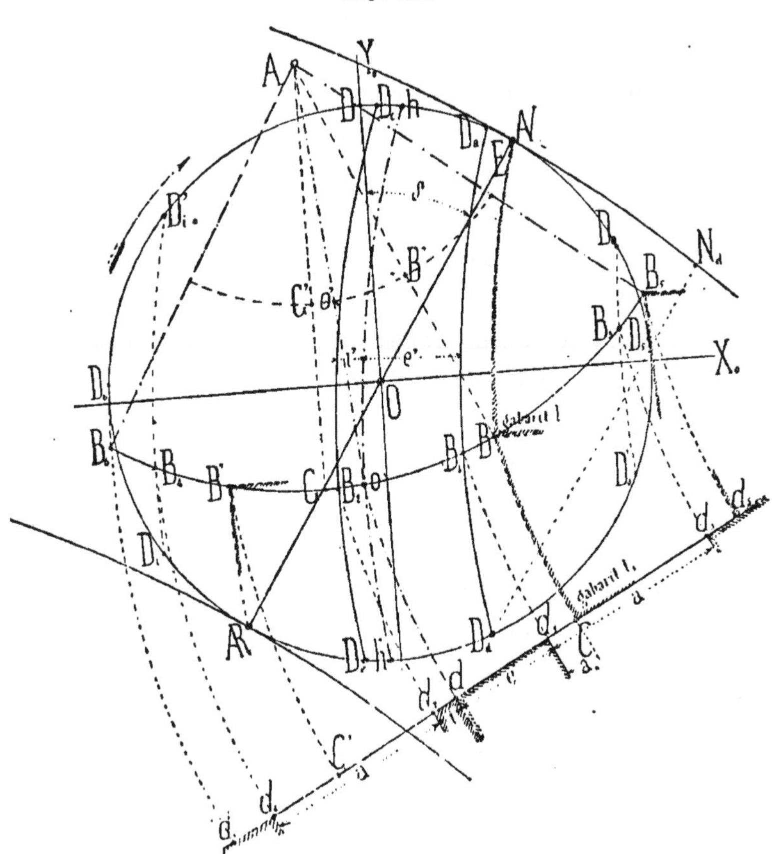

l'articulation et du coulisseau, telles que b et c'. Transportons maintenant parallèlement à $O\ X_0$, d'une quantité l, les trajectoires de b et de c'. Le centre a viendra en A, l'arc $b\,g$ en $B\ G$, le levier

$a\,b$ en $A\,B$ et enfin la droite $c'x'_0$ en $C\,x_0$. Nous avons ainsi la superposition des trajectoires de l'excentricité, de l'articulation et du coulisseau, et à l'aide des gabarits l, l_1, pour une position de l'excentricité, telle que E, nous obtiendrons les positions correspondantes B et C de l'articulation et du coulisseau.

Nous reproduisons alors à une grande échelle (*fig.* 23) l'ensemble de ces trois trajectoires, il est commode de représenter, comme nous l'avons déjà fait, le cercle d'excentricité en vraie grandeur. Quand l'excentricité occupe la position E, nous avons admis que la manivelle était à son point mort *N*; par conséquent, si nous convenons de représenter le mouvement du piston à une échelle telle que le rayon $O\,E = r$ représentant la longueur de la manivelle, nous pouvons concevoir que le point E représente en même temps l'excentricité et la position correspondante de la manivelle; nous désignerons alors le point E par *N* et nous reportant à l'épure du mouvement du piston (*fig.* 6), nous voyons que le diamètre *N Æ* (*fig.* 23) représentera la trajectoire du piston ou l'axe de la machine et constituera avec le cercle d'excentricité et les deux arcs de fonds de course tracés par *N Æ* avec un rayon égal à la longueur de la bielle prise à l'échelle, l'épure du mouvement de la manivelle et du piston.

Nous voyons donc que la figure 23 est la superposition des trajectoires *des mouvements simultanés de la manivelle, du piston, de l'excentricité, de l'articulation et du coulisseau ou du tiroir*. Il est facile d'obtenir maintenant l'épure de la distribution, en opérant comme pour les autres distributions.

Il faut, pour que la distribution soit déterminée, savoir comment le tiroir est réglé, c'est-à-dire, connaître la position qu'il occupe sur sa tige. Nous supposons, selon l'usage, qu'il est *réglé à avances linéaires égales*. Quand la manivelle est au point mort *N*, l'articulation est en B et le coulisseau en C; comme le mouvement de l'axe du tiroir est le même que celui du coulisseau, nous pouvons supposer que le point C représente la position de l'axe du tiroir. Quand la manivelle est à l'autre point mort *Æ*, l'articulation est en B' et l'axe du tiroir en C'; la figure montre comment ces points s'obtiennent au moyen des gabarits. Considérons la coupe du tiroir (*fig.* 4); pour le point *AV*, l'écart de l'axe du tiroir par rapport à celui de la glace est à gauche et est égal à la somme du recouvrement e et de l'avance l'inéaire a_1 ; pour l'autre point mort *AR*, l'écart est à droite et a même valeur $e + a_1$, par conséquent nous avons pour l'écart total entre les deux positions répondant aux points morts.

$$2(e + a_1) = CC';$$

la position de l'axe de la glace, sera donc au point milieu d tel que

$$d\,C = d\,C' = e + a_1.$$

Fig. 23

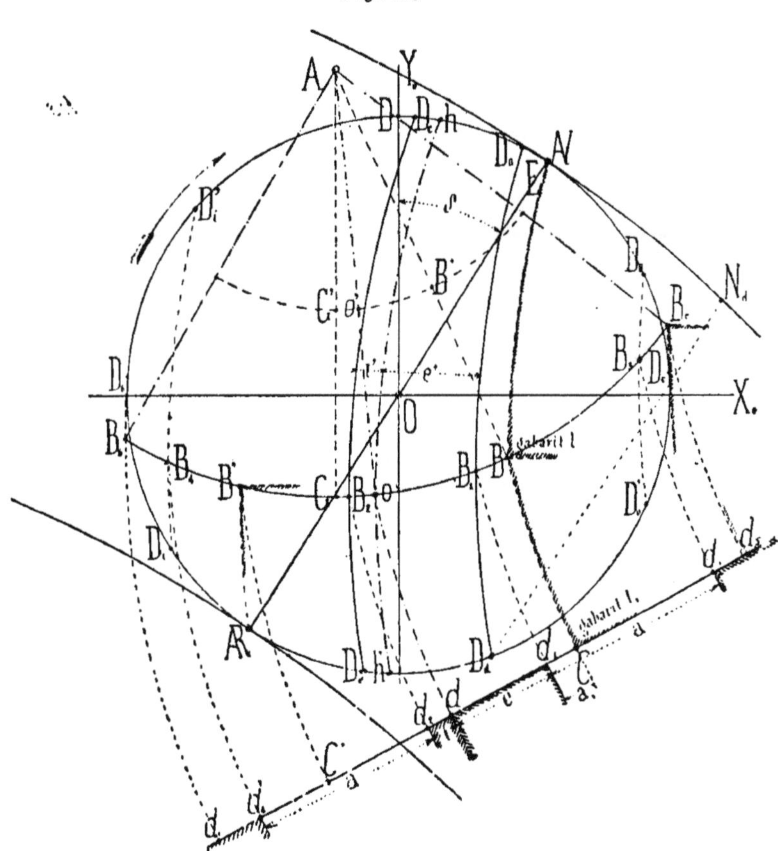

Le point d est donc la position de l'axe du tiroir au moment de sa coïncidence avec celui de la glace, et remontant aux positions correspondantes de la manivelle, nous obtenons h et h' par le gabarit hoh'; l'arc hoh' est ce que nous avons déjà appelé *arc des coïncidences* des axes du tiroir et de la glace.

A partir du point d et à droite, prenons $d d_1 = e$, il y aura commencement de l'admission de la vapeur, ou fermeture quand l'écart de l'axe du tiroir sera $d\, d_1$ (*fig.* 4) et l'avance linéaire à l'admission est $a_1 = d_1\, C$ (*fig.* 23). Au point d correspond l'arc de gabarit $D_a\, B_1\, D_d$ qui est l'*arc d'admission* et on voit que l'admission commence en D_a un peu avant le point point mort N et finit en D_d; la fraction de course de pleine admission est $D_d\, N_d$. De même

Fig. 10

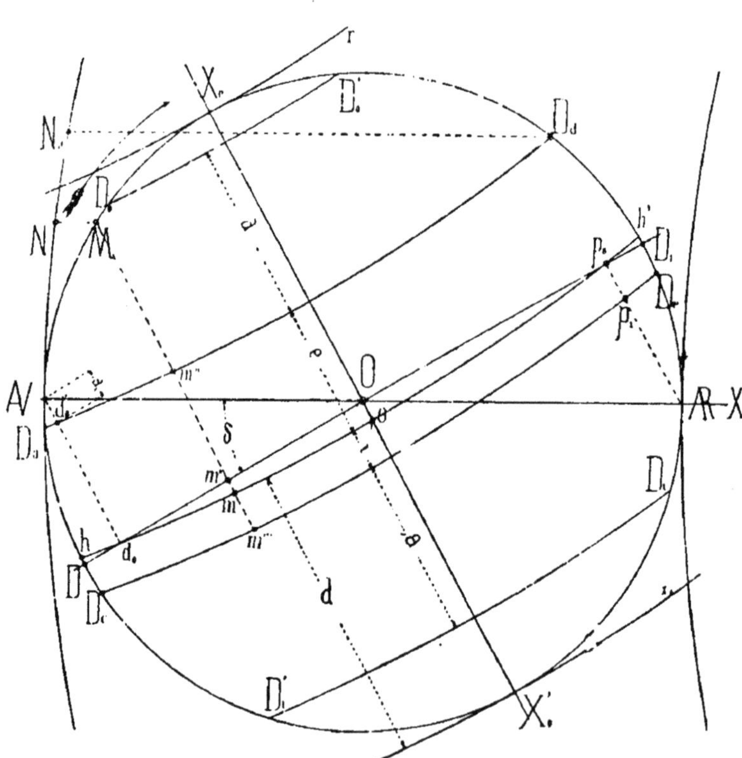

en prenant $d_2\, d = i$ (i recouvrement intérieur), nous obtenons l'arc d'évacuation $D_e\, B_2\, D_c$, l'évacuation anticipée commence en

D_e et la compression en D_c. L'épure se complète par les arcs $D_0 D'_0$, $D_1 D'_1$, qui donnent les positions de la manivelle quand les lumières sont complètement ouvertes. On voit en outre que la manivelle est en D_5 D_6 quand l'axe du tiroir atteint ses fonds de course $d_5 d_6$. Sans entrer dans la discussion de la distribution, nous savons que, pour obtenir de la régularité et de la symétrie, il faut que le point d soit à peu près le milieu de $d_6 d_5$, et qu'il est bon que, au moment de la coïncidence des axes, la position Ao du levier de renvoi diffère peu de la normale G à OX_0 passant par l'axe d'occillation A. Comme cette épure représente en vraie grandeur les positions du levier et les différents éléments de la distribution, il facile par des tâtonnements, d'étudier le bon établissement d'une distribution ; cette superposition des trajectoires met en évidence leur influence sur la distribution et permet de juger des tâtonnements à faire.

Nous pouvons comparer cette épure à celle de la figure 10 du tiroir simple, nous y trouvons une grande similitude en tournant la feuille de manière à placer l'axe N Æ horizontal. On voit que les phases de la distribution sont données par les divisions obtenues sur le cercle d'excentricité par des arcs parallèles analogues ; au lieu d'être normaux au diamètre OX_0, ces arcs le sont à la direction de ce diamètre à leurs intersections avec la trajectoire d'articulation $B_6 o B_5$; ia dl stance des arcs d'admission et d'évacuation à l'arc des coïncidences n'est plus e et i ; ces quantités sont modifiées et sont devenues e' et i'. On voit qu'avec le même excentrique, la même barre d'excentrique agissant directement sur le coulisseau du tiroir, on aurait une distribution peu différente, pourvu que les dimensions du tiroir et de la glace soient modifiées dans le rapport.

$$\frac{e}{e'}$$

Cette considération que nous retrouverons toujours nous permettra plus tard une généralisation.

Si les quantités l, l_1, r_1 sont grandes, et si la trajectoire du coulisseau $c\,x'_0$ (*fig.* 23) diffère peu de la direction de l'axe de la machine, on peut, avec une certaine approximation prendre pour le mouvement du coulisseau c celui de l'articulation b ; on obtiendrait dans ce cas une épure de même disposition que la figure 23, et il serait facile de juger des erreurs commises.

Cette épure donne la distribution pour la face $\mathcal{AV}$ du piston ; on fera une épure analogue pour la face $\mathcal{AR}$, et comme elle ne différera que par les arcs d'admission et d'évacuation, on pourra la superposer sur celle-ci en intervertissant tout simplement ces arcs.

§ 46

Autres dispositions de leviers d'oscillation

Il peut arriver que l'extrémité b de la barre d'excentrique (*fig.* 22) n'attaque pas directement le levier commandant le coulisseau, comme nous venons de le supposer, par exemple le levier d'oscillation $a\,b$ étant toujours mis en mouvement par l'articulation b, il peut se faire qu'un point quelconque b_1 de ce levier soit l'articulation de la bielle $b_1\,c_1$. Dans ce cas là, l'épure est un peu modifiée ; il suffit de considérer en plus la trajectoire de la nouvelle articulation b_1 et de la transporter près du cercle d'excentricité ; nous obtenons ainsi, (*fig.* 23), un arc de cercle $G'\,B'$; en plaçant chaque fois la position du levier d'articulation, nous passerons facilement de la position d'une articulation à celle de l'autre. Ainsi, par exemple, de la position $\mathcal{AV}$ de la manivelle, nous déduisons la position B de la première articulation et la position B' de la seconde, et c'est le point B' qui nous servira à obtenir par le gabarit l_1 la position C du coulisseau. On passerait d'une façon analogue de la position du coulisseau à celle de la manivelle.

Il peut arriver que la bielle du coulisseau $b_2\,c_2$ soit commandée par un levier spécial $a\,b_2$ claveté sur l'axe a du levier $a\,b$; soit $c_2\,x_2$ la trajectoire du coulisseau dans ce cas. Nous ferons tourner autour du point a la figure formée par les droites $a\,b_2$, $b_2\,c_2$, $c_2\,x_2$ jusqu'à ce que le point b_2 rencontre le premier levier d'oscillation par exemple en b_1, la trajectoire du coulisseau vient en $c'_2\,x'_2$ et on voit que si l'on suppose le mouvement fictif du système articulé $a\,b_1\,c'_2$, le mouvement de c'_2 sur $c'_2\,x'$ sera le même que celui de c_2 sur x_2. Nous avons ainsi ramené l'étude de la distribution par deux leviers d'oscillation de $a\,b$, $a\,b_2$ à celle d'un seul levier d'oscillation ayant deux articulations ; nous avons examiné cette distribution plus haut.

Fig. 22.

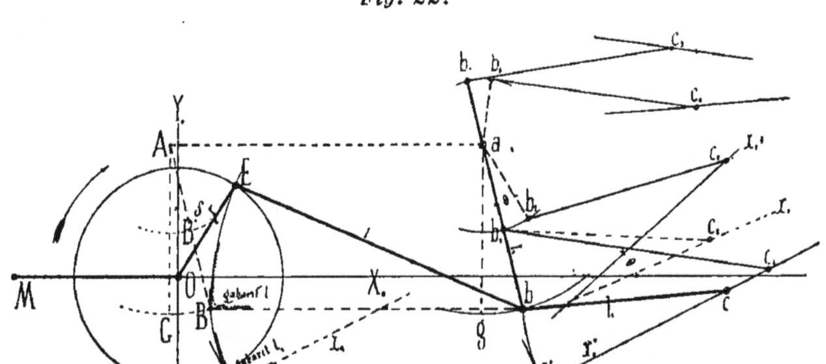

Il peut aussi arriver que la bielle du coulisseau soit de l'autre côté de l'axe a d'oscillation (*fig.* 22) ; le sens du mouvement du coulisseau est alors interverti, mais l'épure se fera d'une manière analogue ; si on a le point b_3 sur le prolongement du levier $a\,b$, on introduira la considération de la trajectoire de b_3 et on passera des positions de l'articulation b à celles de l'articulation b_3 ; si on a un levier différent $a\,b_4$, on ramènera ce cas au précédent par une rotation comme nous l'avons déjà fait.

En résumé, *une distribution par leviers d'oscillations, une barre d'excentrique et une bielle, s'étudie en superposant toutes les trajectoires et en passant de l'une à l'autre successivement au moyen des gabarits.* Les leviers d'oscillations font ainsi partie de l'épure, ce qui permet de bien se représenter la nature des mouvements, et comme les leviers sont toujours petits par rapport à la longueur totale de la machine, on peut faire une épure à une grande échelle sur une feuille de papier de faible dimension, et opérer rapidement les tâtonnements nécessaires à l'étude.

§ 47

Distribution Corliss, type n° 3

La machine Corliss (type n° 3) présente une distribution que l'on peut étudier simplement et exactement en faisant l'application

Fig. 24.

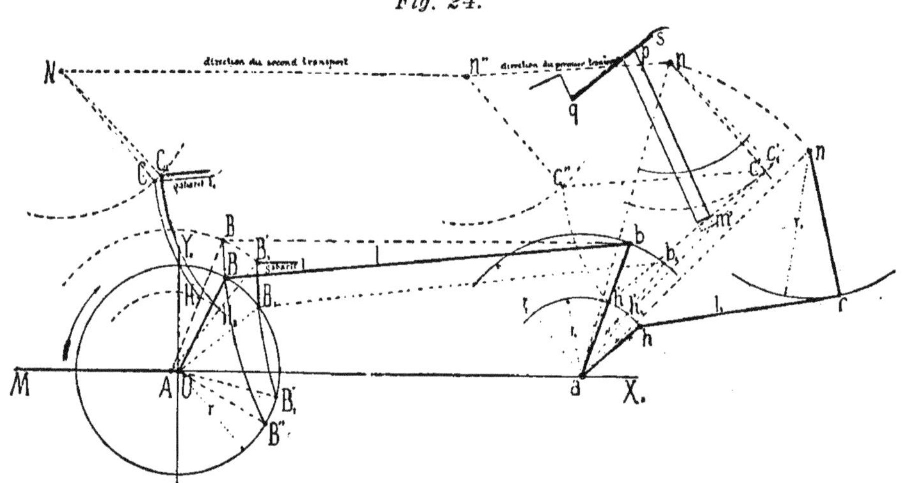

des procédés indiqués plus haut (renvoi de mouvement par plusieurs leviers.)

La distribution de la vapeur se fait par des robinets commandés par un seul excentrique claveté sur l'arbre de la manivelle ; le modérateur fait varier la détente en produisant par un déclanchement le retour rapide du robinet. Nous indiquerons seulement la disposition d'ensemble du mécanisme.

Sur l'arbre *O* de la machine est claveté un excentrique *O B* ; un plateau qui peut osciller autour de son centre *a* (*fig. 24*) porte un bouton *b* qui reçoit son mouvement de la barre d'excentrique *B b*; ce même plateau porte un autre bouton *h* qui, par une bielle *h c*, donne le mouvement à un levier cn qui oscille autour du point n. Le levier cn est invariablement lié au robinet d'admission qui reçoit ainsi un mouvement d'oscillation, tandis que l'excentricité a un mouvement de rotation.

Pour obtenir la fermeture de l'admission de la vapeur, une tige m est placée sur le chemin de la bielle hc de manière à pouvoir la toucher au moment où l'on veut fermer l'admission ; la position de cette tige m est fixe, et par suite du contact, la liaison de la bielle hc avec le levier cn cesse brusquement, et le robinet devenu libre reçoit un mouvement rapide par un contrepoids et vient fermer l'admission. Le modérateur fait varier la hauteur de la tige m et modifie ainsi la détente. Après le déclanchement, la liaison c de la bielle et du levier se rétablit par la disposition même du mécanisme.

Nous trouvons là une première application du déclanchement dans les distributions, ce qui constitue un type de machines dit A DÉCLIC, nous examinerons en détail un mode de déclanchement dans l'exemple Corliss qui va suivre, nous réservant d'étudier ici surtout les procédés d'épure. L'ensemble du mécanisme de distribution est représenté pl. 15, fig. 1, 2, 3 ; l'articulation G reçoit l'extrémité d'une barre d'excentrique qui est calé sur l'arbre moteur, et donne un mouvement d'oscillation au plateau sur lequel il est fixé. Ce plateau porte quatre manetons symétriques deux à deux qui reçoivent les bielles actionnant les robinets de distribution. La bielle D, articulée en F, fait mouvoir le robinet d'admission A par l'intermédiaire de l'appareil de déclanchement réglé par la tige R mue par le régulateur. Le cylindre K renferme un piston dont une des faces reçoit l'action de la vapeur et qui produit le mouvement brusque du tiroir A au moment du déclanchement. L'instant du déclanchement varie sous l'action du régulateur au moyen de la tige verticale qui porte sur la barre D. La bielle E commande le robinet d'évacuation. La même disposition se retrouve de l'autre côté du cylindre et nous voyons là une première application des distributions à quatre distributeurs.

Nous examinerons en détail le fonctionnement d'un appareil de déclanchement dans l'exemple de machines type Corliss que nous étudierons après celui-ci ; nous voulons seulement pour le moment étudier ce mode de transmission de mouvement qui se retrouve dans un grand nombre de machines.

On voit que nous avons ici une combinaison de leviers qui a déjà été étudiée sommairement, et il nous suffira d'appliquer la méthode des gabarits, comme nous l'avons indiqué (*fig. 23*). L'action du plateau peut être assimilée à celle de deux leviers cb, ah_1 fixés sur le même arbre a ; de sorte que l'excentricité B commande le point c par l'intermédiaire de deux articulations b (première articulation) et h (deuxième articulation) ; le point c est en quelque sorte un coulisseau dont la trajectoire est circulaire.

En appliquant la méthode des gabarits, nous passerons de la circonférence d'excentricité à la trajectoire circulaire de la première articulation par le gabarit de rayon l égal à la barre d'excentrique.

Fig. 24.

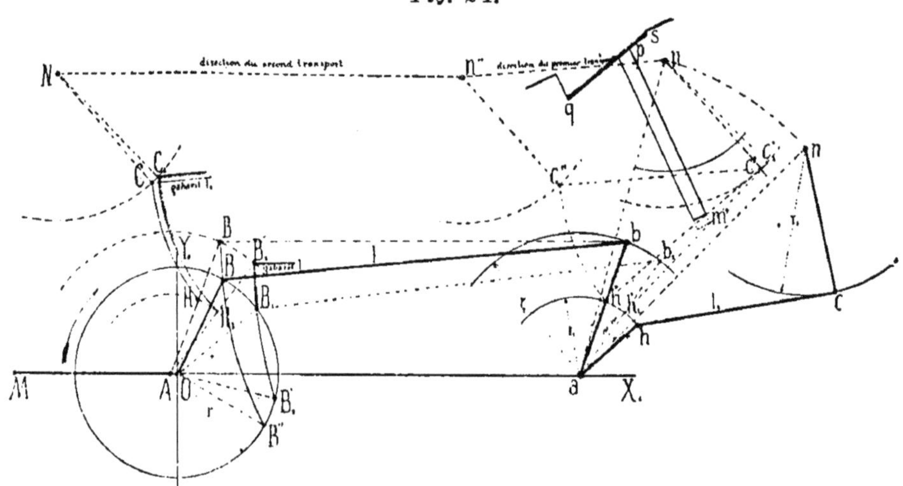

Nous passerons de la trajectoire de la première articulation à celle de la seconde au moyen des rayons r_1 r_2, et enfin nous passerons de la trajectoire de la seconde articulation h à celle du *bouton* c du levier cn par le gabarit de rayon l_1 égal à la bielle $hc = l_1$. La méthode étant connue par les applications précédentes, nous rappellerons brièvement la marche à suivre.

Nous considérons la figure formée par l'axe n, la trajectoire c et une des positions du levier nc et de la bielle hc, et nous la faisons tourner autour de l'axe a sans la déformer jusqu'à ce que la seconde articulation h vienne en h' sur le levier ab après une rotation θ. L'axe n vient en n' et l'arc c en c' ; nous supposons que la tige m a été entraînée dans ce mouvement en conservant ses positions relatives et qu'elle occupe la nouvelle position $m' p$; la droite $q\ s$ représente le coin que déplace le modérateur pour faire varier la position de la tige. Nous avons alors deux articulations bh' sur un même levier ab et, en étudiant le mouvement du levier fictif $c'n'$, nous obtiendrons les mêmes résultats que si nous avions opéré sur le levier cn.

Nous opérons (*fig.* 24) un premier transport de la trajectoire du bouton c' du levier $n'c'$ suivant la direction $n'n''$ quelconque, mais convenablement choisie ; l'axe n' vient en n'' ($n'n'' = l_1$) et l'arc c' en c'' ($c'c'' = l_1$) ; par le gabarit l_1 nous passons du point c'' au point h'. Nous avons ainsi superposé les trois trajectoires des points c'', h', b ; suivant une direction quelconque (prise parallèle à l'axe $O\ X_0$) d'une quantité égale à la longueur l de la barre d'excentrique Bb, nous transportons l'ensemble des trois trajectoires précédentes ; c'' vient en C, b en B', h' en H, a en A. Connaissant une position B de l'excentricité, nous obtenons la position B' de la première articulation par le gabarit l orienté suivant la direction du premier transport ; le rayon $B'A$ donne la position H de la seconde articulation, et le gabarit l_1 orienté suivant la direction du premier transport détermine la position du bouton C.

Pour faire l'épure de la distribution, on tracera à une grande échelle (*fig.* 25) l'ensemble de toutes ces trajectoires (trajectoire de l'excentricité de rayon r, de la première articulation de rayon r_2, de la seconde de rayon r_1 et de celle du bouton de rayon r_3)

Le contour $D_3\ C'_3\ c_3\ C_3$ montre la construction qui relie les points simultanés de ces trajectoires et suffit pour expliquer le tracé de toute l'épure. Nous voyons de suite que, pour obtenir les fonds de course des points qui oscillent, il faut placer le gabarit l dans une position tangente au cercle d'excentricité, nous obtenons ainsi les positions $D_1\,D_4$ de l'excentricité qui nous donnent les

Fig. 25.

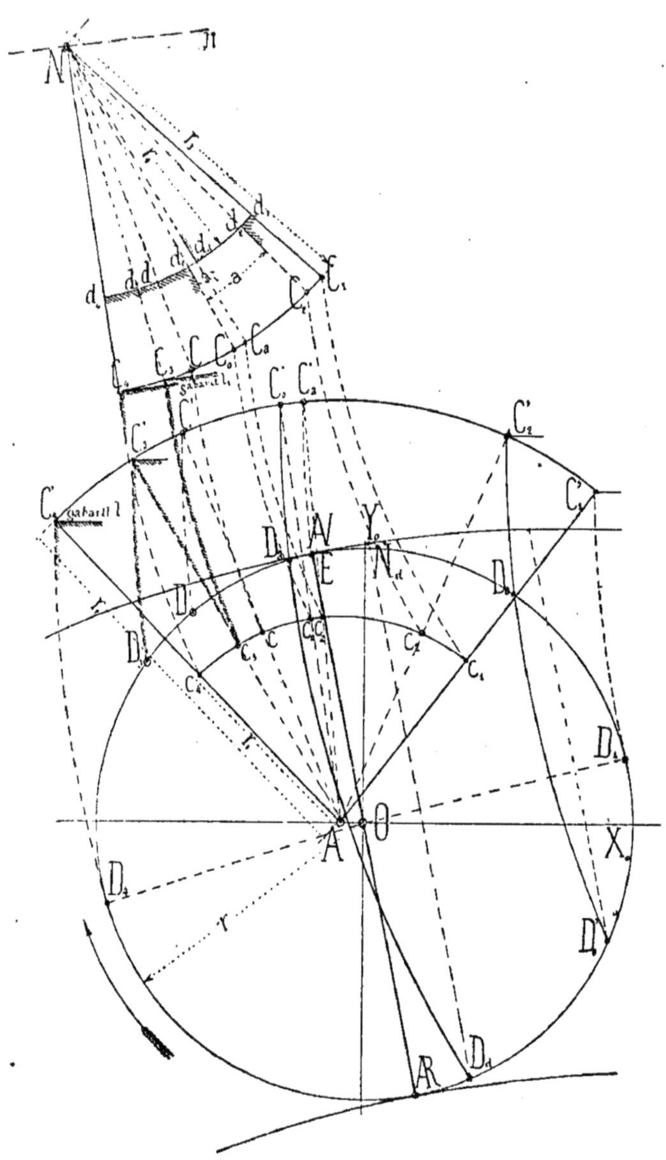

positions simultanées $C'_1\,C'_4$, $c_1\,c_4$, $C_1\,C_4$; l'amplitude de l'oscillation du robinet d'admission est $C_1\,C_4$, (les points $D_1\,D_4$ ne sont pas sur un même diamètre, l'écart peut même être très grand.)

Pour introduire le mouvement de la manivelle motrice et du piston, nous opérons comme nous l'avons fait au commencement du chapitre (*fig.* 23). Nous marquons la position E de l'excentricité quand la manivelle est au point mort N, le diamètre N Æ nous représentera la course du piston, et les cercles de fonds de course du piston menés par les points morts N Æ feront connaître les positions simultanées du piston, le même point représentant la manivelle et l'excentricité (nous appelons N le point E).

Quand la manivelle est au point mort N, le levier du robinet est en NC_a, soit r_4 le rayon du boisseau du robinet d'admission, et traçons l'ard $d_1\,d_4$. Nous pouvons supposer que le point d_a d'intersection de cet arc avec le rayon $N\,C_a$ représente l'arête du boisseau qui doit fermer l'admission de la vapeur. Quand la manivelle est au point mort N la lumière est ouverte d'une longueur d'arc a_1 égale à l'avance linéaire à l'admission (nous avons ici une glace circulaire); si la rotation se fait dans le sens de la flèche, nous prenons

$$d_0\,d_a = a_1$$
$$d_0\,d_2 = a$$

(a largeur de la lumière d'admission). Il est facile alors de lire la distribution sur l'épure. Quand la manivelle est en N, l'ouverture est a_1 ; à partir de ce point la lumière s'ouvre de plus en plus; pour la position D_0 le point d_3 est venu en d_2, et la lumière est complètement ouverte; en D_1 le robinet est à son fond de course d_1 ; en D'_0 la lumière commence à se fermer, et en D_d l'arête d_a arrive en d_0 et la détente commence ; nous sommes à l'autre fond de course en D_4 et en D_a l'admission anticipée commence et dure jusqu'en N. La fraction de course de pleine admission est $D_d\,N_d$.

Nous nous proposons maintenant de déterminer les dimensions du coin $q\,s$ (*fig.* 24) pour obtenir le déclanchement à un degré d'admission déterminé. Si nous voulons que la détente commence pour la position B''_1 de la manivelle (*fig.* 24) répondant à une admission donnée, l'épure nous donne les points C_1 et H_1 . Nous pouvons marquer ces positions sur le dessin de la machine et en déduire la position $h_1\ c'_1$ de la bielle au moment de la détente ; à ce moment la tige $m'\ p$ doit toucher la bielle. Il est donc possible d'obtenir les positions de la tige $m'\ p$ pour des détentes déterminées et de connaître les dimensions à donner au coin $q\ s$ et les déplacements correspondants du modérateur.

Cette application montre comment la méthode des gabarits facilite l'étude des distributions et permet d'opérer exactement.

La distance du robinet d'admission à l'arbre moteur est toujours très grande, et il est souvent difficile de construire à une grande échelle les positions simultanées en décrivant des arcs de cercle de grands rayons ; l'épure que nous donnons peut être rapidement construite, elle conserve à tous les éléments de la distribution leur vraie grandeur et surtout, si l'on veut faire des tâtonnements et modifier les arcs de cercle pour donner plus de régularité, on voit facilement l'influence qu'exerce la direction des trajectoires. Pour une étude rapide, les arcs des gabarits pourraient être remplacés par des droites et alors les constructions sont très simples.

Dans la distribution Corliss que nous venons d'étudier, il y a un robinet spécial pour l'échappement ; il est commandé comme le robinet d'admission, par un bouton convenablement placé sur le plateau de centre a. On opérerait de même pour ce robinet, et en transportant le mouvement de ce robinet près du cercle d'excentricité, on obtiendrait sur la même épure (*fig.* 25) un arc de cercle d'échappement donné par le gabarit l. De sorte que toutes les phases de la *distribution seraient déterminées sur le cercle d'excentricité par deux arcs de cercle tracés avec le gabarit* l *et à peu près parallèles.* Ces résultats sont comparables à ceux obtenus pour le tiroir simple.

Le tracé de l'épure se résume à ceci : *superposer les trajectoires de la manivelle, du piston, de l'excentricité, des deux articulations et des leviers des robinets, et, en reliant par des gabarits les points simultanés de ces trajectoires, tracer sur le cercle de la manivelle les arcs d'admission et d'évacuation.*

Quelle que soit la disposition de la distribution, il suffit toujours de superposer toutes les trajectoires.

DESCRIPTION DE LA DISTRIBUTION SYSTÈME CORLISS TYPE DU CREUZOT.

§ 48.

Nous allons appliquer la méthode des gabarits à l'étude de la distributiod système Corliss, type du Creuzot, représentée, Pl. 16 et 17. Cette distribution du genre Corliss, présente quelques particularités dans le mode de déclanchement et dans les combinaisons de leviers articulés qui compléteront notre étude. Nous appliquerons d'ailleurs la méthode générale exposée pour les combinaisons à renvoi de mouvement, en la modifiant un peu par suite de dispositions spéciales; on verra ainsi par cet exemple comment il est possible, dans les études compliquées, de trouver une manière simple de transporter et de superposer les éléments du mouvement pour permettre de relier tous les points à l'aide de gabarits.

Cette distribution, dans son ensemble, diffère peu de celle que nous avons étudiée précédemment, mais elle présente des dispositions de mécanisme que nous allons examiner avec plus de soin à cause de leur importance. Nous avons quatre organes de distribution de vapeur, qui sont encore des espèces de robinets recevant un mouvement de va-et-vient par des leviers. Deux robinets (*fig.* 1, *Pl.* 16) sont à l'avant du cylindre et deux autres à l'arrière. Le robinet situé au-dessus sert à l'admission, celui du bas à l'évacuation. Ces robinets peuvent être assimilés au point de vue cinématique à des tiroirs animés d'un mouvement alternatif; ici nous avons un mouvement circulaire au lieu d'avoir un mouvement rectiligne.

Nous avons fait (*fig.* 2, *Pl.* 17) une épure des leviers qui servent à donner le mouvement à ces robinets. Sur l'arbre *O* de couche de la machine est calé un excentrique dont l'excentricité est M; le mouvement de cet excentrique est transmis au levier $N P O_1$ par l'intermédiaire de la barre d'excentrique $M N$. Le levier $N P O_1$ oscille autour de son axe O_1 et au moyen d'une barre d'accouplement, la même oscillation est reproduite autour de l'axe O_2. Remarquons ici que le levier $N P O_1$ fait un angle au point P, ceci permet de régulariser les amplitudes du mouvement des points N et P par rapport au déplacement de l'excentrique. On voit, en effet, que malgré la grande obliquité de la barre d'excentrique, les points P et N sont au milieu de leur course quand l'excentricité est au milieu de la sienne, de sorte que les déplacements à gauche et à droite de ces positions sont égaux. Nous retrouverons dans cette distribution l'emploi de ce procédé qui est d'un usage fréquent, soit pour régulariser comme ici, deux mouvements oscillatoires qui se commandent, soit pour accélérer ou retarder l'un par rapport à l'autre. Nous n'insistons pas sur la manière d'étudier cette commande de mouvement par la méthode des gabarits; c'est l'application du mouvement d'un balancier étudié chap. II, § 16; nous avons vu alors comment la superposition des courbes mettait en évidence la différence des vitesses angulaires des deux leviers.

On voit sur la fig. 2, Pl. 17, comment l'oscillation de l'axe O_2 est ensuite transmise aux deux robinets d'admission et d'évacuation à l'avant et comment la barre de connexion prolongée permet de reproduire les mêmes combinaisons de mouvement pour les deux robinets d'admission et d'évacuation à l'arrière. Dans cette commande de mouvement les leviers et les arcs de cercles sont disposés de manière à modifier les vitesses angulaires des axes qui se commandent. Le mouvement de va-et-vient des robinets n'est pas en effet symétrique par rapport à sa position moyenne, comme cela a lieu pour un tiroir simple commandé par un excentrique. On voit (*fig.* 1, *Pl.* 16; *fig.* 1, *Pl.* 17) un robinet d'admission fermant l'orifice $m\ n$; nous avons à gauche et à droite des recouvrements $m\ m'$, $n\ n'$. Pour ouvrir, le robinet doit tourner de droite à gauche et l'ouverture commence quand l'arête n' vient coïncider avec l'arête n. Dans ce mode de distribution, il est nécessaire de ne pas avoir une amplitude d'oscillation trop grande, pour éviter d'avoir un robinet trop volumineux, offrant des espaces nuisibles considérables et pour faciliter les renvois de mouvement. Aussi on cherche à rendre la plaque de fermeture à peu près immobile pendant que l'orifice doit être fermé, c'est-à-dire pendant la période de détente et pendant celle d'évacuation. Dans ces deux périodes l'arête n' (*fig.* 1, *Pl.* 17) reste à peu près immobile et on ne donne au recouvrement $n\ n'$ que la largeur nécessaire pour bien assurer la fermeture. L'autre recouvrement $m\ m'$ a une largeur à peu près égale. On voit que, si la plaque de fermeture $m\ n'$ continuait son mouvement à droite, au lieu de rester immobile pendant une demi-révolution environ de l'arbre de couche, il faudrait que le recouvrement $m\ m'$ fût beaucoup plus grand pour que l'orifice restât toujours fermé. Le diagramme (*fig.* 3, *Pl.* 17) représente le diagramme du mouvement de l'obturateur d'admission ; les traits parallèles représentent les dixièmes de la course du piston et la partie hâchée représente la largeur de l'orifice d'admission ; les déplacements circulaires de l'obturateur sont portés en ordonnées et marqués sur les traits parallèles. La courbe fermée représentative du mouvement de cet obturateur montre qu'il reste immobile pendant presque un demi-tour de la machine, tandis qu'il ouvre et ferme rapidement. En considérant comment le mouvement est transmis par les leviers à l'obturateur d'admission O_3 (*fig.* 2, *Pl.* 17), on voit que, quand l'excentrique est à son point mort, l'axe Q est à son fond de course gauche ; à ce moment il se déplace lentement ; mais ce fond de course est aussi un point mort par rapport à l'axe R qu'il commande ; pour ces deux raisons le point R reste à peu près immobile pendant un certain temps.

On peut facilement augmenter ou diminuer la durée de ce temps en variant les positions relatives des organes, et la méthode des gabarits (*Ch. II. mouvement d'un balancier*) facilite beaucoup ces études.

Le mouvement de l'obturateur d'évacuation est produit dans des conditions analogues, comme le montre la figure 4 Pl. 17.

On reconnait ici les avantages de cette distribution ; l'évacuation ouvre et ferme rapidement, et il en est de même pour l'admission; mais pour l'obturateur d'admission la fermeture indiquée au diagramme, et qui est produite par le mouvement cinématique, ne doit pas être considérée dans le fonctionnement de la machine.

Ici, comme dans toutes les machines dites *à déclic*, la fermeture de l'admission est produite brusquement par l'échappement d'une plaque de butée interposée dans la transmission du mouvement à l'obturateur. Le système de déclic est représenté fig. 1 Pl. 17.

Sur l'axe O_3 du robinet obturateur est disposé un balancier $R\ O_3\ A$ qui peut osciller librement sans entrainer cet axe dans son mouvement. Son articulation R reçoit la tête de la bielle reliée à l'excentrique de commande générale, conformément à ce que nous avons déjà dit dans la description générale. Sur le même axe O_3 est claveté un levier E qui est destiné à faire mouvoir l'obturateur. A cet effet il porte à son extrémité une touche en acier qui peut être poussée par une autre touche articulée dans l'extrémité du balancier fou. On voit que cette dernière touche est reliée invariablement à un heurtoir $B\ C$ qui est toujours poussé de gauche à droite par un ressort convenablement disposé et dont l'extrémité C glisse dans la rainure d'un petit levier $C\ D$. Ce levier $C\ D$ est fou sur son axe de suspension D dont la position est fixe pour une position invariable du régulateur, mais qui est relié, comme l'indique la figure, au régulateur et se déplace en même temps que lui. Quand le balancier fou $R\ O_3$ est tiré par la bielle motrice, il peut faire mouvoir l'obturateur si les touches sont en contact et alors la disposition des organes est telle que ce mouvement produit l'admission de la vapeur. Mais si les touches viennent à échapper brusquement, la bielle de Dashpot F produit rapidement la fermeture de l'admission en entrainant de haut en bas le levier E. Un vase de choc est destiné à amortir le mouvement. Il est facile de se rendre compte de la manière dont se produit le déclanchement et comment le régulateur peut agir sans effort pour modifier la détente. Si l'axe *B* se trouvait placé en coïncidence avec l'axe O_3 de l'obturateur, le heurtoir *B C*, tout en étant appuyé contre le fond de droite de la rainure, pourrait se déplacer de telle manière que l'arête de sa touche décrirait un arc de cercle autour de l'axe O_3. Comme la touche du levier *E* décrit aussi un arc de cercle, il en résulte que, si les touches étaient en contact, il ne pourrait y avoir échappement en aucune position. Mais si l'axe *D* est placé en dehors de l'axe O_3, comme cela a lieu sur la figure, le point *C*, butlant au fond de la rainure, décrira un arc de cercle autour du point *D*. La pièce *A B C* va donc se déplacer en appuyant ses extrémités sur deux arcs de cercle non concentriques, et d'après les positions respectives choisies, l'arête *B* cessera à un certain moment d'être en contact avec l'autre touche. Les positions *D* et *D'* répondent aux positions haut et bas du régulateur et l'on voit, qu'en passant de la position *D* à la position *D'*, le moment du déclanchement est retardé; la simple inspection de la figure fait ressortir la sensibilité que l'on peut obtenir, une faible variation du régulateur produisant un grand changement dans la durée du contact. Nous ferons encore remarquer que le levier du régulateur ne recevant que l'action du petit ressort agissant sur *A B C*, le régulateur rencontre peu de résistance et qu'il est dans de très bonnes conditions de sensibilité.

La fig. 1, Pl. 16, montre l'ensemble du cylindre et du mouvement à déclic, en indiquant les détails de construction particuliers à ce genre de distribution.

§ 49

Epure de la distribution

L'épure de la distribution s'établit facilement par les procédés généraux de la méthode des gabarits; nous nous contenterons d'indiquer ici la marche générale à suivre en montrant comment il est possible, dans chaque cas particulier, de choisir un mode de transport des trajectoires, qui, s'appliquant mieux aux dispositions spéciales, groupe plus simplement tous les éléments de la distribution.

Considérons (*fig.* 2, *Pl.* 17) le tracé du mouvement de distribution ; nous voyons que ces éléments sont séparés par de très grandes distances : la longueur

$$L = 3{,}310$$

de la barre d'excentrique, la distance 1,645 des axes $O_1\,O_2$, et la longueur

$$l = 0{,}900$$

qui relie l'obturateur d'admission à celui d'évacuation. Nous nous occuperons seulement de l'obturateur O_3 d'admission. Pour trouver les positions simultanées de l'excentrique moteur et du levier $O_3\,R$, il faudrait faire des tracés avec de très grands rayons ; nous pouvons facilement grouper et simplifier les résultats par la méthode des gabarits. Ici nous transporterons toutes les trajectoires dans le plan du mouvement du levier brisé $O_1\,P\,N$.

Transportons le centre O avec le cercle d'excentricité en o d'une longueur

$$L = 3{,}110$$

dans la direction de l'axe O_0 ;

Le centre O se trouvera transporté en o et la position o est déterminée par la cote 60 à droite de l'axe $O_1\,P$, car on a

$$3{,}310 - 3{,}250 = 60$$

Une position quelconque M de l'excentricité pourra être prise directement en m sur le cercle transporté et alors le gabarit $m\,N$ de rayon L donnera la position correspondante N.

Pour passer maintenant de cette position N à la position $O_3 R$ de l'obturateur, nous transportons d'abord le levier $O_3 R$ en $o'_3 r'$, parallèlement à l'axe $O_3 o'_3$ d'une quantité

$$L = 0,900$$

Ceci nous permettrait de trouver la position r' correspondant à la position Q, en se servant d'un gabarit $Q r'$ de rayon

$$L = 0,900$$

Mais nous éviterons cette construction en transportant en même temps les leviers $o'_3 r'$ et $O_2 Q$ parallèlement à l'axe $O_1 O_2$ d'une quantité égale à

$$O_1 O_2 = 1,645$$

Nous obtiendrons ainsi les positions $o_3 r$, $O_1 q$ et l'arc décrit avec $o_3 r$ pour rayon. Le centre o_3 est déterminé par ses deux coordonnées 65 et 230 qu'il est facile de calculer en tenant compte des deux transports effectués.

Si nous faisons un gabarit représentant le contour indéformable $N P O_1 q$, en le mettant en position sur le point N. nous obtiendrons de suite le point q et ensuite au moyen d'un gabarit $q r$ de rayon l nous déterminerons la position $o_3 r$, qui n'est autre que la position angulaire de l'obturateur d'admission.

En résumé, nous marquons les centres O_1 o o_3 *dont les positions respectives sont connues ; nous traçons le cercle* o *d'excentricité et les trajectoires des articulations* N, P, O_1, q, r *et nous prenons trois gabarits ; un de rayon* L, *un de rayon* l *et un gabarit au contour* N P O_1 q. *Pour une position quelconque* m *connue de l'excentricité, nous déterminons de suite la position angulaire correspondante* o_3 r *de l'obturateur d'admission en disposant convenablement les trois gabarits qui vont ainsi relier toutes les articulations du mouvement par le contour* m N P O_1 Q r o_3.

Nous ferons remarquer que ce contour donne les positions simultanées de tous les organes du mouvement, et qu'il permet ainsi de faire une étude sérieuse en se rendant facilement compte des obliquités des pièces.

Quand on a une étude nouvelle à faire, on ne peut éviter de faire des tâtonnements, mais cette méthode les simplifie beaucoup parce que, ayant toutes les trajectoires et les gabarits groupés ensemble, on saisit mieux les relations qui existent entre ces éléments, et on prévoit aisément comment il faut les modifier pour obtenir le résultat cherché.

Il est bien entendu que, pour rendre cette épure complète et pour étudier les phases de la distribution, il faut encore superposer à ces mouvements celui du piston et de la manivelle. Ces superpositions ont déjà été faites un grand nombre de fois et nous ne les répéterons pas. Nous ferons seulement remarquer que cela ne complique en rien et que, en opérant comme pour l'épure étudiée précédemment de la distribution Corliss, type n° 3, il suffit de prendre le cercle *o* d'excentricité pour représenter le cercle de la manivelle et d'y tracer les deux arcs de fond de course aux deux extrémités d'un diamètre convenablement orienté.

Voici comment dans ce cas spécial, si on avait à faire un projet de distribution, il conviendrait de déterminer la position des arcs de fond de course. Après avoir étudié le mouvement de façon qu'il assure une marche convenable pour l'obturateur, c'est-à-dire après s'être assuré, par l'épure que nous avons établie, que l'obturateur a une période d'arrêt et une période de mouvement avec deux temps d'accélération rapide, et après avoir constaté que les ouvertures sont assez grandes, il faut établir la corrélation entre ce mouvement et celui du piston pour tracer l'épure de distribution. Nous connaissons l'avance linéaire à l'admission qu'il convient de prendre dans ce cas et nous pouvons placer l'obturateur dans la position qui donne cette avance linéaire ; cela fait, nous en déduisons la position simultanée de l'excentricité. Puisque le cercle d'excentricité doit représenter le cercle de la manivelle, cette position de l'excentricité est en même temps la position de la manivelle à son point mort, de sorte que c'est par ce point que nous devons tracer l'arc de fond de course et cet arc fera connaître de suite les positions du piston. Il sera alors facile de trouver les positions simultanées du piston et de l'obturateur et de tracer les diagrammes des fig. 3, 4, 5, 6 (*Pl.* 17).

CHAPITRE IX

RENVOI DE MOUVEMENT AVEC UN COULISSEAU MOBILE DANS UNE COULISSE

§. 50.

Théorie

Il nous reste à étudier un cas particulier de renvoi de mouvement par leviers. Le levier de renvoi peut avoir la forme d'une coulisse et l'articulation peut être remplacée par un coulisseau mobile dans la coulisse. La barre d'excentricité (*fig.* 26) attaque l'articulation h du levier hn oscillant autour de l'axe n ; ce levier constitue une coulisse $n\,h\,m$, dans laquelle se meut un coulisseau m ; ce coulisseau est lié invariablement à la bielle $m\,s$ et transmet ainsi le mouvement au coulisseau s de la tige du tiroir, mobile sur la droite $s\,x_0$ distincte de l'axe $O\,X_0$. Si pendant le mouvement le coulisseau m

Fig. 26

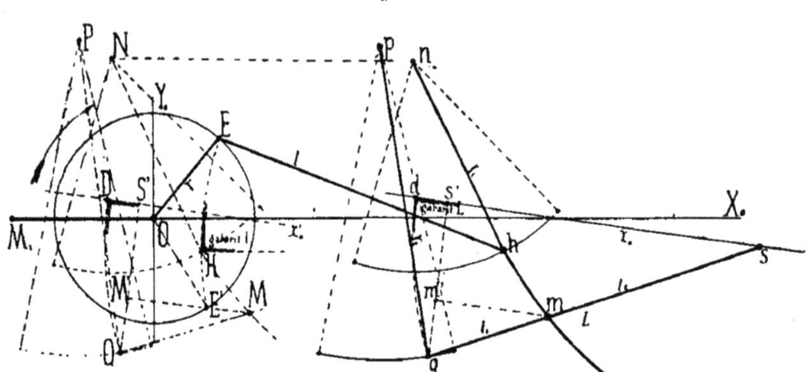

ne se déplaçait pas par rapport à la coulisse, nous pourrions le considérer comme une articulation simple et ce cas se traiterait par le procédé déjà indiqué au chapitre précédent. En réalité, la bielle $m\,s$ présente en un point q pris sur sa direction une articulation qui la relie à un levier $p\,q$ mobile autour de l'axe p

la bielle qms a un mouvement tel que le point s soit sur la droite sx_0, le point q sur l'arc de rayon $r_2 = pq$ et le coulisseau m sur la coulisse, les longueurs $ms = l_2$, $mp = l_1$, étant constantes; pendant ce mouvement, surtout quand la distance mq n'est pas très petite, le coulisseau m se déplace par rapport à la coulisse. Nous nous proposons de tenir compte dans l'épure de ce déplacement qui agit peu quelquefois sur la distribution, mais qui est toujours important à considérer parce que dans une bonne distribution on doit chercher à le réduire en choisissant pour le mouvement des proportions et des inclinaisons convenables.

Du point q nous abaissons une perpendiculaire sur la direction sx_0; quelle que soit la position de la bielle qms, nous avons toujours deux triangles rectangles semblables sqs', mqm' qui donnent

$$\frac{qm'}{qs'} = \frac{qm}{qs} = K$$

$$\left(K \text{ étant une constante, } K = \frac{l_1}{L},\ l_1 = qm,\ qs = L \right)$$

Cette remarque va nous permettre de passer du point q au point m et inversement sans être obligé de tracer la partie ms de la bielle qui est toujours très longue. Nous supposons que nous connaissons la position de l'arc de suspension de rayon r_2; sur cet arc nous connaissons le point q. Nous abaissons la perpendiculaire qs' et nous prenons le point m' tel que

$$\frac{qm'}{qs'} = K$$

Menons la parallèle $m'm$ et du point q comme centre avec un rayon égal à l_1, nous décrivons un arc de cercle qui coupe en m la droite $m'm$, le point m est la position du coulisseau correspondant au point q et la coulisse occupe la position nhm passant par le point fixe n.

Inversement nous connaissons la position nh de la coulisse à un moment donné et celle de l'arc directeur de rayon r_2. Quelle est la position correspondante de la droite $q\,m$? Cette droite, de longueur constante l_1, doit s'appuyer par ses extrémités sur l'arc de cercle et la coulisse, et être inclinée de manière que l'on ait

$$\frac{q\,m'}{q\,s'} = K$$

Il est facile, en la faisant glisser convenablement sur ses courbes directrices, de la mettre en position en faisant un petit tâtonnement. Nous allons trouver l'application de ces remarques.

Fig. 27.

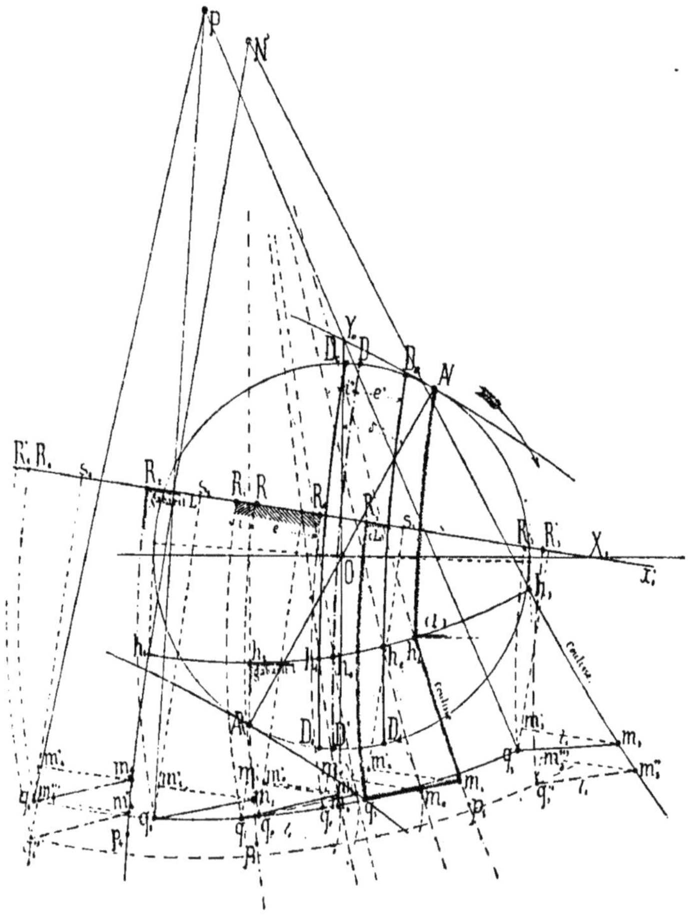

Nous superposons toutes les trajectoires des points mobiles sur le cercle d'excentricité. La trajectoire du coulisseau s est transportée dans la direction $s\,x_0$ d'une quantité égale à L, et nous passerons du point q au point d par le gabarit L. Le point d aura même mouvement que l'axe du tiroir ($L = l_1 + l_2$).

Puis parallèlement à $O\,X_0$ d'une quantité égale à $l = E\,h$ nous transportons l'ensemble de la figure formée par les deux axes p et n, les arcs de rayon $r_1 = n\,h$ et $r_2 = p\,q$, et la droite $d\,s'$; nous obtenons ainsi la superposition de toutes les trajectoires. Si l'on veut déduire la position D de l'axe du tiroir de la connaissance de la position E de l'excentricité, on passera de E par le gabarit l à l'articulation H ; par le point H et le point fixe N on fera passer le gabarit de la coulisse ; on connaît l'arc sur lequel est le point Q, la suspension de la bielle et en plaçant, comme il a été dit plus haut, la droite $Q\,M$ sur ses deux directrices qui sont connues, on déterminera la position des points Q et M. La position Q fait connaître par le gabarit L la position D de l'axe du tiroir.

Inversement de la position D de l'axe on déduit celle E de l'excentrique, en marquant le point Q, le point M, en traçant la coulisse, et en prenant le point H qui détermine la position E.

Ceci nous permet de faire l'épure de la distribution (*fig.* 27). Nous traçons à une grande échelle la figure de la superposition des trajectoires ; le contour haché $R_1\,q_1\,m_1\,h_1\,N$, marqué par des hachures, montre la construction générale qui relie les points. Marquons les positions N, Æ de l'excentricité quand la manivelle est à ses points morts, en opérant comme nous l'avons fait plusieurs fois, nous supposons que ces points N, Æ représentent les positions de la manivelle à ses points morts. Aux positions N et Æ de la manivelle correspondent les positions R_1, R_2 de l'axe du tiroir et toute l'épure se fera en suivant la même marche que pour celle de la fig. 23. Les axes de la glace et du tiroir coïncident à la position R, prise au milieu de $R_1\,R_2$ et nous en déduisons l'arc des coïncidences $D\,h_0\,D'$ tracé avec le gabarit L.

Nous prenons $R\,R_0 = e$, $R\,R_1 = i$, et les points R_0, R_1 permettent de tracer l'arc $D_a\,h_0\,D_a'$ d'admission et l'arc $D_0\,h_1\,D_e$ d'évacuation et toutes les phases de la distribution sont données par une épure analogue aux précédentes.

Quand on veut faire varier la détente, on déplace l'axe P du levier PQ de manière que le point de suspension Q du levier se meut sur un autre arc de cercle ; on tracera ce nouvel arc de cercle, soit $q_3{}'' q_4{}''$, et on opérera comme plus haut. La construction que nous avons faite en prenant le point R au milieu de $R_1 R_2$, suppose que le tiroir a été réglé à avances linéaires égales pour la position de suspension du levier choisie pour faire l'épure ; pour les autres positions de suspension, l'épure montre que la course totale du tiroir change, que la détente est modifiée et que les avances linéaires sont augmentées et ne restent plus égales. Si on cherche la position de la manivelle au moment de la coïncidence des axes de la glace et du tiroir, ce que l'on obtient en remontant du point R au cercle, on voit que généralement la position de la manivelle varie avec les variations du point de suspension. Comme cette position de coïncidence est une position moyenne, pour obtenir plus de régularité dans la distribution on se propose généralement d'obtenir que cette coïncidence ait lieu toujours pour la même position de la manivelle. On réalise cette condition en donnant à la coulisse la forme d'un arc dont le rayon est égal à la longueur de la barre qui attaque le coulisseau et en disposant le mouvement de telle manière que pour le cran qui sert au réglage de la machine, au moment de la coïncidence des axes, l'arc de coulisse soit normal à la direction de la glace. L'épure montre en effet que, ces conditions réalisées, en partant du point R, on trouve toujours les deux mêmes points sur le cercle d'excentricité quel que soit le cran de la coulisse.

§ 51.

Détente système Duvergier

Nous trouvons une application immédiate du cas que nous venons de traiter dans la distribution créée et construite depuis quelques années par M. A. Duvergier, et dont il existe de nombreux types dans le centre et l'est de la France.

Nous pourrons dans cette étude un peu spéciale, appliquer certains tracés, employés dans la distribution de Corliss, dans la partie de ce travail où nous avons traité des renvois de mouvements, et dans l'étude de la distribution Sulzer. A ce titre elle peut être intéressante en montrant la généralisation de nos procédés.

Voici en quelques mots en quoi consiste cette distribution. Un tiroir analogue au tiroir de distribution de Meyer reçoit son mouvement d'un excentrique ordinaire dont le centre (*Pl.* 18) se trouve en *F*, et qui a pour excentricité *F O* (1).

En un point *E* du collier d'excentrique se trouve un axe qui, appartenant à la barre d'excentrique, décrit par conséquent une courbe elliptique légèrement déformée et en tout semblable à celle décrite par le taquet dans la distribution Sulzer.

Cet axe *E* attaque le levier de renvoi de mouvement *A O B* mobile autour de l'axe *O* ou de l'arbre de couche, au moyen d'une petite bielle *E A*. Par suite du mouvement elliptique (très peu sensible d'ailleurs, à cause du peu de distance qui sépare l'axe *E* du centre *D*) que possède l'axe *E*, le levier de renvoi *A O B* reçoit un mouvement d'oscillation retardé ou accéléré suivant la période que l'on considère.

En *B* se trouve l'extrémité d'une bielle *B C* qui vient attaquer en *C* un second levier de renvoi oscillant en *D* et se prolongeant en dessous de l'axe du cylindre *D O* par une coulisse taillée en arc de cercle. Cette coulisse attaque, à l'aide d'un coulisseau *H*, une seconde barre *G P* suspendue en *G* et guidée en *P* suivant l'axe du tiroir de détente qu'elle commande. Il est facile de comprendre qu'en relevant, à l'aide de la vis *T* et du volant *V* l'extrémité *G* de la barre on déplacera le coulisseau *H* dans la coulisse et qu'on obtiendra par cela même une course variable pour le tiroir de détente.

(1) Voir plus loin l'étude de la distribution Sulzer où ce mouvement est étudié en détail.

La vis T est suspendue à un balancier qui oscille en S et qui est commandé au point R par le manchon d'un régulateur.

Le balancier étant terminé en R par un collier embrassant le manchon du régulateur, est astreint à décrire par son extrémité R l'axe de ce dernier, et ce mouvement est rendu possible par l'oscillation de la bielle $Q\,S$ autour de son extrémité Q.

Ceci dit, les méthodes exposées dans le cas précédent sont entièrement applicables à la recherche des mouvements de l'axe du tiroir de détente par rapport à celui de la glace. Il deviendra donc aisé de construire la courbe des écarts relatifs.

Il faut tenir compte de la commande spéciale du levier de renvoi et de la coulisse, et construire la trajectoire quasi elliptique décrite par le point E.

Si la barre était infinie, le point E (*fig.* 3, *Pl.* 18) décrirait exactement le cercle d'excentricité, cercle dont le centre se trouverait sur la verticale du point O et à une distance de ce point égale à $E\,F$. Pour une position $F\,O$ de l'excentricité, l'axe E, se trouverait en e sur le rayon $e\,o$ égal et parallèle à $F\,O$ (1).

Mais la barre ayant une obliquité non négligeable, il s'en suit que l'axe se trouve renvoyé sur la normale à FB en E, $F\,E$ étant égal à Oo (2). Les triangles $E\,F\,e$, $e'\,F\,B$ sont semblables et fournissent la relation

$$\frac{E\,e}{F\,e'} = \frac{E\,F}{F\,B}$$

$$e\,E = e'\,F \times C$$

le second terme étant constant et pouvant être posé égal à C. Si nous construisons de o comme centre un cercle qui soit avec celui

(1) L'axe E se trouve en général sur une normale à la barre de l'excentrique passant par le centre F de la poulie.

(2) Par suite du peu d'obliquité de la barre, on peut supposer sans erreur sensible qu'il en est ainsi. Rigoureusement le point E se trouve sur un arc de cercle décrit de F comme centre avec $E\,F$ pour rayon, et le point e sur le rayon $Fe = E\,F$ parallèle à $O\,o$.

d'excentricité dans le rapport C, les normales telles que ff' donneront à l'échelle adoptée les valeurs successives de e E.

En effet on a
$$\frac{ff'}{e'F} = \frac{of}{OF} = C$$
$$\text{ou } ff' = e'F \times C$$

répétant pour différents points du cercle cette construction élémentaire on pourra tracer la trajectoire de l'axe E.

Certains constructeurs employant le même dispositif pour obtenir des mouvements rapides de fermeture des tiroirs, nous avons cru devoir entrer dans ces développements utiles à notre avis. Pour obtenir une courbe rigoureusement exacte, la construction précédente en est si voisine que ce serait là un luxe de précautions, on opérerait par gabarit comme dans le cas de la détente Sulzer étudiée plus loin.

La trajectoire en forme d'ellipse du point E étant une fois tracée, il faut déterminer la position du point A du levier $A\ o\ B$ (*fig*. 1, *Pl*. 18). La trajectoire du point A est un arc de cercle décrit du centre O et les deux points A et E sont reliés par la bielle $A\ E$. Conformément à la méthode des gabarits, nous transportons la trajectoire du point A parallèlement à elle-même, suivant la direction verticale; ce déplacement sera égal à la longueur $E\ A$; la trajectoire occcupera (*fig*. 2, *Pl*. 14) la position $m\ m'$ telle que le centre O' de l'arc $m\ m'$ soit sur la verticale du point O. Dans la fig. 2, Pl. 14, la trajectoire $m\ m'$ et la courbe elliptique ont été en outre déplacées en conservant leurs positions respectives de manière que le centre que nous avions appelé o (*fig*. 3, *Pl*. 18) se trouve sur l'axe de la machine en O. Nous passerons alors de l'ellipse à la trajectoire $m\ m'$ au moyen du gabarit ayant pour rayon la longueur $A\ E$, et orienté en M par exemple, en plaçant le rayon vertical. Nous voyons que, pour une direction $O\ d_1$ du rayon d'excentricité, nous passons de d_1 en D_1 et de D_1 en M, de sorte que le levier $A\ O$ (*fig*. 1, *Pl*. 18) occuperait la position $M\ O'$ (*fig*. 2, *Pl*. 14). Il sera donc facile de déterminer une série de positions simultanées en déplaçant le gabarit et on marquera particulièrement les positions $m\,n$ et $m'\,n'$ des fonds de course *Æ* et *N* du point *A*.

Pour trouver maintenant les positions correspondantes de la coulisse, nous remarquons que les leviers $O\,A$, $O\,B$, $o\,C$ (*fig.* 1, *Pl.* 18) sont égaux, de sorte que nous connaissons les déplacements angulaires de la coulisse par le tracé des rayons $O'\,M$. Nous supposons que l'axe d'oscillation de la coulisse est transporté en O et nous marquons une direction $O\,M_1$, par exemple, correspondant à $O'\,M_1$ (*fig.* 2, *Pl.* 14). Il sera facile alors de mettre en position le gabarit $M_1\,O\,P\,M_2$ de la coulisse pour cette position, Les autres positions de la coulisse se déterminent de même et on tracera particulièrement les positions extrêmes $m_1\,O\,m_2$, $m'_1\,O\,m'_2$ qui feront connaître l'arc $m_2\,m'_2$ décrit par le coulisseau H dans son oscillation symétrique de celle du point C.

Il reste maintenant à mettre en position la barre $H\,P$ de commande du tiroir, dont l'extrémité P se déplace comme le tiroir.

La barre de commande du tiroir de détente est suspendue en un point G (*fig.* 1, *Pl.* 18) qui appartient à l'écrou de la vis et qui a pour trajectoire un arc de cercle; il est situé à une distance connue de l'axe de la machine et de la normale passant par le point O.

Il sera donc facile de mettre cet arc en position (*fig.* 2, *Pl.* 14) par rapport à l'axe O d'oscillation de la coulisse. De cet arc de cercle, on déduira aisément, comme nous l'avons vu dans le cas théorique traité précédemment, la trajectoire décrite par le point P, représentant l'axe H du coulisseau.

L'intersection de cette trajectoire avec les différentes positions de la coulisse, donne immédiatement la position du coulisseau.

La coulisse étant, par exemple, en M_2 qui correspond à la position $O\,d_1$ de l'excentricité, le coulisseau sera en P, point de rencontre du gabarit de coulisse avec la trajectoire du coulisseau. Il faudra répéter cette construction pour les différentes positions de l'écrou U ou ce qui revient au même pour chaque cran de détente.

Pour avoir la position de l'extrémité de la barre ou de l'axe du tiroir de détente, il suffira donc avec un gabarit de rayon

$$HP = L'$$

longueur de la barre, orienté de façon qu'il ait sa tangente normale à la direction $X X_1$ de l'axe du tiroir de détente, de décrire un arc. Cet arc coupe en P' la droite $X X_1$, et on a en P' la position cherchée de l'axe du tiroir de détente.

Pour reporter les écarts de l'axe de ce tiroir par rapport à l'axe de la glace, il suffit de faire les constructions précédentes pour les deux positions de l'excentricité qui répondent aux fonds de course *AV* et *AR* du piston, si, comme nous le supposons et l'avons toujours supposé dans les exemples précédents *pour un cran déterminé*, le tiroir de détente doit osciller symétriquement de part et d'autre, de l'axe de la glace.

Prenant le milieu de la distance qui sépare ces deux positions, on déterminera la position de la coulisse qui correspond à la coïncidence des axes de la glace et du tiroir de détente.

En général, ce réglage est fait pour un cran déterminé et n'existe que pour ce cran là. L'inspection de l'épure de construction montre du reste dans quel sens il faut opérer pour se rapprocher le plus possible de cette solution. Pour que ce réglage subsiste, quel que soit le cran qu'on utilise, il suffit évidemment que la coulisse ait la longueur HP pour rayon, et qu'elle ait à son point de rencontre avec l'axe du tiroir $X X_1$ sa tangente normale sur cette direction ; en d'autres termes, il faut qu'au moment où les axes de la glace et du tiroir de détente coïncident, la coulisse ait son centre de courbure sur la direction $X X_1$.

Une fois les écarts des axes de la glace et du tiroir de détente obtenus pour quelques points, il devient aisé de tracer une épure analogue à celle de la distribution Meyer, solution exacte (page 73.)

Les écarts du tiroir de distribution obtenus et l'épure relative à ce tiroir tracée, on portera *fig.* 2, *Pl.* 18 dans le sens convenable, et à partir de l'arc des coïncidences, normalement à $q d'$, les écarts relatifs des deux tiroirs, et reliant les points ainsi déterminés par une courbe, il n'y aura qu'à mener, à partir de l'arc des coïncidences et à une distance a' (*voir fig.* 13), un arc *parallèle* à l'arc $D D_1$ pour déterminer en b_1 (*fig.* 2, *Pl.* 18) les points où il y a fermeture, et en $A_1 a_1$ les fractions de course pendant lesquelles il y a introduction.

Comme dans la détente par plaque fixe, il faudra vérifier s'il n'y a pas réintroduction.

Si on fait varier la position du coulisseau dans la coulisse, on tracera pour chacun des crans de coulisse *I*, *II*, *III*, etc., les courbes *I*, *II*, *III*, des écarts relatifs des deux tiroirs et alors les intersections successives des courbes avec l'arc b'_1 b_1 indiqueront les changements de détente ; les fermetures auront lieu en b_1, b_2, b_3, etc., et les fractions de course de pleine introduction seront A_1 a_1, A_2 a_2, A_3 a_3, etc.

Toute discussion critique des avantages de cette distribution sortirait du cadre que nous nous sommes imposé. Nous bornons donc là cette étude, très intéressante en ce qu'elle forme, à elle seule, comme nous l'avions fait pressentir au début, une application presque complète de tous les principes spéciaux que nous avons exposés précédemment.

§ 52.

Distribution Bréval, tiroir de détente à course variable

Nous avons vu comment on pouvait, avec deux tiroirs superposés, faire varier la détente en modifiant la longueur du petit tiroir appelé aussi plaque de détente. On peut encore changer la détente en conservant les mêmes dimensions pour le tiroir de détente, mais en changeant l'amplitude de sa course. On comprend en effet que, si le petit tiroir a une course différente, il ne viendra plus fermer l'orifice de passage du grand tiroir au même moment de la rotation de la manivelle et que par suite la détente sera changée.

Ces changements de course sont obtenus dans de bonnes conditions par un mécanisme simple dans la distribution à deux tiroirs, assez connue sous le nom de distribution Bréval et construite par M. V. Febvre, constructeur à Lyon. Cette distribution est une nouvelle application de l'emploi de levier avec articulation mobile dans une coulisse.

Description de la distribution.

Dans la boîte à vapeur sont disposés deux tiroirs plans, comme nous l'avons indiqué (*fig.* 13) ; le tiroir supérieur, dit tiroir de

Fig. 28 (1).

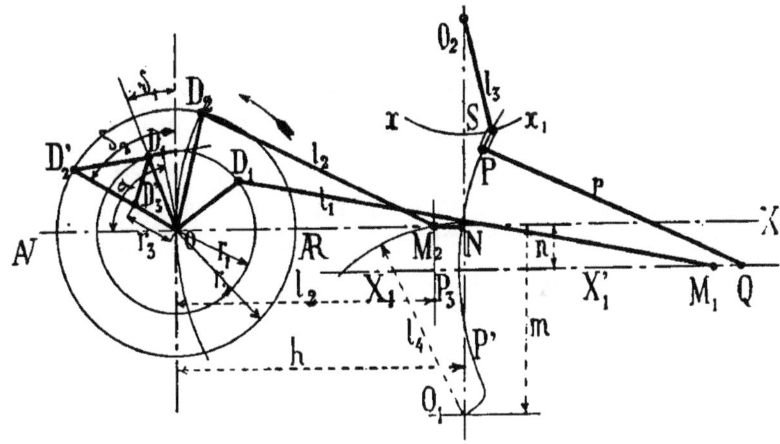

détente a des dimensions invariables. Le mouvement est donné à ces tiroirs par deux excentriques calés sur l'arbre O de la machine (*fig.* 28) dont les excentricités sont $O\ D'_1 = r_1$, $O\ D'_2 = r_2$ et les angles d'avance δ_1, δ_2 quand la manivelle motrice est à son point mort *AR* ; généralement r_2 est plus grand que r_1. L'excentricité D'_2 fait mouvoir le tiroir de détente ; le calage δ_2 est toujours plus grand que le calage δ_1.

(1) Sur la fig. 28, l'excentricité dont l'angle d'avance est δ_1 est marquée D_1 par erreur au lieu de D'_1.

Pour définir les autres organes de la distribution, nous supposons que l'excentricité D'_2 de détente occupe la position D_2 telle que l'articulation M_2 de la barre d'excentrique l_2 se trouve sur la droite OX, à une distance $M_2 O = l_2$ de l'axe O; l'excentricité de distribution est alors en D_1 à droite de D_2. L'axe $O\ X$ est l'axe de la machine et l'axe des tiges des tiroirs est projeté en $X_1 X'_1$ en dessous du premier à une distance n. Le tiroir de distribution est commandé par la barre d'excentricité $D_1 M_1 = l_1$ dont l'extrémité M_1 articulée à la tige du tiroir se meut sur $X_1 X'_1$. Quant au tiroir de détente, il reçoit son mouvement par l'intermédiaire d'une coulisse $O_1 N P S$ qui peut prendre un mouvement de rotation autour de son point fixe O_1; la barre $D_2 M_2$ de l'excentricité D_2 de détente est articulée au point M_2 invariablement lié à la partie rigide de la coulisse, comme le montre la disposition représentée (*fig.* 1, *Pl.* 19), de sorte que le point M_2 est assujetti à se mouvoir sur un arc de cercle dont le centre est O_1 et le rayon l_4, tandis que la coulisse prend un mouvement de rotation autour de l'axe O_1. Dans la coulisse se meut un coulisseau (*fig.* 1, *Pl.* 19) qui présente deux axes d'articulation P et S; par l'axe P il transmet le mouvement à la barre $P\ Q = p$ dont l'extrémité Q est articulée à la tige du tiroir de détente, tandis que l'axe S est assujetti à se mouvoir sur un arc de cercle de rayon l_3 au moyen de la barre $O_2\ S = l_3$ de suspension. Le point de suspension O_2 se trouve sur la verticale menée par le point O_1, ce point est fixe quand la détente ne varie pas; mais par une disposition spéciale (*fig.* 1, *Pl.* 19), on peut le déplacer sur la droite $O_1\ O_2$ et par suite on fait changer la position du coulisseau dans la coulisse en transportant parallèlement à lui-même l'arc d'oscillation $x\ x_1$; ce déplacement permet, comme nous le verrons, de modifier la course du tiroir de détente et de faire varier la détente. Nous verrons plusieurs applications analogues d'une coulisse et d'un coulisseau suspendu à une barre; il faut bien comprendre que, pour une marche déterminée de la machine répondant à une certaine détente, le point de suspension O_2 est invariable, on dit alors que la marche répond au cran P du coulisseau ou au cran O_2 du point de suspension, et quand on déplace le point O_2, on dit que que l'on change le cran de détente. Le déplacement du point O_2 peut s'obtenir à la main ou par l'action directe du régulateur, comme cela a lieu (*fig.* 1, *Pl.* 19; *fig.* 1, *Pl.* 20); une réglette graduée placée parallèlement à la course du point O_2 permet de lire les crans de détente.

Nous ferons remarquer que, dans ce mouvement de coulisseau, comme dans la plupart des mouvements analogues, le coulisseau se déplace un peu par rapport à la coulisse bien que l'on marche à un cran déterminé O_2 de suspension ; on voit, en effet, que le point S suivant la trajectoire $x\,x_1$, il faut que le coulisseau se déplace un peu par rapport à la coulisse qui décrit un arç de courbure inverse autour du centre O_1 ; ce déplacement mesuré par la différence des deux arçs, est toujours très petit. La pente de la coulisse dans laquelle se meut le coulisseau a la forme d'un arc de cercle dont le rayon est égal à la barre $P\,Q = p$ et pour la position particulière D_2 de l'excentrique, le centre de cet arc est situé en Q sur l'axe $X_1\,X'_1$; alors la verticale $O_1\,O_2$ coupe dans une position moyenne l'arc de la coulisse.

§ 53.

Epure approchée Bréval.

Pour un cran de détente déterminé, le mouvement des deux tiroirs peut être comparable à celui que nous avons étudié (§ 29) et nous allons pouvoir le représenter par une épure tout à fait analogue.

La longueur de la barre de suspension $O_2\,S$ étant toujours très longue par rapport à la course du tiroir, la trajectoire du point S et par suite du point voisin P (*fig.* 28) est à peu près parallèle à l'axe $X_1\,X'_1$, de sorte que nous pouvons admettre avec une grande approximation que, dans son mouvement, la barre $P\,Q$ reste parallèle à elle-même et que, par suite, le mouvement du point Q est le même que celui de la projection du point P sur l'axe $O\ X$. Ceci est vrai, quelle que soit la position du cran de suspension et particulièrement pour le cran qui ferait coïncider l'articulation P avec le point N; or, le rayon l_4 étant grand par rapport au déplacement du point M_2 et l'arc de trajectoire de ce point étant très peu incliné sur l'axe $O\ X$, nous pouvons admettre que le mouvement du point N, c'est-à-dire du tiroir de détente pour le cran N, est approximativement le même que celui que nous obtiendrions si l'articulation M_2 était assujétie à suivre l'axe $O\ X$ au lieu de suivre l'arc de rayon l_4. Pour ce cran, le mouvement du tiroir sera donc le mouvement rectiligne que l'excentricité D_2 donnerait à sa crosse sur l'axe $O\ X$, et alors tout revient à l'étude

Fig. 29

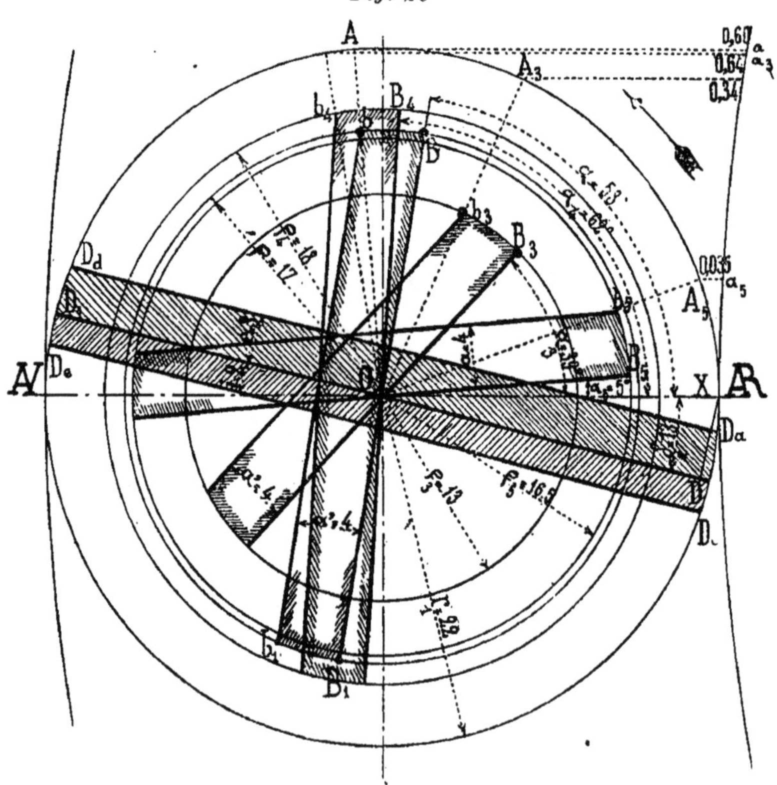

déjà faite des mouvement relatifs des crosses M_2 et M_1 commandées par leur excentricité D_1 et D_2. Le mouvement du tiroir de distribution sera donné par l'épure approchée du tiroir simple (*fig.* 11) et nous obtiendrons les écarts relatifs des deux tiroirs en étudiant le mouvement d'un excentrique fictif d'excentricité $D_1 D_2 = \rho$, ayant un calage négatif α (*fig.* 15, § 29). Nous obtenons d'abord le mouvement du tiroir de distribution (*fig.* 29) en traçant un cercle *AV AR* ayant pour rayon l'excentricité r_1, en menant les deux arcs *AV AR* de fond de course du piston dont la course est supposée être égale à $2\ r_1$, en menant le diamètre $D\ D_1$ qui fait l'angle δ_1, avec *O AR* dans le sens opposé au mouvement et en menant parallèlement à ce diamètre les droites $D_a\ D_a$ d'admission et $D_e\ D_e$ d'échappement aux distances respectives e et i données par les recouvrements e et i du grand tiroir (*fig.* 13 et 30 *du texte* et *fig.* 2, *Pl.* 19). Cette épure fait connaître les conditions de distribution quand le grand tiroir marche seul, reste à déterminer le moment où le petit tiroir, qui produit la détente en venant fermer le passage de la vapeur à travers le grand tiroir.

Joignons $M_1\ M_2$ (*fig.* 30) et sur le prolongement abaissons la perpendiculaire $O q_2$ qui fait l'angle α avec l'axe *O AV*, l'écart relatif

Fig. 30.

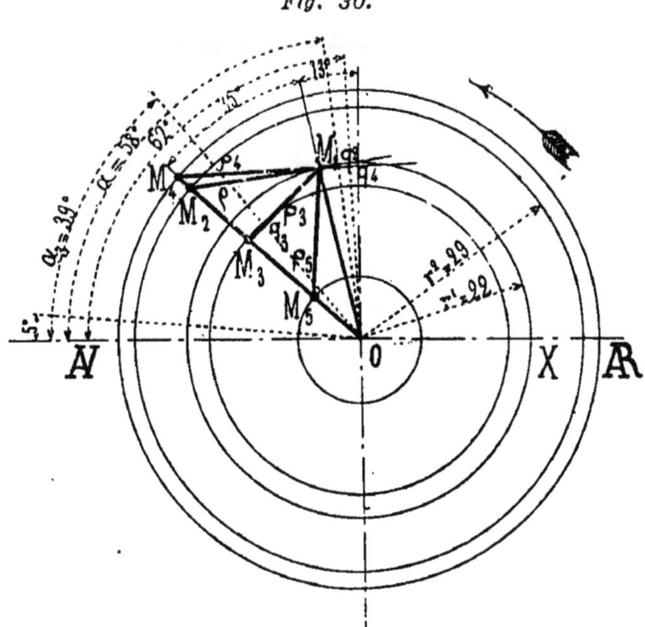

des deux tiroirs étant mesuré approximativement par la projection de $M_1\ M_2$ sur l'axe *O X*, *voir* § 29, les axes des deux tiroirs seront en coïncidence quand $O\,q_2$ viendra coïncider avec $O\,N$, c'est-à-dire après une rotation α de la manivelle à partir de son point mort Æ. Menons donc (*fig.* 29) le rayon $O\,B$ qui fait l'angle α avec la position initiale de la manivelle Æ et traçons le cercle des écarts relatifs avec un rayon $O\,B = M_1\,M_2 = \rho$. Nous savons alors que, pour le point B, les axes des tiroirs coïncident, c'est-à-dire que les tiroirs sont dans la position des fig. 13 et 31, et la détente commencera quand l'arête de droite de la plaque de détente aura parcouru le chemin relatif a'; menons donc la parallèle $b\,b_1$ à $B\,B_1$ à une distance a', et nous voyons que, pour la position $O\,b\,A$ de la manivelle, l'écart des axes de tiroirs étant a', la détente commence et la période de pleine introduction est mesurée par $A\,a$.

L'orifice reste fermé depuis la position $O\,b$ jusqu'à $O\,b_1$, par conséquent il n'y a pas de réintroduction de vapeur possible, comme dans la distribution Meyer. Cette épure approchée permet,

Fig. 31.

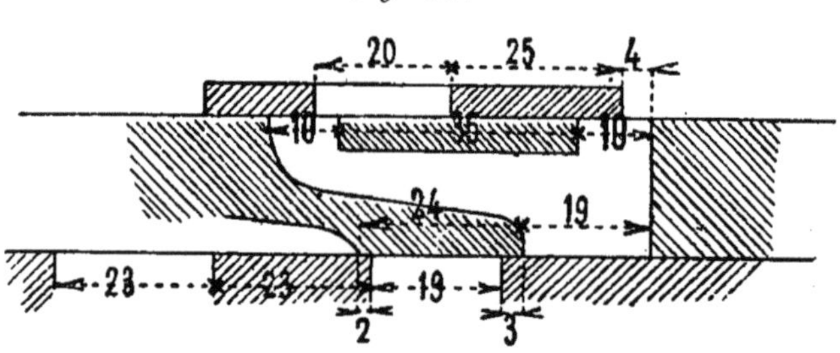

comme dans les exemples précédents, de se rendre compte de toutes les conditions de la distribution pour le cran particulier que nous avons considéré.

Supposons maintenant (*fig.* 28) que le coulisseau soit mis à un cran quelconque, soit d'abord le cran moyen P_3 sur l'axe $X_1\,X'_1$; le point P_3 peut être considéré comme ayant même mouvement que la coulisse si, pour un cran déterminé, on néglige le petit glissement du coulisseau et alors les points M_2 et P_3 (*fig.* 28) participent au même mouvement alternatif de rotation de la coulisse, de sorte que nous pouvons admettre que le mouvement du coulisseau P_3, et par suite du tiroir pour ce cran, n'est autre chose que le mouve-

20

-ment déjà étudié du point M_2 modifié proportionnellement dans le rapport des distance $O_1 P_3$ et $O_1 M_2$

$$\frac{O_1 P_3}{O_1 M_2} = K$$

De sorte que si, sur le rayon $O D'_2$ nous prenons le point D'_3 tel que l'on ait

$$\frac{O D'_3}{O P'_3} = \frac{O_1 P_3}{O_1 M_3} = K$$

le mouvement du tiroir pour le cran P_3 sera le même que celui d'un excentrique fictif D'_3 de rayon

$$r_3 = O D_3 ,$$

ayant une barre d'excentrique de longueur l_2 et conduisant sa course sur l'axe $O X$. Dès lors, nous marquons le point M_3 (*fig.* 31) qui partage la longueur $O M_2$ dans le rapport K, nous joignons $M_1 M_3 = \rho_3$ qui nous donne le rayon ρ_3 du cercle des écarts relatifs pour le cran moyen et l'épure se fera alors pour ce cran comme pour le précédent en prenant l'angle α_3 et nous voyons (*fig.* 29) que la détente commence au moment Ob , et que la période de pleine introduction est $A_3 a_3$ ($\alpha_3 = 39^o$).

Pour les crans supérieur et inférieur $P P'$ (*fig.* 28) du coulisseau nous obtiendrons les points M_4 et M_5 (*fig.* 31) et nous voyons que, tandis que le coulisseau va se déplacer sur la coulisse, l'excentrique fictif qui donnera le mouvement correspondant du tiroir le déplacera entre $M_4 M_5$ et la longueur $M_4 M_5$ avec son point milieu M_3 nous représentera une échelle du cran correspondant à ceux du coulisseau et du point de suspension.

§ 54

Epure exacte.

On voit que cette épure approchée admet une approximation qui dépend des proportions relatives des données de la distribution et qu'il peut arriver que l'erreur commise soit très sensible.

Nous allons examiner comment on peut mettre exactement en place les différents éléments de la question et nous verrons que la méthode des gabarits permet d'obtenir des constructions pratiques et rapides.

Supposons que nous avons tracé les pièces de la distribution dans la position suivante qui sert de point de départ à l'étude de la machine. Soit *XX'* l'axe du cylindre et *O* l'axe de l'arbre moteur, *N* et *Æ* les deux points morts de la manivelle, les deux excentricités sont en D_1 et D_2 et la barre d'excentrique qui commande la coulisse est en $D_2 M$, le point *M* se trouvant sur l'axe de la machine

Fig. 32.

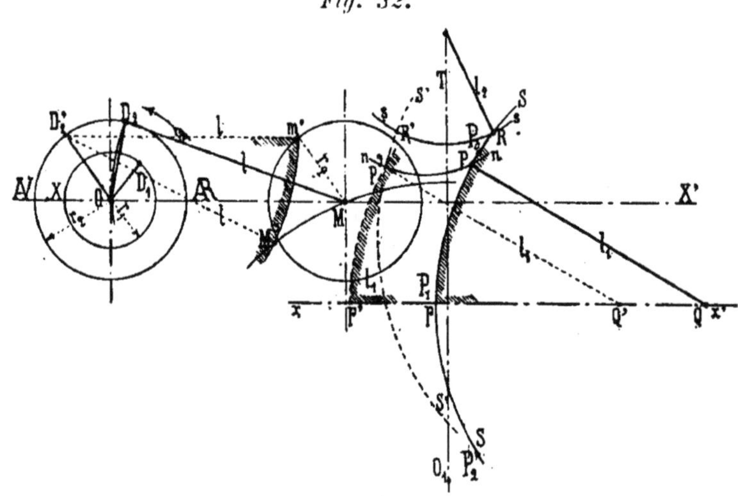

tandis que l'extrémité D_2 occupe une position D_3 telle que l'arc de cercle $D_3 O$ de rayon *l*

$$l = D_2 M$$

passe par le centre *O* (*fig.* 32).

Nous avons tracé (*fig.* 33), à une grande échelle la coulisse avec le coulisseau. Cette coulisse, représentée également dans l'ensemble de la distribution (*Pl.* 19, *fig.* 1) peut osciller librement autour du point fixe O_1 et est mise en mouvement par l'articulation M.

Fig. 33.

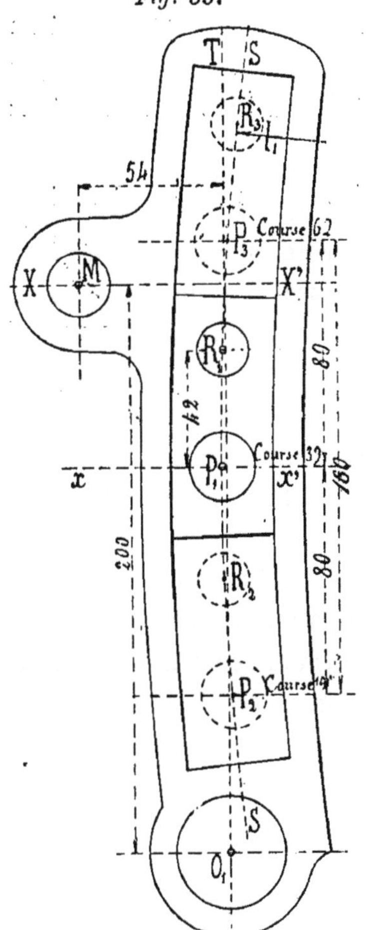

Cette coulisse présente une fente dont la ligne médiane est un arc de cercle SS ayant pour rayon la longueur l_1 égale à la longueur PQ

$$l_1 = PQ$$

de la barre PQ qui s'articule au coulisseau et transmet le mouvement à la tige du tiroir de détente. La droite O_1T est tracée de manière à partager assez également l'arc SS (*fig.* 33) de façon que le point P_1 pris sur l'arc au milieu de l'écartement des deux autres points P_2, P_3 de l'arc, se trouve autant éloigné à gauche que ces points P_2, P_3 sont à droite. Au moment où nous considérons les différents organes de distribution, la droite O_1T est supposée normale aux axes XX' de la machine et xx' du tiroir de détente, et le point P_1 se trouve alors sur la droite xx'; cette condition, qui se trouve le plus souvent réalisée, suppose que l'axe xx' du tiroir est parallèle à celui de la machine XX', ce qui a lieu ordinairement; s'il en était autrement, l'axe xx' devrait se trouver normal à la droite O_1T et ce serait l'axe XX' qui serait oblique; on se rendra facilement compte que cette condition ne changerait rien à la méthode que nous allons exposer. Faisons encore remarquer que le centre de l'arc de cercle SS se trouve sur l'axe xx'. Nous avons tracé (*fig.* 33) le gabarit de la coulisse afin de montrer comment le coulisseau se déplace; il est représenté à la position P_1 sur l'axe xx' du tiroir, c'est la position moyenne de marche; la course totale du coulisseau est 160; c'est le régulateur qui déplace le coulisseau et les deux positions extrêmes P_2, P_3, symétriques par rapport à P_1, correspondent aux plus grands déplacements bas et haut du régulateur.

Dans la coulisse on voit le coulisseau qui porte deux articulations P_1 et R_1 ; l'articulation P_1 sert à transmettre le mouvement au tiroir et l'articulation R_1 reçoit l'extrémité du levier de suspension représenté dans l'ensemble (*Pl.* 20, *fig.* 1) En déplaçant le point fixe d'oscillation du levier de suspension on modifie la position du coulisseau dans la coulisse et il en résulte un changement de détente, on dit pour cette raison que l'*on a changé le cran de détente.*

Mettons la coulisse en position sur la fig. 32 en faisant coïncider l'articulation M de la coulisse avec l'extrémité M de la barre d'excentrique et en marquant le point fixe O_1. Nous traçons seulement la droite $O_1 T$ et l'arc de cercle SS. Nous supposons que l'articulation de suspension du coulisseau est en R et nous marquons l'arc de cercle $s\ s$ ayant pour rayon la longueur l_2 du levier de suspension, généralement le centre de cet arc est sur le prolongement de $O_1 T$. Par suite, l'autre articulation du coulisseau sera en P.

Nous voyons que, pendant la rotation de la machine, la coulisse reçoit un mouvement oscillatoire tandis que l'articulation M décrit un arc de cercle MM' de rayon $O_1 M$, l'articulation R l'arc de cercle $s s$, et l'articulation P une courbe $n\ n$, différant peu d'ailleurs d'un arc de cercle parallèle à $s\ s$. Il résulte des conditions spéciales que nous avons admises que l'arc de cercle $S\ S$ de la coulisse a son centre sur l'axe $x\ x'$, précisément au point Q où se trouve l'articulation de la barre $P\ Q$.

Supposons maintenant qu'à partir de cette position spéciale la machine tourne de façon à amener l'excentricité D_2 en D'_2, quelles sont les positions simultanées des organes de la distribution ?

L'intersection de l'arc de cercle $M'\ m'$ de rayon

$$l = D'_2\ M'$$

avec l'arc de cercle MM' déjà tracé, nous donne la position M' de l'articulation de la coulisse et les deux points M' et O_1 nous permettent de mettre en position la coulisse et de tracer l'arc de cercle $S' S'$ de coulisse avec un gabarit relevé sur la figure de la coulisse (*fig.* 33) ; l'intersection de l'arc $S' S'$ avec l'arc $s s$ donne la position R' du point de suspension et prenant

$$R' P' = R P$$

nous obtenons la position P' de l'extrémité de la barre $P' Q'$ que nous pouvons mettre en place. C'est le procédé graphique ordinaire, il exige une feuille de papier très grande et, par suite, les tracés sont pénibles et peu exacts quand il faut trouver un grand nombre de points.

Prenons l'intersection de l'arc de cercle $M' m'$ avec l'horizontal $D'_2 m'$, nous voyons que le point fictif m' décrira une circonférence de rayon r_2 de la même manière que l'excentricité D'_2 ; nous rétrouvons ici l'application de la méthode des gabarits. Nous faisons un gabarit $m' M'$ de rayon l, puis sur la circonférence de centre M et de rayon r_2 nous marquons directement la position connue de l'excentricité et en orientant convenablement le gabarit nous trouvons de suite la position M'. On voit donc, qu'en déplaçant successivement le gabarit suivant la circonférence, l'intersection M' reproduira exactement sur l'arc MM' le mouvement de l'articulation de la coulisse. Nous supprimons ainsi toute la partie de la figure qui est à gauche du gabarit.

Nous pouvons opérer d'une manière analogue pour la barre $P' Q'$. Du point Q' comme centre avec $P' Q'$ comme rayon, nous décrivons un arc de cercle $P' p'$ et nous voyons que, dans le mouvement de la barre $P' Q'$, le point P' va se déplacer sur une courbe $n n$ et que le point fictif p' aura même mouvement que le point Q' de la tige du tiroir; si on a un gabarit $P' p'$ de rayon l_1, on pourra obtenir de suite le déplacement du point p' et nous remarquons que pour la position D_2 de l'excentricité, le gabarit va se superposer au gabarit $P p$ de l'arc de la coulisse. L'épure pourra être faite avec des dimensions très réduites, et devient très simple.

Construction de l'épure.

Sur une feuille de papier à calquer nous traçons (*fig.* 33) la coulisse à une grande échelle (il est facile d'opérer grandeur d'exécution) et nous marquons les centres O_1 et M, les axes de la machine et du tiroir, l'axe rectiligne $O_1\,T$, l'arc $S\,S$ du milieu de la coulisse dont le rayon est l_1 et le coulisseau avec l'axe de suspension R_1 et l'articulation P_1 de la barre; les positions extrêmes de cette articulation sont P_2 et P_3. Pour faire l'épure, nous reproduisons seulement (*fig.* 34) les points O_1 et M, les axes $X\,X'$, $x\,x'$,

Fig. 34.

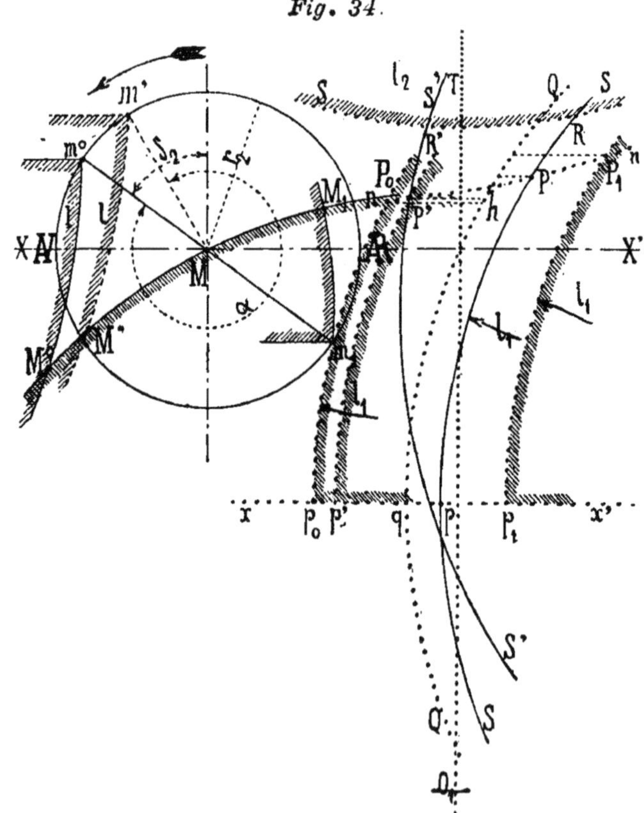

$O_1\,T$, $S\,S$. Du point M comme centre avec un rayon r_2 égal à l'excentricité du tiroir de détente, nous décrivons une conférence; nous supposons que la rotation de la manivelle se fait dans le

sens de la flêche et *N*, *Æ* représentent les deux fonds de course. Quand la manivelle est au fond de course *Æ*, l'excentricité se trouve en m_0 et nous traçons le diamètre $m_0\ m_1$ qui fait l'angle d'avance δ_2 avec le diamètre vertical. Du point O_1 comme centre avec $O_1\ M$ comme rayon nous traçons l'arc de cercle M M′.

Pour un moment quelconque déterminé par une rotation α de la manivelle à partir de son point mort *Æ*, l'excentricité est en m' et nous obtenons de suite la position *M′* de l'articulation *M* de la coulisse par le gabarit de rayon *l*. Nous pouvons alors prendre le gabarit de la coulisse (*fig.* 33) et le mettre en position en plaçant le calque de telle façon que le point *O* coïncide avec le point O_1 de la figure 34 et que le point *M* coïncide avec *M′*, l'arc *S S* du gabarit prendra la position *S′ S′*. On fait l'épure pour un certain cran de suspension qui est connu, par conséquent avec le gabarit

Fig. 35

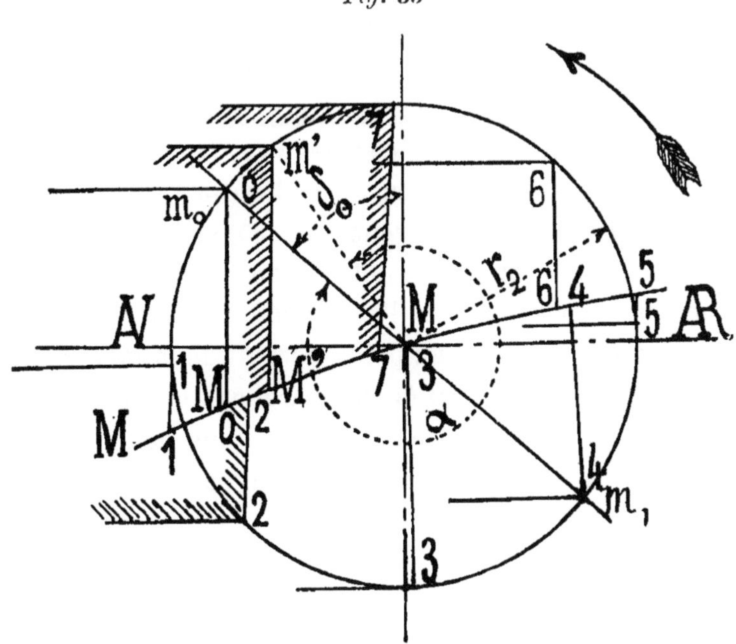

de rayon l^2 nous avons pu tracer au préalable l'arc de suspension *s s*; il est figuré en pointillé parce qu'il est vu sous le calque. L'intersection *R′* de cet arc avec l'arc *S′ S′* donne la position de l'articulation de suspension du coulisseau ; si alors avec une ouverture de compas égale à $R\,P$ on marque sur l'arc $S'S'$ le point P tel que

$$R'\,P' = R\,P$$

on peut avec une pointe marquer le point P' à travers le calque et en enlevant le calque on trouve le point P' qui est la position de l'articulation de la barre avec le coulisseau. Avec le gabarit de rayon l, nous trouvons de suite la position correspondante p' du tiroir. On voit que, pour une autre position de l'excentricité, il suffira de déplacer le gabarit de la coulisse pour obtenir la nouvelle position du tiroir et nous verrons même que l'on pourra se dispenser du gabarit l_1. Pour chaque cran de détente, il faudra déterminer un certain nombre de positions du tiroir.

Nous allons indiquer une méthode qui permet de faire rapidement toutes ces déterminations.

Nous traçons tous les arcs *ss* de suspension de la coulisse qui répondent aux crans de détente que nous voulons examiner. Prenons par exemple les courbes *ss I, II, III* correspondant aux positions extrêmes et milieu du coulisseau P_2, P_1, P_3 (*fig.*2, *Pl.* 20). Nous divisons la circonférence (*fig.* 35) en un certain nombre de parties égales à partir du point m_0, soit 8 divisions 0, 1, 2, 3, 4, 5, 6, 7 donnant 8 positions de l'excentricité ; nous rappelons que la position *0* correspond au point mort *Æ* de la manivelle. Sur l'arc *M M*, à l'aide du gabarit l nous marquons les positions 0, 1, 2, 3, 4, 5, 6, 7 de l'articulation de la coulisse, puis nous mettons successivement le calque de la coulisse en position sur chacun de ces points, tout d'abord sur le point 0. Sous le calque nous voyons les arcs de suspension *ss I, II, III* ; et avec une ouverture de compas égale à $R_1\,P_1$ du coulisseau, nous pointons les points *O* des trajectoires *I, II, III* ; on voit que, même avec un grand nombre de crans de suspension, ce pointage peut se faire rapidement. Nous enlevons alors le calque ; nous trouvons la trace des points marquée à la pointe sèche et nous les numérotons 0. Nous recommençons la même opération pour la position 1 et nous obtiendrons ainsi pour chacun des crans de détente une succession de points 0, 1, 2, 3, 4, 5, 6, 7. Il faut remarquer que ce procédé qui est parfaitement rigoureux et exact est très-expéditif parce que l'on peut opérer rapidement et sans hésitation dès que l'on a déterminé quelques points.

Il faut maintenant passer aux positions correspondantes du tiroir au moyen du gabarit l_1. Tous les points des différents crans de détente (*fig*. 34) viendraient se confondre sur la droite $p_0\ p_1$ et les résultats ne conserveraient pas de netteté. La remarque suivante permet d'éviter cette confusion. Soit (*fig*. 34) les points P_0, P_1, sur la trajectoire nn qui correspondent aux points morts Æ, *N* de la manivelle ; les positions du tiroir sont p_0, p_1. Nous supposons que le cran de détente convient à la marche normale de la machine et que c'est pour ce cran que nous faisons le réglage ; si le tiroir de distribution dans ces deux positions est symétriquement placé par rapport à l'axe de la glace, (ce qui doit être si nous sommes réglés avec des avances linéaires à l'introduction égales pour ce cran) le tiroir de détente pour être bien réglé doit découvrir également les orifices sur le tiroir de distribution et par conséquent son axe doit dans ces deux positions être placé symétriquement par rapport à l'axe de la glace. Les écarts du tiroir de distribution étant mesurés par rapport à l'axe de la glace, nous les compterons de même pour le tiroir de détente et nous voyons que le point q milieu de $p_0\ p_1$ donne la position de l'axe de la glace par rapport à ces points $p_0\ p_1$. Généralement le réglage se fait pour le cran *II* du milieu de la coulisse et on trouve que le point q tombe un peu à gauche de l'arc $S\ S$ de la coulisse placée verticalement.

Soit maintenant (*fig*. 34) une position quelconque m' de l'excentricité et le point P' correspondant sur la trajectoire ; le tiroir est en p' et son écart est $p'q$. Si nous traçons un arc $Q\ q\ Q$ de rayon l_1 parallèle à l'arc $S\ S$ de la coulisse, il sera parallèle aux arcs $P_0\,p_0$, $P'p'$ et en menant par P' une parallèle à l'axe $x\ x'$, elle interceptera avec l'arc $Q q Q$ une longueur $P' h$ donnant directement l'écart du tiroir, car on a

$$P' h = p' q$$

Donc, il est inutile de mener les arcs $P_0\ p_0$, $P'\ p'$ etc., il suffira de mener par chacun des points P_1, P', P des parallèles à l'axe xx ; ces parallèles sont très-rapprochées mais ne se confondent pas. Nous voyons donc (*fig.* 34) qu'il faudra mener l'arc $Q\ q\ Q$ par le milieu de l'écartement des points 0 et 4 cran *II* et tous les points marqués sur le papier donneront directement les écarts de l'axe du tiroir par leur distance à cet arc. Nous retrouvons toujours les simplifications qui viennent de l'emploi des gabarits et des courbes parallèles. Nous avons reproduit (*fig.* 2, *Pl.* 20) les résultats obtenus sur la feuille de papier fixe en pointant à l'aide du calque mobile. Cette épure donne à l'échelle 1/2 les déplacements du petit tiroir de la distribution dont les principaux éléments sont cotés (*Pl.* 19 *et* 20). On voit pour les crans *I*, *II*, *III*, les arcs de suspension *s* du coulisseau et les courbes tracées par les points de l'articulation *P*. Les distances horizontales de ces points à l'arc $Q\ Q$ sont les écarts correspondants de l'axe du tiroir à sa position moyenne ; de sorte que, après avoir fait les déplacements successifs du calque gabarit, on trouve (*fig.* 2, *Pl.* 20) en quelque sorte le tableau graphique de tous les écarts.

Superposition des deux tiroirs.

Nous devons maintenant faire l'épure de la marche relative des deux tiroirs. L'épure de la marche du tiroir de distribution se fait par notre méthode ordinaire. Nous traçons (*fig.* 4, *Pl.* 20) le cercle O de rayon r_1 égal à l'excentricité du tiroir de distribution, nous faisons l'angle d'avance δ_1 qui déterminera l'axe des coïncidences $D_0\ D_d$; ici la barre d'excentricité est très-longue et il suffit de prendre une droite au lieu de l'arc des coïncidences ; l'épure est complétée par les droites de recouvrement extérieur et intérieur. Pour une position M quelconque de la manivelle, l'écart du tiroir de distribution est Mm ; nous porterons l'écart du tiroir de détente par rapport à la glace, sur la même normale à partir du point m et si l'écart est $m\ M'$, l'écart relatif des deux tiroirs sera représenté par $M\ M'$. Nous divisons la circonférence en 8 parties égales à partir de Æ ; par les points de division nous abaissons des perpendiculaires sur $D\ D_1$ et sur ces droites nous portons les écarts du tiroir ; nous obtenons ainsi les points 0, 1, 2, 3, 4, 5, 6, 7, de la courbe III ; les segments compris entre cette courbe et le cercle représentent les écarts relatifs ; la coïncidence des axes des deux tiroirs a lieu en I et I'.

Pour trouver le moment où commence la détente c'est-à-dire le moment de coïncidence des arêtes nn', rs (*fig.* 13), nous remarquons qu'à l'instant I ces arêtes sont éloignées de la quantité a' et les deux tiroirs marchent dans le même sens ; donc la détente commencera quand les axes, qui coïncident au moment I, se seront écartés de la quantité a' ; sur l'axe $X_0\ X_0$ nous prenons un centre ω tel que

$$\omega\ 0 = a'$$

et nous traçons un cercle avec le même rayon que le premier, ce cercle coupe la courbe III en F ; à ce moment F l'écart relatif est devenu

$$x_0\ X_0 = a'$$

et la détente commence. La normale Ff donne la position f correspondante de la manivelle et la fraction de pleine introduction est donnée par la parallèle $f\ N$.

Il faut remarquer que la surface comprise entre la courbe III et l'arc de cercle transporté $F\ x_0 m'$ représente l'ouverture de la lumière sur le tiroir de distribution ; ainsi pour la position M de la manivelle, la vapeur trouve une ouverture $M'\ m'$ sur le tiroir de distribution et $M\ m''$ sur la glace.

Nous avons tracé de même les courbes II et I et nous trouvons les fermetures F'' et F'''. Il faut remarquer que dans cette distribution toutes les courbes se coupent aux mêmes points $n\ n'$. Cela devait être ainsi, car la coulisse étant construite avec un rayon l_1 égal à la longueur de la barre, quand la coulisse est verticale, le tiroir ne se déplace pas si on change le cran de suspension ; c'est à ce moment que les courbes coïncident. Les points n et n' de coïncidence sont très rapprochés de l'axe $D\ D_1$, mais ne tombent pas généralement sur cette droite ; cela dépend du réglage.

Nous ne nous arrêtons pas à montrer comment la méthode des gabarits, qui permet de passer facilement d'un point à un autre, peut servir à déterminer les points importants pour le tracé exact des courbes ; nous indiquerons seulement la solution d'une question qui se présente souvent.

Quel est le cran de suspension qui correspond à une détente déterminée ? Soit par exemple une admission de 0,2. Pour une course du piston de 0,2 la manivelle (*fig.* 4, *Pl.* 20) est en M_1, donc la courbe de ce cran doit couper la circonférence x_0 en m'_1 et au moment où la détente commence, le tiroir de détente est éloigné de l'axe de la glace de la quantité $m'_1\ m_1$. Nous marquons (*fig.* 34) la position D' de l'excentricité pour la course du piston de 0,2 et nous mettons le calque de la coulisse en position. Nous déplaçons ensuite par des tâtonnements successifs l'arc de suspension jusqu'à ce que l'écart du tiroir se trouve être égal à $m'_1\ m_1$; ce résultat s'obtient rapidement.

La forme des courbes indique qu'il y a des pertubations qui viennent d'un petit déplacement du coulisseau dans la coulisse pour un même cran ; ce déplacement important à apprécier pour ne pas faire une coulisse qui s'oblique trop, se constate facilement quand on marque les points sur le calque et atteint 6 à 7 millimètres.

Cette méthode permet en quelque sorte de reproduire le mouvement de tous les organes de la distribution. On voit aussi que les trajectoires n du coulisseau sont des courbes en forme de huit très aplaties et peu régulières (*fig.* 2, *Pl.* 20.)

CHAPITRE X

TRAJECTOIRE D'UN POINT INTERMÉDIAIRE DE BIELLE

§ 55.

Distribution Sulzer 1er type

Nous allons étudier maintenant le mouvement obtenu par un point situé entre les deux extrémités d'une bielle ou d'une barre d'excentrique ; nous en trouvons un exemple dans la distribution de MM. Sulzer frères, de Wintherthur. On trouve dans le Centre et l'Est de la France de nombreux exemples de cette distribution appliquée dans les machines construites par MM. Satre et Averly, concessionnaires du brevet.

On verra par cette étude toute la généralité que peuvent comporter nos méthodes, et on pourra se rendre compte de la possibilité de s'en servir pour examiner facilement toute distribution commandée par des bielles ou des barres d'excentrique.

Dans cette distribution, on obtient l'admission et l'évacuation de la vapeur au moyen de quatre soupapes équilibrées. Les deux soupapes d'évacuation sont mues par l'intermédiaire de cames ; celles d'admission sont actionnées par un système à taquet permettant de faire agir le régulateur pour faire varier la détente dans de bonnes conditions. Nous ne nous occuperons que de ce mouvement.

Sur un arbre *A* (*Pl.* 12) parallèle au grand axe de la machine est calée une poulie d'excentrique qui donne le mouvement à une barre à fourche d'excentrique *A F* dont l'extrémité se meut en ligne droite ou sur un arc de cercle ; sur la barre est fixé un taquet *V* qui, dans son mouvement, peut venir rencontrer un autre taquet invariablement relié à une tige articulée aux leviers *L* et *H* généralement égaux ; cette tige est placée entre les deux branches *F* de la barre d'excentrique et nous avons en *L* sur la figure trois leviers superposés. Le levier du milieu fait corps avec un autre levier qui, par une disposition facile à comprendre, actionne la tige *N Q* portant la soupape équilibrée d'admission *N*.

Un ressort *Q* applique la soupape sur son siège et est destiné à assurer la rapidité de la fermeture au moment du déclanchement.

Il est facile de se rendre compte du fonctionnement de ce dispositif. Le taquet *V*, entraîné par la barre double, décrit une courbe elliptique et dans son mouvement de haut en bas, il vient heurter l'autre taquet qu'il pousse devant lui en même temps qu'il glisse de droite à gauche, de sorte que, après un temps déterminé de contact, les arêtes échappent et on dit qu'il y a déclanchement. On voit que, pendant toute la durée du contact, la soupape *N* est soulevée et que, au moment du déclanchement, elle est brusquement appliquée sur son siège. Le levier *H* est lui-même articulé à un levier coudé *G I* qui reçoit l'action du régulateur par la tige *J*. On comprend que l'action du régulateur a pour but de relever ou d'abaisser le taquet *H*, ce qui modifie la durée du contact et par suite fait varier l'admission.

Nous nous proposons d'abord de construire la courbe décrite par l'arête du taquet *V* et de déterminer les positions simultanées de ce taquet et de la poulie d'excentrique. Nous supposons d'abord que le mouvement de l'extrémité de la barre *F* est rectiligne.

§ 56.

Théorie et épure approchée.

Soit *pM* (*fig.* 36) une position quelconque de la barre d'excentrique, *M* est le centre de la poulie d'excentrique. L'arête de contact du taquet V est en ce moment en m ; la courbe décrite par le point m a l'allure d'une ellipse, mais en diffère un peu.

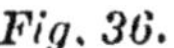
Fig. 36.

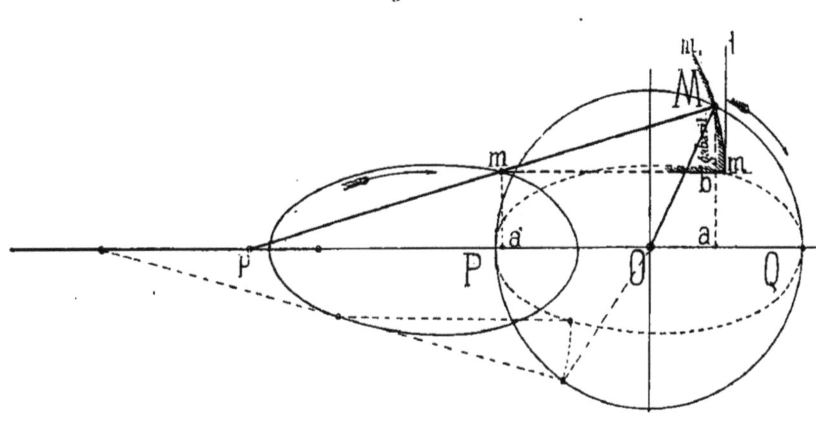

Par le point m menons une parallèle $m'm$ (1) à l'axe pO et de m comme centre avec un rayon égal à mM décrivons un arc de cercle qui donne avec $m'm$ l'intersection m'. Si nous faisons une construction analogue pour chaque position de la barre d'excentrique, nous voyons que, tandis que le point m parcourra la trajectoire du mouvement du taquet, le point m' déterminera une courbe semblable qui n'est autre que la première courbe transportée d'une quantité mM parallèlement à pO. Nous remarquons en outre que deux positions simultanées des points M et m' sont reliées entre elles par un arc de cercle $M\,m'$ dont le rayon est constant et dont la tangente au point m' est toujours normale à la direction pO du transport. Quand on connaîtra une position telle que M de l'excentricité, et la parallèle correspondante $m'm$, on pourra donc avec un gabarit $m'm_1$ trouver rapidement et exactement la position du point m' qui représentera le taquet V sur sa trajectoire.

Il est facile de tracer la parallèle $m'm$ sans avoir le point m ;

(1) Le point m' est l'intersection de l'arc m_1 qui passe par le point M avec l'horizontale du point m.

on voit en effet que le rapport des longueurs $m\,a'$, $M\,a$ est constant

$$\frac{m\,a'}{M\,a}=\frac{p\,m}{p\,M}$$

il suffira donc de mener une parallèle à $P\,Q$ de telle manière qu'elle partage $M\,a$ dans le rapport indiqué.

Il résulte de tout ceci que nous pourrons à une grande échelle tracer la trajectoire du mouvement du taquet, en nous servant seulement d'une feuille de papier capable de contenir le cercle O d'excentricité.

Fig. 37

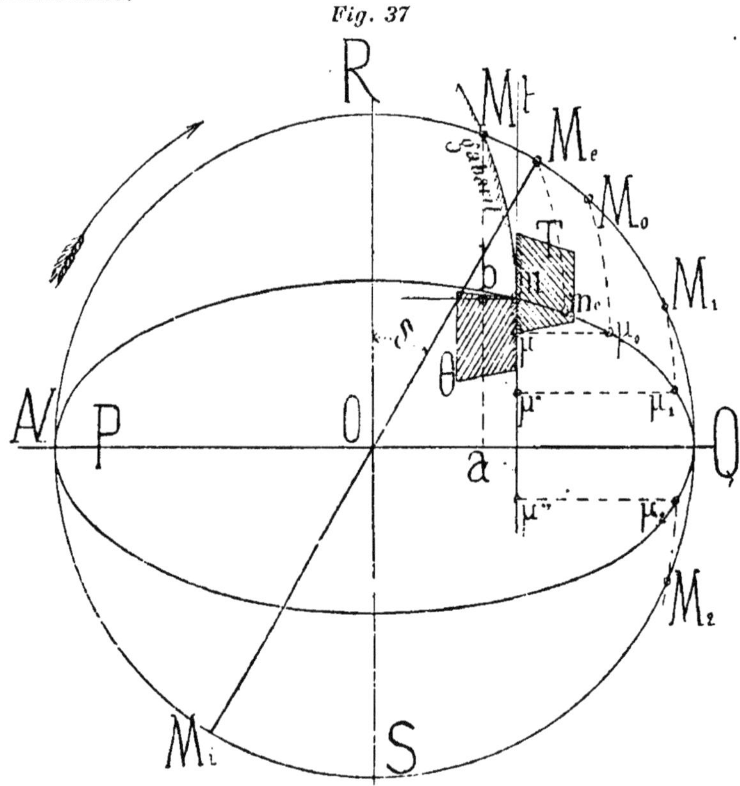

Soit (fig. 36) M *une position quelconque de l'excentricité, nous partageons l'ordonnée* M a *de ce point dans le rapport indiqué*

$$\frac{p\,m}{p\,M}$$

et nous menons une parallèle à P Q *par le point* b *de division ; nous possédons un gabarit ayant pour rayon la longueur* m′ m *et en faisant glisser ce gobarit comme une équerre le long de la parallèle jusqu'à ce qu'il vienne passer par* M, *nous déterminerons le point* m′. La courbe une fois construite par points, le gabarit servira à passer de la position du taquet à celle de l'excentricité ou inversement. Ce résultat est une généralisation de la méthode des gabarits et on voit qu'il permet d'étudier le mouvement simultané d'un point intermédiaire d'une bielle. Ce point décrit une courbe elliptique qui a reçu de nombreuses applications.

Supposons maintenant que m soit la position de l'arête du taquet θ quand il rencontre le taquet T et que le contact (*fig.* 37) ait lieu sur toute la longueur $m\,\mu$; l'arête inférieure du taquet T est alors μ. Nous admettons d'abord que le taquet T a un mouvement rectiligne parallèle à $P\,Q$, quand il est poussé par le taquet θ. Le contact des taquets aura lieu jusqu'à ce que l'arête m soit arrivée en μ_0, intersection avec la courbe elliptique de la parallèle $\mu\mu_0$ qui passe par l'arête inférieure du taquet T. Si M_0 est la position correspondante de l'excentricité, on voit qu'il y a admission pendant le parcours $M\,M_0$ et que la détente commence en M_0.

Supposons maintenant que le régulateur fasse varier la position du taquet T et que le mouvement soit rectiligne et normal à $P\,Q$.

Par les diverses positions μ', μ'' de l'arête du taquet T, nous menons des parallèles à $P\,Q$ et nous obtenons les positions $\mu_1\,\mu_2$ du taquet θ quand la détente commence et par suite les positions de l'excentricité M_1, M_2. On voit que l'ouverture de l'admission se fait toujours au même point M et que, la distance des points $\mu\,\mu'\mu''$ représentant des quantités proportionnelles aux déplacements du régulateur, il est facile de se rendre compte de l'action de ce dernier sur la détente. D'autre part, les longueurs $\mu\,\mu_0$, $\mu'\,\mu_1$, $\mu''\mu_2$ représentent les ouvertures maxima de la soupape ; dès que les taquets échappent aux points μ_0, μ_1, μ_2 un ressort fait tomber rapidement la soupape sur son siège.

La disposition du régulateur est représentée en plan (*Pl.*12, *fig.*3); le mouvement est donné par les engrenages B et C et on voit le levier oblique mû par le régulateur qui actionne le levier GI par la tringle J.

§ 57

Epure exacte.

Nous allons maintenant tracer l'épure exacte, en tenant compte des mouvements curvilignes que nous avons négligés.

Sous l'action du régulateur, le taquet T ne se meut pas sur une droite normale à PQ comme nous l'avons supposé ; la courbe décrite par l'arête μ de ce taquet peut varier suivant les dispositions de chaque machine. En tout cas, il est facile de connaître cette courbe et de la tracer à part. Dans le cas actuel, cette courbe est un arc de cercle décrit avec la longueur de la tige F pour rayon (*Pl.* 12) ; pour la mettre en position il suffit de se rappeler que cette courbe sur l'épure n'est autre chose que la courbe tracée sur la machine à laquelle on a fait subir un transport parallèle à PQ d'une quantité $m'\,m$ (*fig.* 36). Nous obtiendrons ainsi une épure analogue à la précédente dans laquelle la droite $\mu''\,\mu'\,m$ sera remplacée par une courbe (*fig.* 37).

Fig. 38.

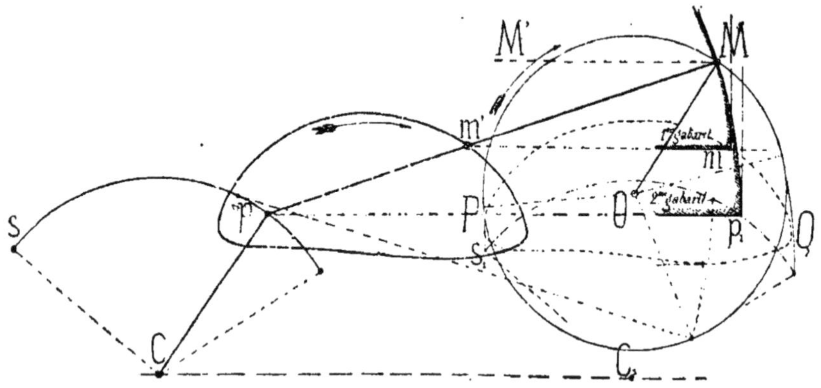

Quand le taquet T est poussé par le taquet θ, il ne se meut pas suivant une droite ; le mouvement se fait ordinairement suivant un arc de cercle. Comme les droites parallèles $\mu\,\mu_0$, $\mu'\,\mu_1$, μ_2 représentaient (*fig.* 37) les trajectoires de l'arête du taquet T, il suffira de modifier ces droites au moyen d'un gabarit calqué sur la courbe du mouvement du taquet T et de tracer des courbes parallèles par les points μ, μ', μ'' ; les intersections de ces courbes avec la courbe de forme elliptique feront connaître les positions du taquet θ et de l'excentricité au moment où commence la détente.

Il nous reste à tracer exactement la trajectoire du taquet θ quand le coulisseau de la barre d'excentrique ne se meut pas en ligne droite. Soit $s\,p$ (*fig. 38*) la trajectoire quelconque du coulisseau ; nous allons tracer la trajectoire correspondante d'un point quelconque m' de la barre.

Nous transportons d'abord la courbe $s\,p$ parallèlement à la direction quelconque $C\,C_1$, d'une longueur égale à $p\,M$, nous obtenons ainsi la courbe $s_1\,p_1$ et

$$p\,p_1 = p\,M$$

Par m' nous menons une parallèle à la direction $C\,C_1$ et nous prenons

$$m'\,m = m'\,M$$

Le point m est l'intersection de l'arc $M\,m$ avec la droite $m'\,m$. Par M menons une parallèle à $C\,C_1$; nous voyons que la parallèle $m'\,m$ partage l'écartement des parallèles $M'\,M$, $p\,p_1$ dans le rapport constant

$$\frac{p\,m'}{p\,M} = K$$

dès lors, nous pouvons tracer la trajectoire du point m en employant presque le même procédé que précédemment (page 169).

Nous prenons d'abord le gabarit de l'arc $m\,p_1$ et celui de l'arc Mm.

Connaissant un point quelconque de l'excentricité M, nous marquons le point p_1 à l'aide du gabarit $M\,p_1$ et nous menons une droite $m'\,m$ qui partage le rapport

$$\frac{p\,m'}{p\,M} = K$$

la distance des points M et p_1 comptée dans une direction normale à $p\,p_1$. Nous marquons alors le point m sur la droite $m'\,m$ à l'aide du gabarit Mm' comme nous l'avons déjà indiqué plus haut. Nous pourrons donc obtenir à une grande échelle la trajectoire exacte du point m' par un procédé graphique relativement expéditif, sur une feuille de papier capable seulement de contenir le cercle O (1).

Fig. 39.

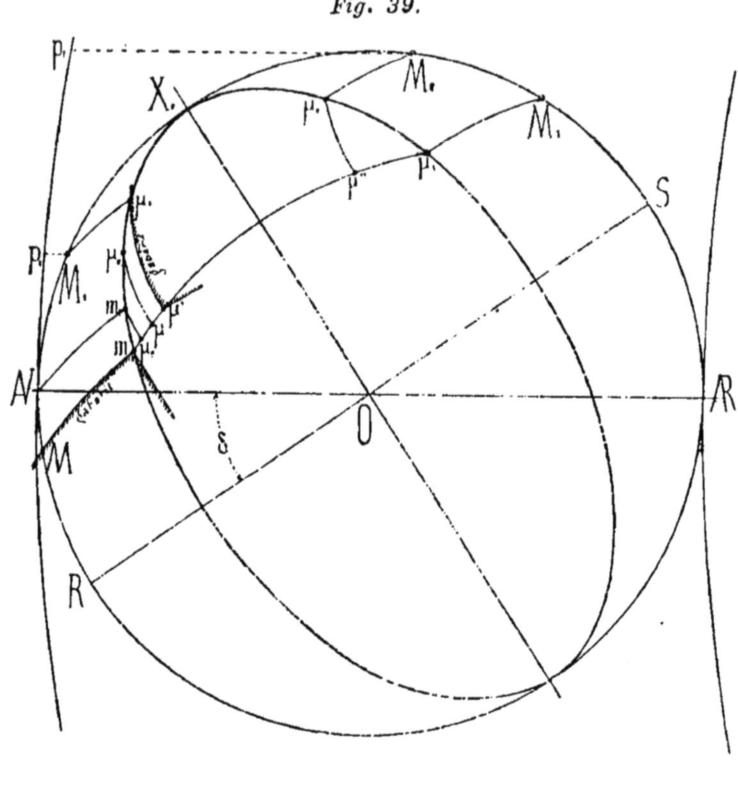

§ 58

Epure complète.

Nous allons établir le rapport qui existe entre les mouvements que nous venons d'étudier et ceux de la manivelle et du piston,

(1) Pour donner encore plus de généralité à la question qui peut servir d'exemple pour tous les problèmes analogues, nous ferons remarquer que les tracés d'épure resteraient les mêmes, si au lieu du cercle d'excentricité nous avions une courbe quelconque ; la barre pourrait donc être conduite par une came, ou tout autre genre de guidage, il suffirait de remplacer la circonférence par cette nouvelle courbe.

afin de pouvoir grouper sur un même cercle toutes les données de la distribution. Quand l'admission commence, c'est-à-dire quand l'excentricité est en M (*fig.* 37) et le taquet θ en m la manivelle est voisine de son point mort.

Soit M_0 la position de l'excentrique quand la manivelle est au point mort, l'angle δ est ce que nous avons appelé *l'angle d'avance* ou *le calage* de l'excentrique ; cet angle est connu et peut facilement se mesurer sur les dessins de la machine. Ceci établi, nous allons faire (*fig.* 39) l'épure complète et exacte de la distribution ; cette épure est tracée en tenant compte de toutes les corrections dont nous avons parlé.

Nous traçons à une grande échelle une circonférence qui doit représenter la trajectoire de l'excentricité ; nous supposons que la manivelle de la machine est réduite à une échelle telle, qu'elle ait même longueur que le rayon du cercle $N\,O$. Nous représentons l'axe de la machine par le diamètre $N\,Æ$; par les points morts $N\,Æ$ nous menons les arcs de fond de course du piston (*fig.* 39) comme cela a déjà été expliqué (page 24). Nous menons deux diamètres rectangulaires $O\,X_0$, $R\,S$; le diamètre $R\,S$ fait avec N, O un angle δ en dessous, c'est-à-dire dans le sens contraire au mouvement. Ces diamètres $O\,X_0$, $R\,S$ sont orientés par rapport à $N\,Æ$ de la même façon que les diamètres $P\,Q$, $R\,S$ (*fig.* 37) par rapport à $M_0\,O\,M_1$.

Nous traçons ensuite, comme il a été dit page 169, la courbe de forme elliptique qui a pour diamètres $O\,X_0$, $R\,S$. Nous remarquons que les positions relatives de cette courbe et du point N sont les mêmes que celles de la courbe et du point M_0 dans la figure 37. Par conséquent, quand la manivelle est à son point mort N, nous trouvons la position correspondante m_0 du taquet mobile, en nous servant du gabarit $N\,m_0$ placé de manière que la tangente en m_0 soit parallèle à $R\,S$, nous trouvons de même les positions simultanées $M_1\,M_2$ de la manivelle et $\mu_1\,\mu_2$ du taquet mobile ; les parallèles $M_1\,p_1$, $M_2\,p_2$ donnent en même temps les déplacements correspondants du piston par rapport au fond de course.

Il est facile alors de se servir de cette épure pour connaître les degrés d'admission qui répondent aux positions du régulateur. Nous traçons dans le plan de la courbe elliptique la courbe m $\mu \mu' \mu''$ du déplacement du taquet T mû par le régulateur comme il a été fait plus haut, puis, marquant sur cette courbe les points $\mu \mu' \mu''$ qui sont donnés par le déplacement du régulateur, nous trouvons de suite, à l'aide du gabarit $\mu \mu_0$, $\mu_1 \mu'$, du déplacement transversal du taquet, les positions μ_0, μ_1, μ_2 répondant au commencement de la détente et nous voyons que la manivelle est en M_1, M_2 et les périodes de pleine admission sont représentées par p_1 M_1, p_2 M_2. L'intersection m de la courbe μ μ' μ'' avec la courbe elliptique détermine la position M de la manivelle au moment de la rencontre des taquets; l'arc d'avance à l'admission est $M N$, et la levée de la soupape correspondant à l'avance à l'admission se déduira de la connaissance de l'écart des courbes $M m$, $N M_c$.

Sans prétendre examiner les avantages que présente la distribution Sulzer dans son ensemble, nous allons citer ceux que la seule inspection de l'épure permet de déduire. On voit que les avances à l'admission sont constantes et que la levée de la soupape est rapide, puisque c'est au moment de la rencontre que le taquet est poussé avec le plus de vitesse.

La plus grande introduction possible correspond aux points $\mu_3 M_3$.

Les dispositions étant établies de manière que les variations de détente les plus fréquentes se fassent dans le voisinage des points $\mu_1 \mu_2$, la levée maxima de la soupape est presque sensiblement la même et l'ouverture se fait rapidement, tandis que la soupape reste un instant, pour ainsi dire toute ouverte (les arcs $\mu \mu_0$, $\mu' \mu_1$, $\mu'' \mu_2$ mesurent les ouvertures). Enfin l'épure montre que le régulateur doit agir dans de bonnes conditions, puisque, pour de très faibles déviations du taquet, la détente varie beaucoup. La courbe elliptique, en effet, peut être très aplatie et l'écart du taquet $\mu' \mu''$ très petit par rapport à l'arc M_1 M_2 dont la détente a varié.

Cet exemple que nous avons exposé dans tous ses détails, permettra de se rendre compte de l'utilité que la méthode peut offrir pour l'étude exacte des systèmes de distribution à déclanchement dont les types sont très nombreux.

CHAPITRE XI

DISTRIBUTION SULZER, TYPE DE 1878

§ 59

Nous allons examiner une modification de la distribution Sulzer que MM. Sulzer ont fait paraître à l'Exposition de 1878. Cet exemple nous fournira une particularité nouvelle ; nous verrons qu'une des trajectoires qui doit être sur l'épure coupée par le gabarit, se déplace en même temps que le gabarit.

Description de la distribution.

Cette distribution est représentée planche 21 (*fig.* 1 et 2). L'arbre *A* reçoit son mouvement de rotation de l'arbre moteur et fait le même nombre de tours que lui. Il commande d'abord le régulateur par des pignons droits, puis il sert à faire mouvoir les soupapes d'admission et d'échappement qui sont disposées par rapport au cylindre, comme dans l'exemple précédent; nous trouvons à l'arrière et à l'avant du cylindre deux mécanismes identiques. L'arbre *A* porte un excentrique *D* dont le collier est suspendu par le support à deux branches *F* oscillant autour de l'axe fixe *G*. Sur l'axe *F* est articulée l'extrémité inférieure de la tige *H*, dont l'extrémité supérieure *O* actionne le levier *O N* oscillant autour de son axe fixe *G'*. On voit que les leviers *FO*, *OG'*, *GF* ont des mouvements oscillatoires simultanés qui sont complétement indépendants du régulateur. L'action du régulateur est appliquée à une autre partie du mécanisme. Un levier en équerre *I J* reçoit l'action du régulateur sur la branche *I* et peut tourner librement sur l'axe *G* ; un autre levier rigide en équerre *E' L K* est fou sur l'axe *L* qui est invariablement fixé à la barre d'excentrique et participe à son mouvement. Les deux extrémités *K* et *J* sont réunies par une tige *K' J*. Un troisième levier rigide en équerre *N O* peut tourner autour de l'axe *O*; la branche inférieure forme heurtoir et est destinée à buter contre la touche *P* du levier *O G' Q* actionnant la soupape ; l'articulation *N* est réunie à l'articulation *E'* par la tige *M*. Le régulateur étant supposé dans une position déterminée d'équilibre, le levier en équerre *I G J* est fixe ; le levier *J K* oscille autour du point fixe *J* et le levier en équerre *E' L K* tourne autour de son axe d'oscillation *L* qui lui-même se déplace avec la barre d'excentrique. Le mouvement du point *E'* se transmet à l'articulation *N* et on voit alors que le levier en équerre *N O* reçoit un double mouvement ; tandis que son centre d'oscillation *O* a un mouvement de va-et-vient à peu près vertical sur un arc de cercle de centre *G'*, il oscille autour de ce centre *O*. Par suite du mouvement de va-et-vient, le butoir pousse la touche du levier d'admission *P G' Q*, et le mouvement d'oscillation fait glisser le butoir sur la touche, de sorte qu'à un certain moment le levier *P G' Q* échappe brusquement et la soupape ferme rapidement l'orifice d'introduction de vapeur. Il est facile maintenant de se rendre compte comment on peut faire varier la période de pleine admission. Quand le régulateur s'élève, le levier en équerre *I J*, ainsi que le second levier *K L E'* se meuvent et la tige D tirant le levier *N*, la durée du contact du butoir contre la touche est diminuée. Cette durée est augmentée, quand le régulateur s'abaisse et actionne les leviers en sens contraire.

La soupape d'échappement *S* est commandée par un tourillon *T* fixé sur le collier d'excentrique et par l'intermédiaire de la tige *U*; la durée de l'ouverture est constante. Le retour rapide des clapets sur leur siège est produit par l'action des ressorts *V*.

§ 60

Epure de distribution.

Occupons nous d'abord du mécanisme inférieur et cherchons la trajectoire parcourue par le point *E*. Nous voyons (*fig.* 1, *Pl.* 23), que l'excentricité *D* décrivant la circonférence de rayon *A D*, les articulations F et K décrivent des arcs de cercle autour des points fixes G et J, car nous supposons le régulateur immobile pendant une révolution entière de l'arbre A. Nous n'étudierons pas en détail ces mouvements simultanés ; tous les points sont très rapprochés et le tracé peut se faire directement à une grande échelle: si les distances devenaient plus grandes, on pourrait employer la méthode des gabarits et du transport des courbes, et l'épure serait simple et facile. Pour les positions 0, 1, 2, 3, 4, 5, 6, 7 de l'excentricité, les positions de l'articulation F sur son arc de cercle sont 0, 1, 2, 3, 4, 5, 6, 7. La position o de l'excentricité D est généralement celle qui correspond au point mort de la manivelle. L'articulation L décrit la courbe IV en entraînant, dans son mouvement, le levier en équerre $K\ L\ E'$ dont l'extrémité K est assujettie à

Fig. 40.

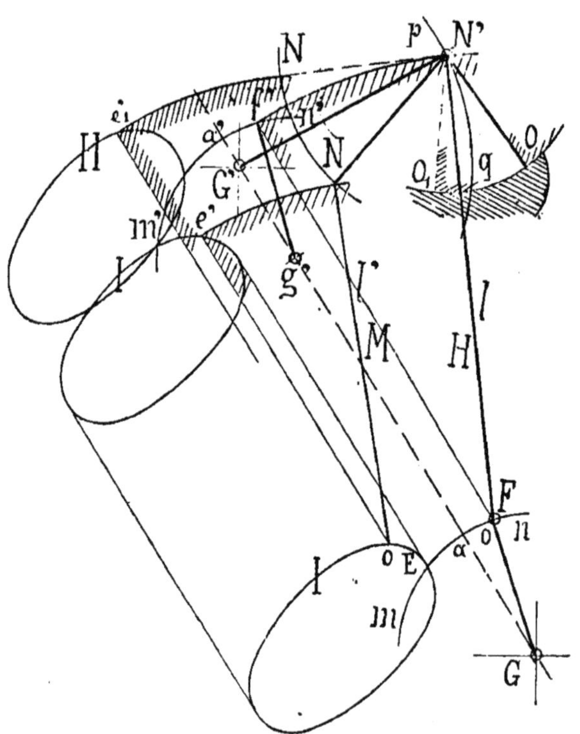

s'appuyer sur l'arc de cercle $m_1\ n_1$; il en résulte que l'autre extrémité décrit la courbe I. Il est très facile d'obtenir les positions simultanées des articulations *K* et *E'* en faisant un gabarit du levier en équerre et en lui faisant suivre les trajectoires *IV* et $m_1 n_1$. Si, ensuite, le régulateur se déplace et détermine, par exemple, les deux positions symétriques *J'* et *J''*, ce gabarit permettra d'obtenir rapidement les trajectoires correspondantes *II* et *III*.

Pour passer au mécanisme supérieur, nous avons deux tiges *M* et *H* toujours longues, et les mouvements de la touche ayant une très faible amplitude, si l'on veut opérer à une grande échelle pour avoir de la précision, il faut alors employer la méthode des gabarits. Nous marquons (*fig.* 40) les positions simultanées *E* et *F* sur les deux trajectoires *I* et *m n*; et nous joignons les deux points fixes *G* et *G'*. L'articulation *N'* décrit un arc de cercle *p q* autour du centre *G'* et pour tracer le levier *G' N'* en position, il suffit de déterminer l'intersection *N'* par un arc de cercle *f' N'* ayant pour centre le point *F* et pour rayon la longueur *l* de la tige *H*. Or, si nous transportons le point *G* en *g'* et l'arc de cercle *m n* en *m' n'*, en faisant un déplacement parallèle dans la direction *G G'* d'une quantité égale à *l*, le point *F* vient en *f'* et le gabarit *f' N'* convenablement orienté donnera directement le point *N'*. La position de la trajectoire transportée *m' n'* est déterminée par la distance *a' G'*

$$a' G' = l + G F - G G'.$$

Pour obtenir ensuite la position de l'articulation *N*, il faut tracer l'arc de cercle *N N* décrit du point *N'* comme centre avec *N' N* pour rayon et prendre l'intersection *N* avec l'arc de cercle *e' N* décrit du point *E* comme centre avec la longueur *l'* de la tige *M* pour rayon. En transportant la trajectoire *I* parallèlement à elle-même dans la direction *G G'* d'une quantité égale à *l'*, le point *E* vient en *e'* et le gabarit *e' N* de rayon *l'* convenablement orienté donne directement le point *N*. On passe ensuite facilement au point *O* par un gabarit rigide du levier en équerre *N N' O*. Il faut remarquer dans cette épure que le gabarit *e' N* de rayon *l'* s'appuie sur deux courbes dont la courbe *I* est fixe tandis que l'autre *N N* se déplace puisque son centre est mobile; l'épure est un peu plus longue à tracer, mais ne présente pas pour cela plus de complications.

Cette épure montre facilement comment l'action du régulateur s'exerce. Le régulateur changeant de position, nous avons vu que la trajectoire *I* du point *E'* se déplace, elle viendra en *II* par exemple et le point *e'* en e'_1. Le gabarit *l'* donne l'intersection *N* et le levier en équerre prendra la position *N N' O*$_1$. Le point *O*, arête du butoir, aura donc subi une rotation autour du centre *N'*.

Ceci établi, nous pouvons finir l'épure (*fig.* 1, *Pl.* 23). Nous faisons un transport inverse de celui que nous avons indiqué afin d'utiliser le tracé des trajectoires *I*, *II*, *III*, et *m n*. Sur la ligne *G G'* nous marquons le point *a'* de la trajectoire *m n* et plaçons convenablement le point *G'*, nous traçons l'arc de cercle *p N' q* et le gabarit de rayon *l*, orienté et placé sur les points 0, 1, 2, 3, 4, 5, 6, 7 de la trajectoire *m n*, donne directement les points 0, 1, 2, 3, 4, 5, 6, 7 sur l'arc *p q*. Nous traçons ensuite avec le centre *N'*, pour la position *O* par exemple, les deux arcs de cercle de rayon *N'* N_0 et *N' O*, le gabarit de rayon *l'* placé au point *E'* sur la courbe *I* donne le point N_0 et nous trouvons ensuite le point *O* du heurtoir. On détermine ainsi, en prenant successivement tous les points de la trajectoire *p q*, la trajectoire 0, 1, 2, 3, 4, 5, 6, 7 de l'arête *O* du butoir. Comme les points 4, 5, 6, 7, se confondent à peu près sur l'arc de cercle *p q*, les points 4, 5, 6, 7, du butoir sont à peu près sur un arc de cercle.

Cette période correspond à celle de l'échappement; la touche est alors libre et la soupape est fermée. On voit que le heurtoir s'éloigne peu de la touche et que le choc au moment du contact est ainsi atténué. La trajectoire de l'arête *O* permet de trouver le point *t* où la touche échappe, c'est-à-dire le commencement de la détente.

Quand le régulateur se déplace, la trajectoire du heurtoir *O* se transporte latéralement sur un arc de cercle en se déformant très peu. On voit comment la détente est modifiée. Cette trajectoire est tout-à-fait convenable pour produire, dans de bonnes conditions, le mouvement du levier d'admission.

CHAPITRE XII

MOUVEMENT PAR CAMES

§ 61

Distribution système Audemar. — Description.

Au lieu d'employer un excentrique pour produire les mouvements d'oscillation des organes de distribution, on peut faire usage de cames ; dans ce cas la première trajectoire qui était une circonférence devient une courbe quelconque représentant le profil de la came. La came a été employée dans les mécanismes de distribution et c'est d'ailleurs un organe important pour les transformations de mouvement. Nous allons montrer comment l'étude du mouvement d'une came se rattache à celui que nous venons de faire et comment notre méthode s'applique à ce nouveau genre de distribution.

La distribution système Audemar nous fournit une application des cames comme organe de distribution et constitue un type qui avec quelques modifications de détails a été assez employé surtout dans les machines d'extraction.

Cette distribution est représentée fig. 1, 2., Pl. 22 ; fig. 3, Pl. 23 et fig. 4, Pl. 13 ; l'admission et l'évacuation de la vapeur s'obtiennent au moyen de soupapes équilibrées S et T (*fig.* 1 *et* 2, *Pl.* 22) ; toutes deux communiquent avec le cylindre par un conduit rectangulaire aboutissant dans l'espace qui les sépare. La soupape T sert à l'admission ; la vapeur arrive par le tuyau K et peut pénétrer dans le cylindre quand cette soupape est soulevée verticalement. La soupape S sert au contraire à l'échappement ; quand elle est soulevée, la vapeur peut s'échapper du cylindre et aller au condenseur par le tuyau U. Il faut remarquer que ces soupapes sont toutes deux appliquées sur leurs sièges par la pression de la vapeur quand elles sont fermées, ce qui est une condition nécessaire de bonne fermeture.

Pour faire mouvoir ces soupapes, on emploie des cames C, C_1, C_2, C_3 (*fig.* 1 *et* 2, *Pl.* 22) disposées sur un arbre horizontal passant au-dessus des soupapes ; une boule (*fig.* 4, *Pl.* 13) repose sur la partie supérieure de la came et est maintenue dans une espèce d'alvéole faisant partie d'un cadre annulaire relié à une tige guidée verticalement et chargée d'un poids R. Quand l'arbre tourne, la came qui présente une forme convenable fait monter et descendre la tige guidée, et par suite soulève ou laisse retomber la soupape. Il faut remarquer que la soupape est complètement libre quand elle retombe et que c'est la pression seule de la vapeur qui l'applique sur son siège ; on voit en effet d'après la disposition des guides, que le cadre annulaire peut continuer encore à descendre quand la soupape est venu reposer sur son siège. De même, le cadre annulaire étant à sa position la plus basse, doit parcourir d'abord un petit espace en remontant avant de commencer à soulever la soupape ; nous appellerons e cet espace. La forme de la soupape dite *soupape équilibrée* permet de la soulever avec un faible effort parce que la pression de la vapeur n'agit que sur une section annulaire relativement très petite.

A l'arrière du cylindre nous trouvons deux soupapes identiques mues par les cames C_4, C_5, C_6, C_7, placées sur le prolongement de l'arbre.

Ces cames sont disposées de telle manière que l'on peut changer le degré de détente ou renverser le sens de marche de la machine en déplaçant longitudinalement l'arbre au moyen des leviers articulés $A\,B\,E\,M\,O$ (*fig.* 1, *Pl.* 22) ; le dessin indique comment ce mouvement peut se produire sans arrêter la marche de la machine.

§ 62

Tracé des cames.

La came pour l'admission est donc distincte de celle d'évacuation ; mais les mouvements produits sont analogues et on peut les tracer par la même méthode. On se propose d'ouvrir et de fermer les soupapes par un mouvement rapide ; il en résulte que pour un tour complet de l'arbre nous distinguons quatre phases : la soupape reste fermée pendant un certain temps, puis elle est soulevée brusquement, elle reste levée un certain temps, et elle retombe brusquement. Les deux phases de repos de la soupape s'obtiennent en faisant rouler la boule sur deux circonférences de rayon r et R; la différence (*fig* 41).

$$R - r = a'$$

donne la course entière a' du cadre. Les deux phases de mouvement rapide s'obtiennent en raccordant ces circonférences par des courbes à inflexion tracées de la manière suivante. Nous traçons les rayons $O\,m$, $O\,p_1$, comprenant l'angle $m\,O\,p_1$ qui représente la période complète du mouvement de descente du cadre ; l'ouverture de cet angle correspond à la rapidité du mouvement. Pour relier les extrémités m et p_1, nous traçons deux arcs de cercle qui se raccordent tangentiellement pour former la courbe à inflexion $m\,p_1$. Nous formons d'une manière analogue la courbe à inflexion $n\,p$ qui correspond à la levée de la soupape ; ces deux courbes à inflexions sont reliées par des arcs de cercle de rayon r et R et on obtient ainsi une courbe fermée qui constitue la came. Si l'arbre tourne dans le sens de la flèche f, la courbe $n\,p$ produira le soulèvement de la boule. L'abaissement sera produit par la courbe $p_1\,m$ identique mais tournée en sens contraire. La boule restera levée quand elle reposera sur l'arc de cercle $p\,p_1$ et baissée quand elle touchera l'arc de cercle de rayon r. Cette came donnera à la boule et par suite au cadre une course a'

$$a' = R - r$$

mais comme le cadre doit être soulevé de la quantité e, ainsi que nous l'avons vu, avant d'agir sur la soupape, celle-ci aura seulement une course a telle que l'on ait

$$a = a' - e$$

a est la levée de la soupape et e le jeu nécessaire pour la rendre indépendante du mécanisme a moment de la fermeture.

§ 63

Epure exacte de la came

Nous allons faire d'abord l'épure du mouvement produit par la came qui actionne la soupape d'admission. Nous prenons cette came dans la position qu'elle occupe au moment où le cadre va commencer à être soulevé ; en appelant OY la verticale qui passe

Fig. 41.

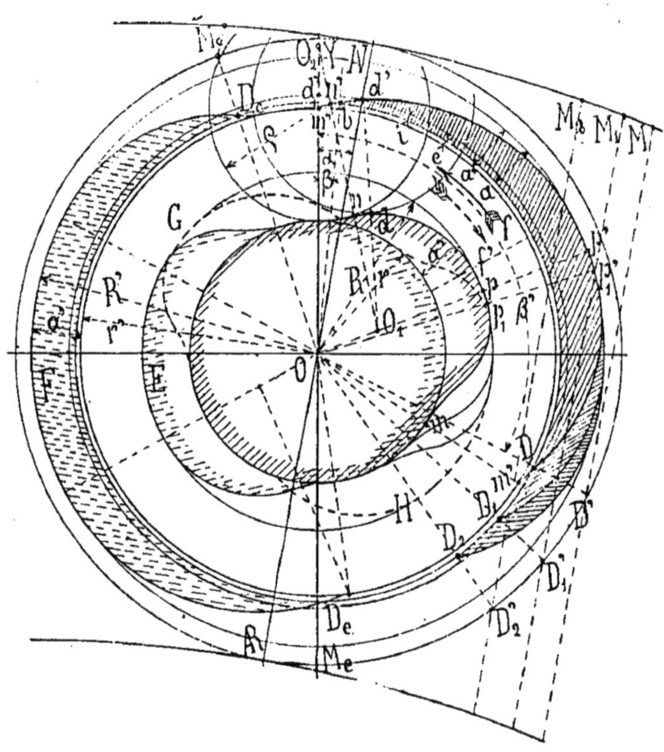

par le centre de l'arbre portant la came, le centre de la boule sera en m'. Pendant la rotation de la came le centre de la boule va se déplacer de telle façon qu'il s'élève ou s'abaisse en restant toujours sur cette verticale OY, puisque le cadre est guidé verticalement. Il n'en est pas de même du point de contact de la boule sur la came; il participera au mouvement ascendant ou descendant de la boule.

mais sera tantôt sur la verticale $O\ Y$, tantôt à côté, comme nous allons le voir par la suite. Aussi devrons nous étudier le mouvement du centre de la boule pour nous rendre compte du fonctionnement de la soupape d'admission.

Dans la position de la figure la came présente la forme suivante, en l'observant à partir de la verticale dans la partie supérieure. Puisque la soupape va commencer à être soulevée, le point de contact est le dernier point de l'arc de cercle de rayon r et, en tournant dans le sens de la flèche f' nous avons la saillie $n\ p$, l'arc de cercle $p\ p_1$ de rayon R, la courbe rentrante $p_1\ m$ et l'arc de cercle de rayon r. Nous supposons d'abord que, la came étant immobile, la boule roule dans le sens de la flèche f' en s'appuyant sur le contour de la came. Soit d un point de contact quelconque sur la courbe $n\ p$; la boule étant tangente à la courbe, son centre doit se trouver sur la normale commune $O_1\ d$ en d' tel que

$$d\,d' = \rho$$

en appelant ρ le rayon de la sphère.

Si nous traçons le rayon $O\,d'$ nous voyons que le déplacement angulaire de la boule est mesuré par l'angle

$$\alpha = m'\ O\ d'$$

Si le point de contact d parcourt l'arc $n\ p$ de centre O_1, le centre d' de la boule décrira l'arc de cercle concentrique $n'\,p'$. Nous voyons de même que, le point de contact suivant l'arc n de centre O_2, le centre de la boule décrit l'arc concentrique $m'\,n'$. Quand le point de contact se déplace sur l'arc de cercle $p\ p_1$, le centre de la boule décrit l'arc de cercle $p'\,p'_1$; alors le point de contact se trouve toujours sur la droite qui joint le centre de la boule au point O, tandis que cela n'avait pas lieu sur la saillie de la came. En continuant le mouvement de la boule nous retrouvons pour la trajectoire de son centre deux phases analogues, la courbe $p'_1\ m'$ et l'arc de cercle de rayon r'.

La trajectoire de ce mouvement fictif de la boule permet de

trouver la position de son centre pour une rotation α quelconque de la came à partir de sa position initiale. En effet, à partir de $O\ Y$ dans le sens de la flèche f', c'est-à-dire, en sens inverse du mouvement f de la came, nous traçons le rayon $O\,d'$ faisant l'angle α, son intersection d' avec la trajectoire donne le point d' qui se rabat en d'_1 sur la verticale $O\ Y$ au moyen de l'arc de cercle $d'\,d'_1$. Ce point d'_1 est la position du centre de la boule après la rotation α de la came et nous voyons que la boule ou le cadre qui la contient aura été soulevé de $m'\,d'_1$. En effet, si nous supposons qu'une boule de rayon ρ soit placée en d' et touche la came en d avant la rotation, nous pouvons concevoir qu'elle soit entraînée avec la came pendant sa rotation α dans le sens f; quand le rayon $O\,d'$ sera venu coïncider avec $O\ Y$, la boule occupera la position d'_1 ; elle sera d'ailleurs toujours tangente à la courbe de la came ; nous aurons donc en d'_1 la position correspondante de la boule.

Il faut remarquer, comme nous l'avions annoncé, que le point de contact est en dehors de la verticale $O\,Y$, car pendant la rotation fictive que nous venons de considérer, le point de contact d a toujours conservé la même position relative par rapport au rayon $O\,d$. Dans le cas où l'angle α tomberait dans un arc de cercle de la trajectoire, le contact se ferait sur la verticale $O\,Y$.

Nous traçons la circonférence de rayon $O\,m'$

$$O\,m = r + \rho$$

et nous voyons alors que la surface comprise entre cette circonférence et la trajectoire du centre de la boule représente les déplacements de la boule ; pour une rotation α, il suffira de tracer le rayon qui fera un angle α en sens inverse du mouvement ; le segment de rayon intercepté par ces deux courbes fera connaître le déplacement correspondant. Il devient dès lors très-facile d'étudier le mouvement de la soupape et de connaître les phases de la distribution.

Nous avons vu que le cadre était soulevé d'une quantité e avant de commencer à agir sur la soupape ; nous traçons une circonférence avec un rayon Ob

$$Ob = r + \rho + e$$

et alors la surface comprise entre cette circonférence et la trajectoire du centre de la boule représentera les soulèvements de la soupape. Nous voyons que la soupape ouvre après la rotation β pour le point b et ferme après la rotation β' pour le point D. Nous avons marqué par des hâchures les levées respectives de la soupape.

Or, il faut ici, comme dans toute distribution, que la soupape soit soulevée d'une certaine quantité i quand le piston est au point mort N. Nous traçons un autre arc de cercle distant du dernier de cette quantité i. Il aura pour rayon Od' tel que

$$Od' = r + \rho + e + i$$

La quantité i est analogue à ce que nous avons appelé l'avance linéaire à l'admission dans une distribution par tiroir. Par l'intersection d' de cette circonférence avec la trajectoire du centre de la boule, nous menons le rayon $Od'N$; c'est quand ce rayon viendra coïncider avec la verticale que la manivelle sera au point mort N. Par conséquent nous pouvons tracer la circonférence de rayon ON quelconque pour représenter le mouvement de la manivelle et par les deux extrémités N, $Æ$, les deux arcs de fond de course pour représenter le mouvement du piston. Nous voyons que la soupape ferme pour le point D et que la fraction de course de pleine introduction est représentée par la droite $D'M$. On voit que la levée totale de la soupape est égale à

$$a = a' - e$$

La soupape d'échappement est mue par une came analogue et nous avons tracé sur la même épure (*fig.* 41) la came E d'échappement avec la trajectoire $D_0 F D_c$ de la boule ; ces éléments sont marqués par des hâchures discontinues et le tracé est semblable à ce que nous avons déjà étudié. Nous avons supposé la même valeur pour la quantité e et la même levée a de la soupape, il serait très-facile de tenir compte d'une différence. Nous avons ainsi la représentation complète de la distribution et nous pouvons lire directement les déplacements correspondants du piston. L'admission commence en b ; de b en d' il y a avance à l'admission avec une ouverture anticipée i ; la détente commence en D ; l'évacuation anticipée a lieu de D_e en $\mathcal{R}$ et la compression commence en D_c. L'étude de la distribution se complète par l'examen du mouvement de la manivelle et du piston par le procédé général de la méthode des gabarits.

§ 64

Détente variable, changement de marche

La came d'admission présente dans le sens de la longueur de l'arbre une forme cylindrique pour la saillie qui donne l'ouverture et au contraire une forme hélicoïdale pour la partie rentrante qui produit la fermeture. Il en résulte que des coupes normales successives de la came donneront toujours le même profil pour la saillie, et un profil variable tel que D, D_1, D_2, (fig. 41) pour l'autre partie. Si donc, par une disposition facile à comprendre sur la figure d'ensemble, on déplace l'arbre dans le sens de son axe, rien ne sera changé à l'ouverture, mais le moment de fermeture sera avancé ou retardé à volonté.

On pourra donc ainsi faire varier la détente et nous lisons directement sur l'épure les fractions de pleine introduction correspondantes $D' M$, $D'_1 M_1$, $D'_2 M_2$. Quant à la came d'évacuation elle est cylindrique puisque les variations de détente ne doivent rien modifier à l'évacuation.

Avec cette disposition de came, il est facile de renverser le sens de marche de la machine. A côté des cames d'admission et d'évacuation et sur le même arbre sont deux cames analogues mais en quelque sorte symétriques. Nous les définissons exactement en disant que leur profil reporté sur l'épure que nous avons faite (*fig.* 41) doit être symétrique des précédents par rapport au diamètre *N O Æ*.

Cette nouvelle came d'admission et d'évacuation est tracée en *G H* par des traits discontinus. On voit sur l'épure que, si on change le sens de marche de la machine, on retrouve exactement les mêmes phases de distribution que précédemment. Par conséquent on pourra renverser le sens de marche de la machine en plaçant les boules sur ces nouvelles cames en opérant encore par un simple déplacement longitudinal de l'arbre.

Nous n'insisterons pas davantage sur cette distribution dont l'étude est assez simple, nous tenions surtout à montrer comment on pouvait déterminer exactement la levée de la soupape au point mort quand la boule roule sur une saillie très accentuée. Cette détermination relative à l'admission anticipée doit en effet être faite avec beaucoup d'exactitude.

§ 65.

Description de la distribution X. Flühr

La distribution X. Flühr, construite à Lyon par M. V. Febvre, donne lieu à des épures différentes des précédentes et que nous croyons intéressantes parce qu'elles peuvent servir d'exemple pour toutes les distributions où interviennent des cames.

Dans cette distribution (*fig.* 1, 2, 3, *Pl.* 2) les organes pour l'admission et pour l'échappement sont distincts et nous avons en quelque sorte une distribution pour l'admission et une pour l'échappement, ce qui permet de disposer à volonté et convenablement des différents éléments. On emploie des tiroirs placés directement sur les couvercles de façon à réduire les espaces nuisibles ; le couvercle d'avant contient deux tiroirs (*fig.* 2 *et* 3) et le couvercle d'arrière est disposé de la même manière.

Le tiroir supérieur, représenté en coupe (*fig.* 2) sert à l'admission ; le couvercle est creux et constitue une boîte à vapeur dans laquelle se meut le tiroir en glissant sur une glace à la manière ordinaire ; ce tiroir présente trois lumières afin d'augmenter la rapidité de fermeture et d'ouverture ; quand il y a fermeture entière, les patins du tiroir recouvrent également les lumières à gauche ou à droite ; le tiroir se meut de gauche à droite pour ouvrir, cette ouverture se produit rapidement comme nous le verrons ; au moment de la fermeture, le tiroir est ramené brusquement à gauche à sa position initiale où il reste pendant toute la durée de la détente et de l'échappement. Le fonctionnement de ce tiroir va donc différer de celui des tiroirs étudiés jusqu'ici par cette particularité qu'il doit rester immobile pendant la demi-révolution de manivelle qui correspond à l'évacuation.

Le tiroir inférieur (*fig.* 3) sert à l'échappement ; il se trouve placé sur la face inférieure du couvercle dans le cylindre de façon à être toujours appliqué sur la glace par la pression qui est plus grande dans le cylindre que dans le tuyau d'évacuation. Ce tiroir n'a qu'une lumière tandis que la glace en a deux ; dans sa position de fermeture, les lumières de la glace sont également recouvertes à gauche et à droite par les patins du tiroir ; l'ouverture se fait par une marche de droite à gauche ; pendant tout le temps de l'admission et de la détente, ce tiroir reste immobile à sa position initiale. Derrière la glace est une cavité disposée dans le couvercle comme le montre la figure 3 ; la vapeur s'échappe dans cette cavité qui communique avec le tuyau d'échappement. Les orifices d'échappement sont placés vers la partie inférieure du cylindre de sorte que la purge se fait naturellement.

Les tiges qui commandent les tiroirs sont horizontales et sortent latéralement, de sorte que nous avons d'un côté du cylindre quatre tiges qui sont mises en mouvement par la disposition suivante.

Un arbre *A* placé sur le côté de la machine fait le même nombre de tours que l'arbre de couche et sert à donner le mouvement aux deux mécanismes de distributions disposés l'un en avant, l'autre en arrière du cylindre à côté des couvercles.

Ces deux mécanismes qui sont identiques se composent d'un plateau calé sur l'arbre *A* et formant sur une de ses faces une gorge *G* (*fig.* 1 *et* 4, *Pl.* 2) dont les bords sont taillés suivant une une courbe déterminée ; deux galets cylindriques *B* et *C* (*fig.* 1, *Pl.* 2) pénètrent dans la gorge *G* et ne peuvent en sortir, de sorte que, pendant le mouvement de rotation de l'arbre *A*, ils se déplacent latéralement par suite de l'excentrement des différentes parties de la gorge. L'axe du galet *B* est fixé à un levier *E B* articulé au point fixe *E*, le déplacement latéral du galet est donc un arc de de cercle ayant le point *E* pour centre. De même le galet *C* décrit un arc de cercle autour du point fixe *D*. Les galets sont montés fous sur leur axe et comme ils sont ajustés sans jeu dans la gorge ils tournent sur leur axe tout en se déplaçant latéralement de sorte qu'ils roulent sur la came et que le mouvement se produit avec un frottement de roulement très-doux et sans usure.

Les deux leviers reçoivent ainsi un mouvement alternatif qu'il faut transmettre aux tiroirs ; le levier *E B M* commande le tiroir d'admission tandis que le levier *F C D* commande le tiroir d'échappement.

La tige du tiroir d'admission se termine par une touche ou plaque de butée ; à côté se trouve le cliquet *C* articulé à l'extrémité *M* du levier *EM*. Ce cliquet présente à sa partie supérieure une queue qui s'appuie sur le heurtoir *P* pour la position indiquée sur la figure et à sa partie inférieure il forme une arête vive avec un plan de repos à sa droite. Par suite de la forme de la came, le cliquet *C* se trouve à l'extrémité gauche de sa course un peu avant que le piston soit à son fond de course ; à ce moment il s'appuie sur la touche de la tige du tiroir par son plan de repos et la queue ne porte pas contre le heurtoir *P*. Peu après le cliquet vient buter contre la touche et la pousse de gauche à droite avec rapidité parce que la came est étudiée pour donner un mouvement brusque. Le tiroir ainsi déplacé découvre les lumières et l'admission commence ; elle dure jusqu'au moment où le cliquet vient frapper le heurtoir *P* par sa queue ; alors il se soulève et prend la position indiquée sur la figure ; les deux arêtes de butée échappent brusquement. La pression de la vapeur sur la tige du tiroir tend à le pousser de droite à gauche ; en outre une petite tige articulée à ses deux extrémités relie la touche de la tige du tiroir à un levier *K* qui reçoit la tension d'un ressort *R*. La tige est donc doublement sollicitée de droite à gauche et quand la la plaque de butée échappe, elle prend un mouvement brusque qui produit la fermeture instantanée des lumières ; la période de détente commence. Quand la tige s'arrête les lumières sont également recouvertes à gauche et à droite et le tiroir occupe la position indiquée sur la figure. Le tiroir ne se déplace plus pendant toute la période de détente et d'évacuation, tandis que le cliquet, maintenu au-dessus de la touche, revient lentement à son extrémité de gauche en glissant sur celle-ci. Pour éviter un choc au moment de l'arrêt, on a placé sur la tige un petit piston qui se meut dans un cylindre *Q* ; un petit robinet permet l'introduction de l'air et en règle la sortie de façon à amortir le choc. Nous ferons remarquer que le ressort est fixé en *N* au levier et qu'il prend un mouvement alternatif comme lui ; il n'est pas toujours tendu, et par suite de ce mouvement, il ne prend sa tension que quand le retour brusque de la tige doit se produire ; c'est la machine qui tend le ressort. En outre le levier *K* a un arrêt qui lui permet de ramener le tiroir à gauche dans le cas où ce mouvement ne serait produit ni par la pression de la vapeur, ni par l'action du ressort.

Le mouvement du tiroir d'échappement se produit sans déclanchement et il faut remarquer que c'est la même came qui, agissant de l'autre côté sur le gallet *C*, convient pour assurer l'échappement dans de bonnes conditions. Nous verrons en effet en faisant l'épure, que le tiroir reste en repos et ferme l'échappement pendant toute la période d'admission et de détente, et que la fermeture et l'ouverture des lumières sont rapides.

§ 66.

Tracé de la came

Soit O (*fig.* 1, *Pl.* 27) l'axe de l'arbre qui porte les cames de distribution ; nous traçons l'axe horizontal N Æ qui représentera l'axe des fonds de course, la flèche indique le sens de rotation de l'arbre qui, à la condition de prendre à gauche le fond de course N, est le même que celui de l'arbre de couche de la machine ; la came intérieure $a\,b\,c\,d\,e$ est tracée à la position qu'elle occupe quand le piston est à son fond de course N ; nous nous occupons d'ailleurs exclusivement d'étudier la distribution sur la face N. Voici comment est fait le tracé de la came à cette position. Le diamètre $a\,O\,b$ fait l'angle δ avec la normale à l'axe N Æ, et nous traçons ensuite les rayons $O\,c\,c'$, $O\,e\,e'$, faisant respectivement les angles δ', δ''. Du point O comme centre avec $O\,O_1$ comme rayon, nous décrivons une circonférence, puis du point O_1 comme centre avec $O_1\,a$ pour rayon nous traçons la demi-circonférence a, 3, 5, b, de came ; le petit arc de cercle $b\,c$ est tracé avec le rayon $O\,b$ et le centre O, tandis que l'arc de cercle $a\,e$ est tracé avec le rayon $O\,a$ et le centre O. Un galet de rayon B, 3 est assujetti à s'appuyer contre la courbe de la came de sorte que tout se passe comme si le centre B du galet était assujetti à s'appuyer sur une courbe $a'\,b'\,c'\,e'$ concentrique à celle de la came. Nous traçons cette courbe de la même manière que celle de la came avec les mêmes centres et des rayons augmentés de la longeur r du rayon du galet. Il nous restera alors à raccorder les points $e'\,c'$ de la courbe des centres et $e\,c$ de celle de la came. Sur la droite $O\,e$ nous marquons le point O_2 tel que l'on ait

$$O_2\,e' = O_2\,c'$$

et du point O_2 comme centre avec $O_2\,e'$ pour rayons nous traçons l'arc de cercle $e'\,c'$. La courbe correspondante de la came s'obtient en décrivant dans l'angle $c' O_2 e'$ l'arc de cercle $e d$ du centre O_2 avec $O_2 e$ pour rayon tel que

$$O_2 e = O_2 e' - r$$

Les points c et d sont raccordés par l'arc de cercle $c d$ qui a c pour centre et

$$c' d = r$$

pour rayon. On voit ainsi que si le galet roulait sur la came, le point de contact passerait brusquemment de c en d en donnant toute une surface de contact $c d$ pour le point singulier c' de la courbe des centres.

En réalité, comme le galet B reçoit un mouvement de va-et-vient il ne roule sur la came intérieure que pendant un demi-tour ; il y a une came extérieure concentrique à la première et le galet roule exactement dans la rainure formée par ces deux cames. Mais pour tracer l'épure nous pouvons supposer que le galet roule toujours sur la came intérieure.

§ 67.

Tracé de l'épure d'admission

Nous allons tracer (*fig.* 1, *Pl.* 28) l'épure d'admission sur la face N du piston. Un levier $E B M$ est articulé au point fixe E et porte l'axe B sur lequel le galet est fou ; son extrémité M reçoit l'articulation de la touche de déclanchement. Pendant un tour complet de la came, l'axe B du galet décrit dans son mouvement alternatif un arc de cercle que nous pouvons considérer comme confondu avec l'axe N $Æ$, tandis que le mouvement du point M peut à plus forte raison être considéré éomme rectiligne. C'est le mouvement du point M qui est communiqué au tiroir d'admission par la touche de déclanchement. Nous allons d'abord déterminer le mouvement du point B pendant la rotation de la came. Pour le point mort N, le point B est en 3 sur l'axe N $Æ$ et le contact du galet avec la came a lieu en 3. Après la rotation ω quelconque à partir du fond de course N, le rayon O 5 viendra coïncider avec l'axe $O\,B$, le galet se sera déplacé à droite et occupera la position 5 sur l'axe $O\,B$ obtenu par l'arc de cercle 5 5. Au lieu de considérer ce mouvement, nous pouvons supposer que la came et la courbe des centres du galet restent fixes, tandis que ce serait le centre B du galet qui tournerait en sens inverse et viendrait occuper le point 5 donné sur la courbe des centres par l'intersection du rayon 0 5 faisant l'angle ω. Nous voyons ainsi que le galet continue à se déplacer à droite jusqu'à la valeur

$$\omega = 90^\circ + \delta$$

qui donne l'extrémité 4 de son déplacement.

De $90 + \delta$ à $90 + \delta'$ le galet reste immobile à la position 4 ; la trajectoire de la courbe des centres est $b'\,c'$. A partir de ce moment jusqu'à la valeur

$$\omega = 90 + \delta''$$

le galet est rapidement ramené à gauche à l'extrémité o de sa course pour le point $o\,e'$ de la courbe. Il reste immobile à cette position pendant le déplacement $e'\,a'$ et il revient à droite à partir du point $o\,a'$ qui correspond à la rotation

$$\omega = 3 \times 90^\circ + \delta$$

il repasse par la position 3 répondant au point mort quand la révolution complète est faite.

Il est facile ensuite en traçant des lignes concentriques d'obtenir les positions 0, 1, 2, 3, 4, 5 de l'extrémité M répondant aux positions 0, 1, 2, 3, 4, 5 du centre B du galet. Inversement connaissant les positions du point M, il est facile de trouver celles du galet et par suite l'angle ω de rotation.

Nous supposons que nous connaissons la machine, nous savons que la largeur de la lumière d'admission est

$$a = 16$$

l'avance linéaire à l'admission 2 millimètres et le recouvrement 6 millimètres.

Quand la manivelle est au point mort N, le point M est en 3, nous prenons la longueur 2, 3

$$2,3 = 2 \text{ mill.}$$

et faisant coïncider le bord de la lumière avec le point 2, nous prenons de même

$$1,2 = \text{recouvrement} = 6 \text{ mill.}$$

Nous voyons alors que la touche de déclanchement reste immobile à la position o pendant la rotation $o\,e'\,o\,a'$; l'admission est fermée, il y a en effet évacuation pendant ce temps. A partir de $o\,a'$ la touche se déplace à droite, mais elle ne vient pousser la tige du tiroir que pour la position 1 après le déplacement 0, 1 ; cette longueur 0 1 représente le jeu entre les deux plaques de butée. Quand le tiroir a été poussé de 6 millimètres, valeur du recouvrement, la came est à la position 2 et alors la lumière commence à être découverte ; il y a avance à l'admission jusqu'au point mort 3. Le tiroir peut être poussé à droite pendant toute la rotation

$$\omega = 90 + \delta'$$

mais la période de pleine introduction doit être plus petite, et la détente commence brusquement pour des positions intermédiaires quand la touche déclanche en venant heurter l'arrêt relié au régulateur.

Il faut maintenant connaître les fractions de course du piston correspondant aux angles de rotation ω. Nous prenons à une certaine échelle la longueur $N\,R$ qui représentera la course du piston ; nous décrivons la circonférence de diamètre $N\,R$ et nous traçons les arcs de fond de course convenablement orientés.

Pour une rotation ω, la manivelle peut être considérée comme ayant pris la position 0 5 et le piston s'est déplacé de la quantité mesurée par l'horizontale 5 5.

Diagramme représentatif. — Nous avons tracé un diagramme qui représente toutes les phases de l'admission. La droite horizontale $S S'$ représente la course et les ordonnées de la courbe représentent le déplacement du tiroir.

$$S S' = 20 \text{ centimètres}$$

Chaque dixième de la course égale 20 millimètres. La droite $S S'$ prise pour origine répond à la coïncidence de l'arête du tiroir avec le bord de la lumière ; nous obtenons les phases de la distribution en suivant sur la courbe : de 2 à 3 avance à l'admission avec 2 millimètres d'avance linéaire ; de 3 à 2 en passant par les points 4, 4, 5, il y a ouverture à l'admission en ne tenant pas compte du déclanchement dont la production est indépendante de ce tracé ; de 2 à 1 la lumière est fermée ; à 1 le tiroir s'arrête à son fond de course tandis que la touche continue à se déplacer jusqu'en 0 ; de 0 à 0 la touche reste immobile ainsi que le tiroir ; de 0 à 1 la touche se déplace pour venir heurter la tige du tiroir en 1 et commencer ensuite l'ouverture en 2.

§ 68.

Tracé de l'épure d'échappement

L'échappement est obtenu par un tiroir spécial, mais la même came sert à produire son mouvement. Nous représentons (*fig.* 2, *Pl.* 28) la même came que précédemment avec la même courbe concentrique de déplacement de galet ; seulement nous la mettons dans la position qu'elle occupe quand la manivelle est au point mort Æ ; il suffit de faire tourner la came de 180°. Un levier *D C F* est articulé au point fixe *D* et porte en *C* un axe sur lequel est fou un galet de même rayon *r* que le précédent ; l'extrémité *F* est articulée à la tige du tiroir d'échappement.

Le galet *C* se trouve dans la même rainure de la came que le galet précédent et étant de l'autre côté il reçoit un mouvement inverse. Il est inutile d'étudier cette épure en détail, elle est analogue à la précédente ; mais nous insisterons sur une particularité qui ne s'était pas présentée dans l'autre et que l'on peut retrouver dans l'étude d'autres cames.

§ 69.

Généralisation du tracé

Le rayon d'oscillation de l'axe C du galet étant cette fois petit, nous ne pouvons plus admettre que sa trajectoire $m\,m'$ soit rectiligne ; en outre cette trajectoire tombe à côté du diamètre horizontal $M\,N$ et nous ne pouvons pas supposer comme précédemment qu'elle se confond avec le diamètre. Il en résulte que, le galet occupant la position C pour le point mort Æ, le rayon de la came est en $O\,C$ pour ce point mort et c'est à partir de cette position prise pour origine que nous devons compter les rotations ω de la came. Nous prenons donc le diamètre $N\,O\,C$ Æ pour ligne des fonds de course et nous traçons sur ses extrémités les arcs de fonds de course. Quand par exemple le rayon $O\,2\,E$ de la came sera venu en $O\,C$ Æ, l'excentrique aura tourné de l'angle ω à partir du point mort ; mais le point 2 de la courbe des centres de galet n'aura pas encore pu rencontrer le galet ; cette rencontre n'aura lieu qu'à l'intersection 2 de l'arc de cercle 2 2 avec la trajectoire $m\,m'$; nous voyons donc que le galet sera au point 2 de sa trajectoire $m\,m'$ après une rotation un peu plus grande ω'. Par conséquent pour connaître le déplacement du piston correspondant à la position 2 de la trajectoire $m\,m'$, nous traçons le rayon $2\,H$ à côté du rayon $O\,2\,E$ de manière à former avec lui un angle égal à $\omega' - \omega$ et le déplacement du piston est 2 2', mesuré horizontalement.

Cette correction, dans cet exemple, n'est d'ailleurs importante que pour quelques points.

L'inspection de l'épure et de son diagramme permettra facilement de compléter cet examen et on verra que le tiroir d'échappement reste fermé et immobile pendant la période qui correspond à l'admission et à la détente.

Une autre came analogue fait mouvoir les deux tiroirs sur la face arrière ; la came diffère un peu afin de pouvoir obtenir la même distribution à l'avant qu'à l'arrière en corrigeant les changements produits par l'obliquité de la bielle. On comprend que dans ce système de distribution on peut profiter de l'indépendance des organes pour donner à chaque phase le règlage le plus convenable.

Pour compléter ces épures nous avons tracé les diagrammes (*Fig.* 3 et 4, *Pl.* 28), du mouvement des tiroirs d'admission et d'évacuation en les faisant correspondre aux déplacements du piston donnés sur l'épure. On remarquera facilement comment est représentée la période d'arrêt du tiroir. Nous ajoutons les fig. 5 et 6 qui représentent les tiroirs pour les principales positions de la distribution.

Les moyens mécaniques de produire une distribution à quatre distributeurs indépendants, sont nombreux ; ils doivent tous remplir les conditions principales de ces diagrammes, et nous avons groupé dans la Pl. 28, toutes les phases d'une distribution de ce genre. Nous pensons que cet exemple permettra de bien se rendre compte du fonctionnement de toute distribution à déclic et à quatre distributeurs indépendants.

CHAPITRE XIII

TIROIRS MUS PAR EXCENTRIQUE AVEC DÉCLIC

§. 70

Distribution Baudet et Boire

Cette distribution (*fig.* 1, 2, 3, 4, *Pl.* 25) connue en France sous le nom de ses inventeurs, M. Baudet et Boire, ne diffère de celle de Farcot que par la disposition des tuilettes de détente, ou mieux par leur mode d'action.

Ces tuilettes ne sont plus simplement entrainées par frottement, mais bien par l'intermédiaire de déclics.

A cet effet, la boite unique de Farcot et de Meyer est ici divisée en deux boîtes symétriquement disposées par rapport à l'axe transversal du cylindre. Le tiroir principal est lui aussi divisé en deux pièces distinctes, constituant deux tiroirs, un pour chaque orifice du cylindre.

La tige du tiroir traverse la boite avant dans deux presse-étoupes et pénètre dans la boite arrière par un troisième presse-étoupes pour venir commander le tiroir arrière.

Dans son passage entre les deux boites cette tige attaque un chariot *S* spécial guidé sur une table.

Ce chariot porte à sa partie antérieure une boite double et les axes des deux déclics *D* et *D'* dont nous allons voir le rôle important.

Les tuilettes sont attaquées séparément par deux tiges *P* et *P* spéciales venant sortir de leurs boites respectives vers la partie comprise entre celles-ci.

Ces tiges ont un diamètre suffisant pour que la pression de la vapeur seule tende à les chasser hors de leur presse-étoupe et à entraîner les tuilettes vers le centre du cylindre.

Ces tiges portent à leur extrémité libre un piston, dit piston de choc, et muni d'une touche en acier disposée pour être accrochée par les contre-touches des déclics.

Les déclics ont leur poids convenablement réparti autour de leur axe d'oscillation de façon que, livrés à eux-mêmes, ils viennent s'enclancher sur la touche des tiges de détente.

Il résulte de cette disposition que la liaison entre les tuilettes et le tiroir principal est complètement assurée, et que tuilettes et tiroirs marchent ensemble tant que les déclics sont laissés libres, et que, pour rompre l'entraînement des tuilettes, il suffit de faire échapper les déclics. A ce moment rendues indépendantes, les tuilettes poussées par la pression de la vapeur qui agit sur leurs tiges, sont lancées vers le centre du cylindre et viennent obturer rapidement les orifices des tiroirs et couper l'introduction de la vapeur.

Il se produirait à ce moment là un choc violent si les pistons qui terminent les tiges, n'étaient chargés d'éviter cet inconvénient.

Ces pistons entrent à frottement doux dans les cylindres guides du chariot ; et au moment où le retour brusque des tiges de détente se produit, ces pistons refoulent l'air contenu dans les cylindres, air qui forme matelas, et s'échappant par un orifice règlable à volonté, rend le choc aussi doux qu'on le désire.

Pour opérer le déclanchement, les déclics portent une queue dont la forme se déduit de l'épure d'une façon très simple.

Cette queue vient dans le mouvement du chariot rencontrer une touche dont la position est réglée par le régulateur ; et qui fait basculer et par conséquent déclancher le déclic en rendant libre la tuilette.

Une bague d'arrêt convenablement ménagée sur les tiges de détente, assure le renclanchement du déclic. En effet, à un moment donné, l'avant vient buter contre la face intérieure du presse-étoupe de la tige de détente, la tuilette se trouve remise à son point de départ.

Ce point de départ doit être tel que le déclic revenant en arrière puisse facilement se renclancher sur la tige de détente arrêtée par le butoir.

Il suffit pour cela que le chariot entraîne le déclic à quelques millimètres au delà du point d'arrêt de la touche de la tige de de détente.

En somme ce qui distingue ce genre de distribution de celui de Farcot, c'est la présence du déclic et le mode d'obturation des orifices de détente.

Fig. 19.

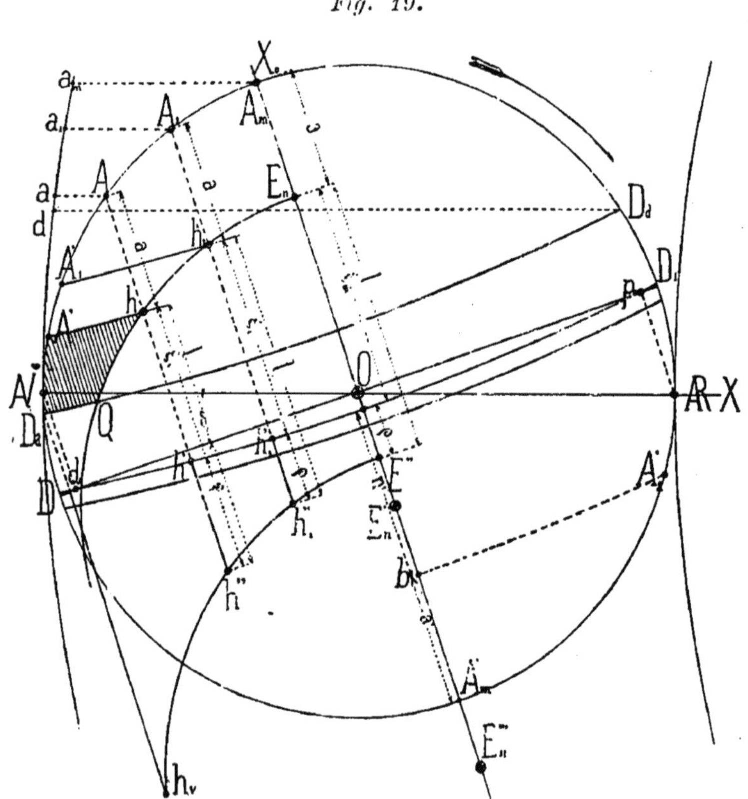

Cette obturation au lieu de s'opérer avec la vitesse assez faible du tiroir de distribution et par simple entraînement d'un tiroir par l'autre, s'opère ici brusquement et avec une rapidité, dont on est absolument maitre en réglant la sortie de l'air du *cylindre à air*, *vase de choc* ou *dashpot*, expressions sous lesquelles est connu cet organe.

On comprend dès lors que l'épure du tiroir Farcot s'applique complètement à la distribution ci-dessus.

Dans l'épure Farcot, la fermeture progressive de l'orifice du grand tiroir (*fig.* 19 du texte et *fig.* 1 et 2, *Pl.* 10) était indiquée par la partie couverte de hâchures $D_a Q h A'$.

Ici la fermeture ayant lieu brusquement, pour obtenir le commencement de la détente en A il suffirait de faire agir le butoir sur le déclic, à cette position de la manivelle, en tenant compte cependant, si on veut être rigoureux, du temps perdu par le tiroir de détente ainsi mis en liberté ; temps perdu qui, peut être du reste négligé sans grande chance d'erreur. Comme dans la disposition Farcot, il y a une limite à l'action du taquet de déclanchement, qui ici encore sera en A_m.

Il faut remarquer que le calage de l'épure se trouve modifié parce que la fermeture du tiroir ne s'opère plus comme dans le dispositif Farcot en marchant de l'axe transversal du cylindre vers les extrémités, mais au contraire des extrémités vers cet axe. Dès lors l'épure se trouve modifiée et l'angle de calage δ doit être pris à l'opposé de la position de l'épure Farcot, les autres parties de l'épure étant conservées.

On voit que le régulateur a pour mission de relever plus ou moins les touches de déclanchage. L'épure donnera ici non plus les valeurs du rayon vecteur de la came, mais les distances que le déclic aura à parcourir horizontalement pour rencontrer la trajectoire verticale de ces touches (*fig.* 19).

Il faut remarquer que ces distances facilement obtenues doivent s'appliquer au déclic placé dans la position où le déclanchement s'opère, c'est-à-dire au moment où les touches d'enclanchement sont bord à bord ; et non aux déclics dans leur position d'enclanchement.

On partage alors la course h donnée aux touches ou au régulateur en un certain nombre de parties égales (*fig.* 19) et on porte en chaque point les écarts correspondants.

On peut également partir pour cette division de chiffres proportionnels non plus aux introductions mais au travail dû à ces introductions.

On obtient ainsi des courbes plus ou moins rampantes mais toujours telles que les introductions soient égales sur les deux faces.

Les moyens de règlage sont nombreux et faciles à mettre en œuvre et cela sans ouvrir les boites à vapeur, car on a sous la main la possibilité de varier la longueur des touches du régulateur et par suite les points où le déclanchement s'opère.

A partir de A_m (*fig.* 19) l'axe du tiroir cesse de s'écarter de celui de la glace, et commence à s'en rapprocher. Si la butée du déclic n'a pas eu lieu encore, rien ne pouvant plus rompre l'assemblage des deux tiroirs la fermeture ne s'opèrera plus par la tuilette et l'introduction sautera brusquement de $A_m a_m$ à celle de $D_d d$.

Quant au tracé des déclics il se fait plus simplement que celui de la came de Farcot, la fermeture ayant lieu au moment précis où le déclic cesse d'être en contact avec la touche de la tige de détente.

Les écarts du tiroir par rapport à son axe étant connus, tout se borne à relever ces écarts pour différentes fractions de la course du piston, qu'on pourra prendre à un vingtième, par exemple. On prendra (*fig.* 19) etc.,

$$A\,a = \frac{1}{20}\,N\,\mathcal{R}$$

$$A_1\,a_1 = \frac{2}{20}\,N\,\mathcal{R}$$

et on mesurera les distances de A, A_1 etc., à l'arc des coïncidences. On aura ainsi le chemin parcouru par le déclic jusqu'au moment où la rencontre de ce dernier étant effectuée, la touche du déclic devra échapper celle de la tige. On porte alors sur une verticale des divisions correspondant aux diverses positions du régulateur et par conséquent des butoirs, et on mène par ces divisions une série de droites horizontales. Prenant alors les distances mesurées plus haut, on détermine une série de points dont la réunion constituera la courbe exacte du déclic pour la face considérée.

On trouvera de même la courbe du déclic pour l'autre face.

Ici encore on pourra opérer plus simplement et se contenter d'une forme unique pour les déclics. Il suffira pour cela de superposer leurs deux tracés et de régler la forme commune de telle façon que les écarts dans les introductions soient réduits au minimum. Le point où les courbes se confondent ou se coupent donnera la fraction d'introduction pour laquelle on devra règler la machine au montage.

§ 71

Disposition Claudius Jouffray

Ce genre de distribution se distingue du précédent, en ce que le chariot qui conduit les tuilettes de détente est attaqué par un excentrique spécial.

La distribution Baudet et Boire que nous venons de décrire a l'inconvénient inhérent à celle de Farcot et déjà signalé, c'est de ne pouvoir admettre que pendant une faible portion de la course du piston. En effet, pour que le déclanchement puisse s'opérer, il faut évidemment que les déclics marchent à la rencontre de la touche qui doit le produire, et nous avons vu que le sens de marche se trouvait modifié à partir du point $A\,m'$ (*fig.* 19).

Ici au contraire il n'y aura de limite à l'introduction que celle donnée par le tiroir de distribution ; but qu'on s'est proposé en étudiant ce nouveau dispositif.

Le tiroir de distribution (*Pl.* 26, *fig.* 1 *et* 2, *et Pl.*27 *fig.* 1, 2) se compose comme précédemment de deux tiroirs distincts ayant leur glace d'échappement horizontale et réunis par un tige T'', pénétrant dans la boîte à vapeur par un unique presse-étoupe.

La tige de détente *T″* traverse la première partie de la boite à vapeur ou boite *N*, en passant au travers d'un tube en bronze qui l'isole de cette boite, et vient attaquer le chariot porte-déclics *A* en *B*.

Ce chariot porte à sa partie supérieure les axes de deux déclics *D* et *D′* dont les queues sont disposées pour venir buter contre les touches *t* et *t′* reliées au régulateur par la coulisse *G*.

Dans ce chariot est ménagée une coulisse rectangulaire dans laquelle viennent s'engager les taquets *C* et *C′* portant contre-touches d'enclanchages, et reliées aux tiges *T* et *T′*. Ici la fermeture s'opère à l'inverse de la disposition précédente. Il y a encore deux renflements aux tiges de détente mais les amortisseurs ou dashpots se trouvent à l'extérieur du tiroir. La planche montre clairement le fonctionnement qui résulte de ces dispositions.

Entraîné par l'excentrique spécial de détente, le chariot *A* dont les déclics *D* et *D′* sont enclanchés par leur propre poids, entraîne à son tour les tuiles de détente, jusqu'au moment où la queue *g* du déclic viendra rencontrer la touche *t* du régulateur. A ce moment le lien entre le chariot *A* et la tige de détente *T* étant rompu, la pression de la vapeur agissant sur la section de la tige chasse la tuilette, qui obture l'orifice du tiroir de distribution et opère la détente.

L'amortisseur fonctionnera alors et l'air chassé par le piston *P* et refoulé amortira le choc,le retour se faisant d'autant plus vite que la sortie de l'air emprisonné dans le dashpot aura été plus restreinte. Le piston viendra s'appliquer au fond de celui-ci et les distances devront être réglées de telle sorte que, à son retour, le déclic puisse bien renclancher la contre-touche fixée sur la tige de détente. Sur l'arbre moteur, nous avons deux excentriques, un pour commander la tige de distribution *T‴*, l'autre pour actionner la tige *T″* qui conduit le chariot *A*. La troisième tige *T′*, reliée aux tuilettes *g* est indépendante et n'est mise en mouvement que lorsque les déclics enclanchent les heurtoirs du chariot.

Le tracé des courbes des déclics se fait bien facilement encore et exige une épure distincte, dans laquelle intervient le calage spécial de l'excentrique de détente.

Ce dernier n'ayant qu'un rôle, celui de commander la détente, doit être pris en retard ; car pour que l'action du déclic se prolonge jusqu'à 80 % de la course environ il faut que le rayon d'excentricité soit voisin de celui de la manivelle motrice au point mort.

Il faut en outre que ce tiroir de détente découvre bien franchement l'orifice du tiroir de distribution, et comme ce dernier va, au début, plus vite que le tiroir de détente, il est bon de vérifier par la superposition des épures si cette condition est bien remplie.

Quant au tracé des courbes de déclanchement on l'obtient comme dons la distribution précédente, étant donné que les touches t et t' du régulateur ont un déplacement purement vertical.

La même remarque qu'au paragraphe précédent doit être faite ici quant à la position qu'on doit supposer au déclic pour en opérer le tracé.

L'épure (*fig.* 3, *Pl.* 27), montre clairement le tracé du déclic et il nous semble superflu d'insister davantage, tout ce que nous avons dit au sujet de la distribution Baudet et Boire s'appliquant également à cette variante.

Il n'y a qu'un point sur lequel nous devons attirer l'attention. Les déclics, étant menés par un excentrique spécial, ont chacun pour course utile la course de cet excentrique. Ce n'est donc plus ici l'arc des coïncidences qui est intéressant, mais bien l'arc du fond de course DD_m (1). La manivelle étant en A par exemple et le piston ayant marché de Aa, les excentricités sont toutes deux en b et tandis que le tiroir de distribution a marché à partir de sa position moyenne de bc, le tiroir de détente enclanché a décrit la distance bf à partir de sa position moyenne et bD à partir de son

(1) Nous avons supposé dans la figure qu'on prenait pour le cercle de manivelle le cercle ON, et pour les excentriques les cercles $N'O$ supposés égaux tous deux. Pour passer de l'un à l'autre, un rayon suffit. Cela est quelquefois commode si on prend $NO = 100^m/_m$. La lecture des écarts du piston devient ainsi plus facile et l'épure des tiroirs se complique fort peu.

fond de course, point où il s'est enclanché, *bD* représente donc le chemin parcouru par le déclic allant au devant de la touche et c'est cette distance qui est ici intéressante puisqu'en la déduisant comme le montre la figure 3 (*Pl.* 27), on obtient le déclanchage du point qu'on désire.

Ici encore on peut en superposant l'épure de la face *AR* sur celle *N*, prendre, pour forme des déclics, une courbe unique donnant des introductions sensiblement égales sur les deux faces du piston.

§. 72

Distribution système Claudius Jouffray et Cie

Nous allons examiner rapidement cette distribution où nous avons des déclics comme dans les précédentes, mais ici les excentriques sont remplacés par des petites manivelles, ce qui revient au même. Cette distribution est surtout remarquable comme exemple de distribution établie dans les fonds du cylindre. (*Pl.* **24**, *fig. 1 à 3*).

Elle comporte quatre tiroirs disposés dans le fond du cylindre et se mouvant suivant des axes normaux au plan vertical passant par l'axe du cylindre à vapeur.

Pour diminuer la course de ces tiroirs (*fig.* 3), ils sont formés d'une plaque présentant deux lumières, et glissant sur des tables percées de trois orifices.

Les tiroirs d'introduction sont placés dans des boites venues dans les fonds de cylindre, tandis que ceux d'introduction sont logés dans des chambres pratiquées dans les fonds également, mais ces chambres sont en communication avec l'intérieur du cylindre lui-même, de sorte que ces tiroirs sont complètement à l'intérieur de ce dernier.

Ces tiroirs reçoivent leur mouvement d'un arbre à quatre coudes *O* dont l'axe est parallèle à celui du cylindre et qui est attaqué par l'arbre de couche à l'aide d'une paire d'engrenages coniques à 45°, disposition en tout analogue à celle de Flühr.

Les tiroirs d'évacuation sont commandés par des leviers de sonnette fous sur un axe fixe O', ces leviers étant attaqués par des bielles recevant leur mouvement de deux des coudes manivelles, et attaquant à leur tour les deux petites barres de commande des tiroirs.

Il est à remarquer que, dans un tour complet de la manivelle motrice, on ne peut utiliser qu'un arc de 180° correspondant à la période d'évacuation sur la face du piston. Pendant la seconde période il faut que le tiroir reste sensiblement immobile, ou tout au moins que le chemin parcouru soit aussi restreint que possible, afin qu'il n'y ait pas réouverture d'un orifice par la lumière précédente.

On est arrivé à ce résultat en adoptant le procédé décrit dans le chapitre II, § 16. Nous avons vu en effet qu'on peut, à l'aide de combinaisons convenables, partager les angles décrits par les extrémités de deux manivelles d'une façon très-inégale. Nous avons déjà vu cette disposition dans l'étude des machines Corliss, et nous reviendrons encore par la suite sur différentes particularités de ce renvoi de mouvement.

Les épures de la planche 24 montrent le résultat obtenu, les flèches indiquant dans quel sens se produisent les écarts. La lumière est figurée par deux traits et on voit que sur la face *AV* l'ouverture anticipée à lieu à 95 °/₀ de la course, la fermeture ou compression se produisant à 90 °/₀. Sur la face *AR* les mêmes phases ont lieu à très peu de chose près aux mêmes positions du piston.

Quant à l'introduction, elle est obtenue de la même façon, seulement le levier de sonnette est interrompu par un lien mobile constitué par un déclic. Tant que ce déclic est en prise, la commande des tiroirs d'introduction a lieu comme avait lieu celle des tiroirs d'échappement. Mais dès que le déclic vient butter contre la came M folle sur l'arbre O' et mise à la disposition du régulateur par les tringles PRS ; le déclic se soulève, et la liaison entre la bielle de commande et le tiroir n'ayant plus lieu, ce dernier se trouve arrêté dans sa course.

Un levier spécial fou sur l'axe *O'* également, relié à la tige *B* du tiroir d'un côté et de l'autre au dashpot à vapeur, par la tige *C*, ramène le tiroir brusquement en arrière, grâce à l'action de ce dashpot.

Ce dernier est du type breveté par M. Bonjour et en tout analogue à celui que nous décrirons dans le chapitre suivant auquel nous renvoyons pour les détails.

Ce qui distingue cette distribution de la précédente, c'est l'emploi de manivelles spéciales à calages convenables pour la commande tant des tiroirs d'introduction que d'échappement et la suppression des cames qui jouaient dans la machine Flühr les mêmes rôles.

L'étude détaillée que nous avons faite de la distribution Flühr pour montrer le fonctionnement du déclic, nous dispense d'étudier en détail les mouvements de cette distribution. Les résultats sont en tout comparables et ici on obtient par des combinaisons de leviers des mouvements analogues à ceux produits par la came. Ce qu'il faut surtout remarquer, c'est la possibilité de produire, par des renvois de mouvement à leviers, un mouvement assez faible du tiroir pendant une demi-circonférence pour que l'on puisse considérer cet organe comme au repos. Dans l'étude de la distribution Flühr, nous avons montré la nécessité de ce temps d'arrêt que l'on retrouve dans beaucoup de distributions à déclanchement et dont nous allons faire une étude spéciale.

CHAPITRE XIV

MOUVEMENT INSTANTANÉ PAR LA VAPEUR

§. 73

Distribution système Bonjour

Nous avons vu de nombreux emplois de deux tiroirs superposés : le grand tiroir sert à la distribution ; le petit tiroir ou tuilette de détente produit la détente et permet de la faire varier à volonté. Dans les distributions Meyer ou Farcot, le tiroir de détente avait un mouvement progressif dérivant de celui d'un excentrique et par suite peu rapide. On a obtenu un mouvement rapide au moyen des déclanchements et des retours brusques produits par des ressorts ou la vapeur ; dans le chapitre XIII nous avions en quelque sorte un tiroir de détente analogue à celui de Farcot, mû rapidement par l'intermédiaire de déclics. Nous allons examiner maintenant la distribution système Bonjour, où nous retrouverons encore une tuilette de détente, mais elle sera mue sans intermédiaire de mécanisme, par l'action directe de la vapeur qui produira alors un mouvement instantané.

Cette distribution diffère des nombreuses distributions à plusieurs distributeurs et à déclics qui dérivent toutes du type primitif de Corliss, par la suppression du déclanchement à mécanisme délicat et par la possibilité de pouvoir remplacer par une simple tuile de détente plusieurs distributeurs distincts. Après les complications de mécanisme subies pour obtenir les avantages dus aux déclics, nous trouvons un retour à la simplicité de deux tiroirs superposés sans rien sacrifier à la marche économique de la machine.

La simplicité de cette distribution a eu l'avantage de permettre de l'appliquer aux machines à deux cylindres Compound et d'ajouter ainsi, à l'économie de vapeur produite par une bonne distribution, celle qui résulte de l'accouplement judicieux de deux cylindres.

Le déclic n'est pas sans avoir, à côté de ses avantages, des inconvénients sérieux, tels que l'usure des touches en acier, des axes d'articulation, et des parties qui reçoivent le contact des contre-touches de déclanchage. Le principal inconvénient, c'est que, pour se reclancher facilement et sûrement, le déclic ne doit pas être animé de vitesses trop grandes ; et qu'il se prête assez mal à des allures précipitées. On ne doit donc les appliquer qu'avec prudence, aux machines dont le nombre de tours est un peu grand, et on ne peut guère dépasser 80 tours par minute. Quand aux avantages obtenus à l'aide du déclic, on peut ranger parmi les principaux l'absence d'effort demandé au régulateur pour agir sur la détente, et la fermeture rapide des orifices d'introduction qu'il permet seul de réaliser, en supprimant les étranglements et le laminage de la vapeur.

M. Bonjour s'est fait breveter récemment pour un système de distribution qui se prête parfaitement aux allures les plus rapides tout en permettant de conserver la rapidité de fermeture, la facile attaque de la détente par le régulateur, et en proccurant certains avantages sur lequels nous insisterons plus loin.

A cet effet, M. Bonjour emploie pour mouvoir les tuiles de détente un petit cylindre à vapeur spécial dans lequel se meut un piston P′ monté sur l'une des extrémités de la tige du tiroir de détente comme le montre la fig. 2, (*Pl.* 29).

Ce piston a une section telle qu'il puisse mouvoir les tuiles dès qu'on admet la vapeur sur l'une de ses faces, tandis que l'autre est mise en relation soit avec l'atmosphère soit avec le condenseur ou tout autre milieu de moindre pression, Le but de ce piston étant identique à celui des grosses tiges de détente des distributions Baudet, et Boire et autres du chapitre XIII, nous renvoyons à ce qui a été dit à leur égard.

§. 74

Robinet distributeur

La distribution de la vapeur de ce cylindre *S* s'opère à l'aide d'un petit robinet à clé conique *K* disposé pour que la pression de la vapeur l'applique dans son boisseau. La vapeur en pression entoure cette clé de tous cotés et l'échappement est en communication avec l'ouverture du milieu qui la traverse, de telle sorte qu'en imprimant un mouvement d'oscillation à cette clé on admettra la vapeur sur l'une des faces du piston *P'* en mettant l'autre face en communication avec le milieu de basse pression. — On aura donc là un moyen simple de lancer le piston *P'* dans un sens ou dans l'autre, de telle façon qu'il soit tantôt à son fond de course *AV*, tantôt à son fond de course *AR* obturant ainsi les orifices *AR* ou *AV* du tiroir de distribution.

Comme le piston est lancé avec force vers les fonds du cylindre *S* il se produirait un choc qu'on fera disparaître à l'aide d'un dashpot spécial placé en prolongement de la tige *U* du piston sur la face arrière de la boîte à vapeur.

Ce vase de choc présente quelques particularités sur lesquelles nous insisterons plus loin.

En somme le piston ne doit avoir que deux positions, celle des fonds de course et la course doit être telle que la tuilette, à toutes positions d'ouverture du tiroir, obture complètement le passage de la vapeur par la lumière d'introduction du tiroir de distribution. Si *a'* représente la largeur de cet orifice, la course sera égale à *a'* augmentée des recouvrements nécessaires pour qu'il n'y ait pas fuite entre les surfaces en contact. Cette course se trouve donc extrêmement faible, *a'* ayant toujours une très faible valeur.

Il nous reste à voir comment on donne la commande au robinet de distribution. Ce robinet *K* se distingue de ceux de Corliss (1) en

(1) Voir le chapitre XIII.

ce que, comme nous l'avons dit, il est conique, baigné dans la vapeur et appuyé sur son siège par la pression. Il a du reste des dimensions extrêmement faibles, le cylindre qu'il est chargé de distribuer étant lui-même très petit ; l'effort à vaincre pour le faire osciller est donc très-faible aussi.

La clé se termine par un bossage, dans lequel est pratiqué un logement rectangulaire. Dans ce logement s'ajuste un T venu de forge avec la tige de commande *t*. Cette tige traverse une douille en bronze formant chapeau du boisseau et s'épaule contre ce chapeau par une partie conique faisant joint ; la pression de la vapeur applique cette tige contre le chapeau. On voit que la clé et sa tige, soumises toutes deux à la pression de la vapeur, sont entièrement distinctes l'une de l'autre, et que leur entraînement se fait aisément sans chance de fuites à i'une ou à l'autre de ces pièces. Un petit ressort assure la position de la clé dans sa douille. Une manivelle *M* calée sur la tige permet d'attaquer le robinet et de transmettre à la clé le mouvement d'oscillation que lui communique la coulisse.

Cette coulisse a ses deux extrémités conduites par des excentriques convenablement calés et recevant leur mouvement de l'arbre moteur par une transmission spéciale qui actionne également le régulateur. La coulisse est suspendue par une petite bielle au levier du régulateur dans le manchon, en montant et descendant, déplace la coulisse, et par conséquant donne la prépondérance à l'un ou à l'autre des excentriques, suivant que le manneton de la manivelle *m* se trouve plus ou moins prêt, dans la coulisse, de l'axe d'articulation de l'une ou de l'autre barre d'excentrique (1).

Il est à remarquer ici que les variations à opérer dans le mouvement d'oscillation de la clé du robinet ne doivent pas se borner comme dans les distributions précédentes, à des amplitudes plus ou moins grandes. Il faut ici lancer le piston au moment voulu c'est-à-dire que le robinet devra ouvrir le passage de la vapeur,

(1) Voir le chapitre spécial des coulisses.

sur les faces du piston P', au point où la détente devra se produire. Ce point correspondra à des positions déterminées de la manivelle motrice, à des angles décrits par cette manivelle (à partir de son fond de course) déterminés et variables. Il s'agit donc d'obtenir des variations angulaires dans la commande du robinet.

Pour obtenir ces variations, M. Bonjour a employé diverses combinaisons. Celle décrite ci-dessus, est extrêmement simple. L'un des excentriques (*fig. 3, pl. 29*) est calé de telle sorte que le robinet fonctionne au moment où la manivelle est à l'un ou l'autre de ses points morts. Le second est calé de telle sorte que le robinet fonctionne au contraire quand la manivelle a atteint le point d'introduction maxima qu'on désire obtenir.

Il va de soi que, en montant ou descendant la coulisse *e*, le régulateur donnera la prépondérance à l'un ou à l'autre côté des excentriques et que dès lors il aura la facilité de lancer le piston de détente à un point quelconque de la course du piston moteur de la machine, compris entre l'introduction zéro et l'introduction maxima, entre la détente totale et la détente minima. Cette disposition très simple permet donc d'obtenir très facilement toutes les introductions qu'on désire et cela d'une façon simple et élégante.

§. 75

Dashpot à l'huile

Nous avons dit que le dashpot breveté par M. Bonjour présentait quelques particularités intéressantes.

Ce n'est un mystère pour personne que les *dashpots à air* tels que nous les avons décrits ne fonctionnent que fort imparfaitement.

Le cylindre à air, quelque bien exécuté qu'il soit, tient fort mal l'air sous pression, et il est presqu'impossible que des fuites ne se manifestent pas entre le piston et le cylindre, surtout après quelque temps de marche. Cet organe est difficile à graisser, et l'échauffement provenant de la compression de l'air et du contact plus ou moins immédiat du cylindre à vapeur, en donnant des dilatations inégales du piston et du cylindre, rend le dashpot rarement étanche.

De telle sorte que, si l'on veut éviter le choc, il faut obstruer presque complétement le trou d'évacuation de l'air, et alors le retour des tiroirs se fait mollement accusant un arrondi aux diagrammes, ou bien si on tient à avoir un retour rapide et brusque traduit par une belle coupure du diagramme, il faut laisser le choc du piston sur le fond du dashpot se manifester plus ou moins; ce qui a pour moindre inconvénient de donner des vibrations aux pièces de commande.

Le piston du dashpot de M. Bonjour, se meut dans l'huile ou dans l'eau plus ou moins grasse. Une rainure pratiquée dans le cylindre et le long d'une de ses génératrices met en communication les deux faces du piston. Quand ce dernier est lancé à l'un de ses fonds de course, l'huile chassée devant lui passe par la rainure pour venir combler le vide laissé derrière le piston, et la rapidité de marche du piston dépend absolument de la section de passage présentée par la rainure. Celle-ci va en se rétrécissant vers les deux fonds, afin que la vitesse, maxima au début, atteigne zéro seulement au moment où le piston va frapper sur le fond du cylindre.

La rainure débouche vers le centre du cylindre dans un récipient d'huile dont l'obturateur est disposé de telle sorte qu'un coussin d'air s'oppose aux coups d'eau qui pourraient se produire quand la tige de piston formant plongeur refoule l'huile qu'elle déplace dans le récipient.

Il faut avoir soin que le dashpot soit suffisament éloigné du cylindre pour que la température n'y atteigne jamais celle où les huiles se dénaturent et cessent d'être fluides.

Aucun presse-étoupe n'est nécessaire, car le dashpot fonctionne aussi bien avec de l'eau qu'avec de l'huile, et si au bout de quelque temps il se produit un échange, l'huile passant en partie dans la boîte à vapeur en suivant la tige, et la vapeur condensée venant la remplacer, le fonctionnement avec cette eau grasse ne sera nullement gêné. Dans ces conditions, on pourra encore donner 300 à 400 coups doubles par minute sans qu'aucun choc nuisible se produise.

A cette allure là, le piston à vapeur fonctionnera encore parfaitement et nous remarquerons que, de ce côté là aussi, aucun presse-étoupe n'est nécessaire entre la boite à vapeur et le cylindre de détente.

Ce dernier fonctionne en effet parfaitement avec de la vapeur très-humide, voire même avec de l'eau provenant des purges, et, en fait on peut considérer cet appareil comme un excellent purgeur.

On prendra la vapeur motrice par un orifice placé au point le plus bas de la boite à vapeur de façon à envoyer au cylindre de détente toute la vapeur condensée dans la boîte ou dans l'enveloppe, condensation qui sera extraite à chaque mouvement du piston de détente c'est-à-dire à chaque coup. La vapeur ou l'eau sortant du cylindre après avoir assuré le fonctionnement de la détente pourra être reprise par la pompe alimentaire et renvoyée, sans perte de chaleur, à la chaudière.

Il est à remarquer ici que, dans la plupart des systèmes à déclic, la tige de commande traverse un presse étoupe et que, du serrage plus ou moins énergique de la fermeture, dépend en grande partie la rapidité du retour de la tige, ou de la fermeture du tiroir.

Ce frottement spécial de la tige dans la garniture est une constante indépendante de la pression de la vapeur, de sorte qu'il n'est pas rare que la pression baissant aux chaudières le déclic vienne à mal fonctionner. La pression qui agit sur l'organe de détente et de distribution diminuant atténue, il est vrai, les frottements, mais le frottement spécial du bourrage du presse-étoupe reste constant et le fonctionnement est altéré.

Ici rien de semblable. Nul presse-étoupe ne peut gêner la détente, qui est ainsi mise totalement à l'abri de la maladresse d'un chauffeur et de l'abaissement momentané de la pression des chaudières.

CHAPITRE XV

CHANGEMENT DE MARCHE PAR CALAGE

§ 76

Changement de marche

Tous les systèmes de distribution que nous venons de passer en revue ont un sens de rotation parfaitement défini, et nos épures portent toutes une flèche indicatrice de ce sens de rotation.

Il est facile de se convaincre en reprenant l'épure (*fig.* 10) du

Fig. 10.

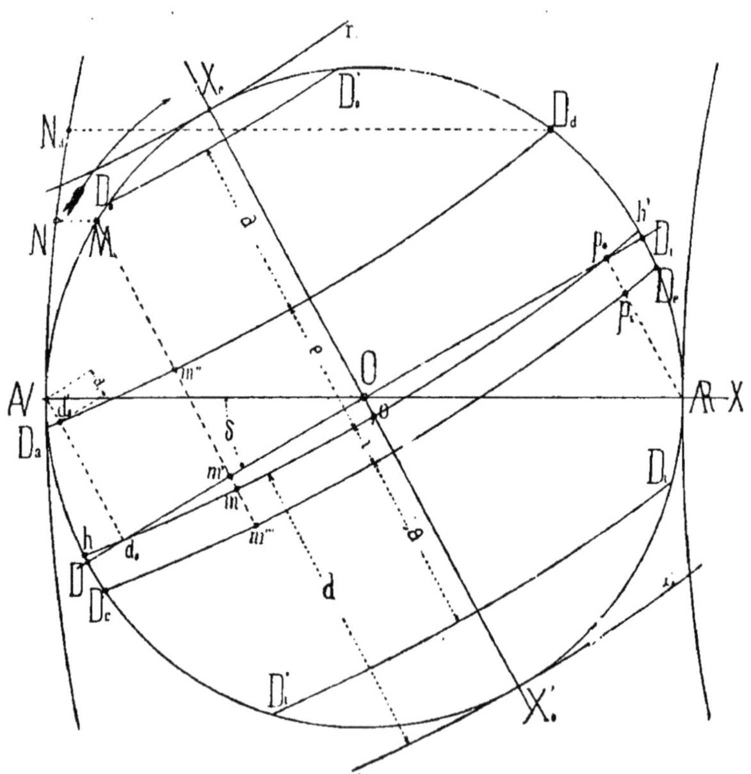

tiroir simple par exemple, que toute rotation serait impossible dans le sens opposé à celui de la flèche.

Si nous renversons celle-ci ; nous voyons en effet que, à partir de N, les écarts vont en diminuant, la période d'introduction se terminera en D_a et l'évacuation commencera en D_c, c'est-à-dire, que le tiroir découvrira à l'échappement, et que toute introduction de vapeur étant supprimée le piston ne pourra plus avancer.

Pour obtenir le renversement de la marche il faudrait donc renverser complètement l'épure, prendre l'angle δ en dessus de N c'est-à-dire changer l'angle de calage sur l'épure de $2\,\delta$ ou, ce qui revient au même, prendre l'avance dans le sens nouveau de la rotation.

Il existe un grand nombre de machines dans lesquelles le changement de la marche s'impose. Les locomotives, les machines d'extraction et les machines marines doivent marcher tantôt dans un sens, tantôt dans un autre.

On arrive à ce renversement de bien des manières dont nous allons passer en revue les plus appréciées.

§ 77

Renversement de marche par inversion

Le changement de marche le plus simple est celui qui consiste à renverser la fonction des tiroirs à coquille.

La marche en avant étant assurée, par exemple, par la disposition normale du tiroir, il est clair que si on fait arriver la vapeur par la tubulure d'évacuation tandis que l'intérieur de la boîte à vapeur sera mis en communication avec l'atmosphère, le fonctionnement de ce tiroir sera inversé et la marche en arrière assurée.

Seulement cette disposition exige la parfaite symétrie du tiroir et le calage normal de l'excentrique, c'est-à-dire des avances nulles. L'inspection de la figure 10 et ce que nous venons de dire, suffisent pour le faire comprendre.

Ce système est extrêmement simple, puisqu'il suffit d'un robinet à trois voies ou d'un tiroir d'inversion pour assurer le fonctionnement du renversement de la marche ; mais on ne peut l'appliquer que dans les petites machines fonctionnant sans aucune détente, et dont nous trouvons plus loin une application.

Pour obtenir une *détente* et des avances, il faudrait y adjoindre une disposition permettant de renverser de 180° le calage de l'excentrique et on réaliserait ainsi l'appareil dit à toc, que nous allons décrire.

§ 78

Renversement de marche à Toc.

Nous avons vu que le renversement s'opérait très-facilement si on renversait l'épure et par suite le calage, comme le montre la figure 42 ci-contre.

Fig. 42.

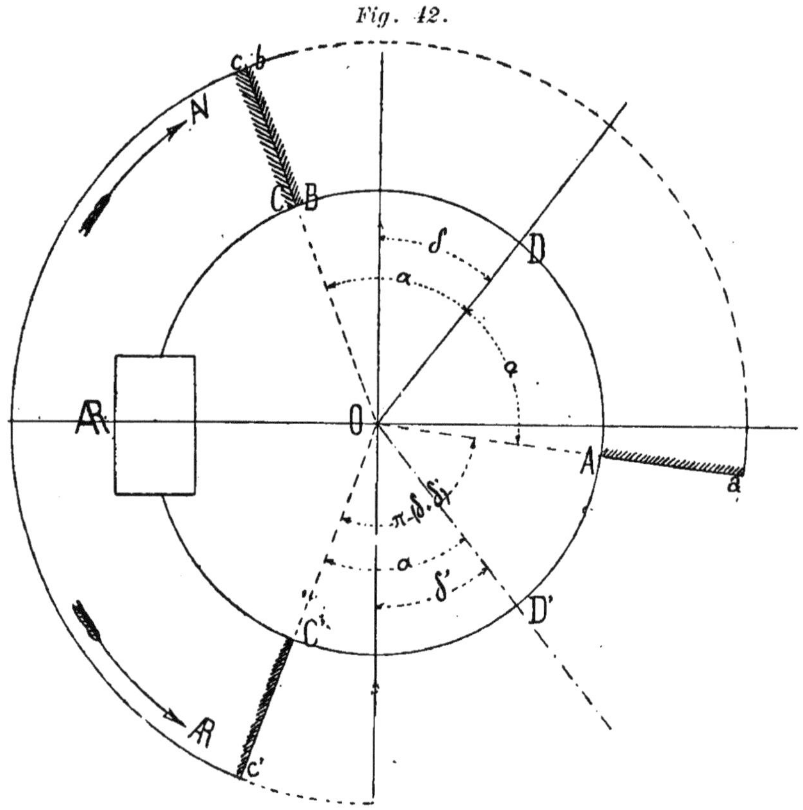

Un excentrique donnerait la marche *AV* avec l'angle d'avance δ et la marche *Æ* avec l'angle d'avance δ'. On voit que les épures de ces deux mouvements seraient semblables mais renversées ; pour les lire, il faudrait tourner en sens contraire, et dans la première l'angle δ serait tracé en dessous de l'axe *Æ O*, tandis que dans la seconde, il serait porté au-dessus. Pour obtenir pratiquement le renversement, il suffit de changer le clavetage de l'excentrique ou plus simplement encore de laisser cet excentrique fou sur l'arbre moteur, qui lui transmet alors le mouvement par un toc claveté à poste fixe sur cet arbre. L'excentrique porte sur un de ses côtés une saillie $A\ a\ B\ b$, appelée contre-toc ; le toc $C c C' c'$ calé sur l'arbre peut venir buter contre la face Bb, comme le montre la fig. 42, alors le toc peut pousser l'excentrique par l'intermédiaire du contre-toc dans le sens de la marche *Æ* ; tout se passe comme si l'excentrique avait le calage δ de marche *Æ*. On voit que l'on aurait la marche *Æ* si au contraire la face $C' c'$ venait toucher la face $A\ a$ du contre-toc. Si le toc est disposé de façon à opérer ce changement, on conçoit que le renversement puisse se faire très-simplement. Mais il faut pour cela que l'arbre moteur se déplace et abandonne le contre-toc de la marche en avant par exemple, en continuant sa rotation pour venir attaquer l'autre face du contre-toc.

Ceci s'obtient soit par des robinets de balancement, à l'aide desquels le mécanicien peut lancer la machine, et par suite l'arbre de couche dans le sens convenable, soit en agissant sur l'arbre moteur lui-même à la main, comme cela se pratique dans les petits moteurs ; car cela n'est évidement pratiquable que dans ces derniers.

Ce renversement à toc est employé assez fréquement à cause de sa simplicité dans les machines Compound où le sens de la marche étant donné par le petit cylindre, le tiroir du grand cylindre peut être aisément commandé par cet appareil.

Pour tracer le toc et dessiner l'appareil, soit (*fig.* 42) *Æ* la position de la manivelle, δ l'angle d'avance pour la marche en avant et δ' celui de la marche en arrière.

Soit $CcC'c'$ le toc calé sur l'arbre et soit $BbAa$ le contre-toc venu de fonte avec l'excentrique qui est fou sur l'arbre O.

Soit 2α l'angle embrassé par les arêtes OB et OA du contre-toc. On dispose celui-ci ordinairement de telle sorte que, s'il est en contact pour la marche avant, le rayon d'excentricité le partage en deux arcs égaux BD et AD.

Le toc se présente en-dessous pour la marche arrière et on le dispose en général de telle sorte que ses rayons Oc et Oc' fassent des angles égaux avec la manivelle ON.

Pour changer la marche, il faut que l'angle décrit par le collier ou celui décrit par l'arbre de couche soit égal à $\pi - (\delta + \delta')$, puisque l'axe OD du contre-toc se trouve déplacé de l'angle DOD'

$$\text{Angle } DOD' = \pi - (\delta + \delta')$$
$$\text{ou angle } AOC' = \pi - (\delta + \delta')$$

Cette rotation effectuée le contre-toc sera en prise par sa face Aa transportée en $C'c'$ avec la face du toc $C'c'$ et tout sera prêt pour que la marche s'effectue en sens inverse de ce qu'elle était primitivement.

En somme la circonférence se trouve partagée en trois arcs :

1° Celui qu'embrasse le toc ;

2° Celui qu'embrasse le contre toc

3° L'arc $\pi - (\delta + \delta')$.

De ces trois arcs, deux sont falcutatifs, et le troisième seul est imposé par les considérations spéciales à la distribution qu'on veut obtenir

On sera donc libre de prendre pour les arcs $C\mathcal{R}c'$ et BDA telle valeur qu'on voudra en se basant sur la condition d'avoir des pièces présentant même sécurité. Il est bon de prévoir des pièces robustes, car il peut y avoir des chocs assez violents quand le renouvellement de la marche s'opère.

§. 79

Distribution à Renversement de marche par manchon héliçoïdal.

Le changement de la marche par simple toc n'est possible que dans des cas bien restreints que nous avons énumérés. Il est d'autres moyens de renverser le calage de l'excentrique et celui qui est représenté fig. 1 et 2 (*Pl.* 30) est un des plus simples.

Il diffère du précédent en ce que la partie d'excentrique *B* est mise directement en prise avec le toc calé sur l'arbre *A* sans qu'on ait besoin d'agir sur cet arbre.

A cet effet, l'arbre se termine par une partie rectangulaire *A''* sur laquelle glisse, entraînée par le levier de commande *F*, un manchon en bronze. Ce manchon est relié à un deuxième manchon *C* qu'il entraîne parallèlement à l'axe de l'arbre quand on agit sur le levier *F*.

Ce manchon *C*, vient s'emboîter sur une partie *B'* qui fait corps avec l'excentrique *B*, et est fou comme lui sur l'arbre *A'*.

Cette partie *B'* porte une vis à filets multiples, représentés dans la coupe (*fig.* 3) au nombre de trois ; et les filets sont reproduits dans le manchon *C*.

Si on suppose l'arbre immobile et le toc *a* de l'arbre en prise avec le contre-toc de l'excentrique *b* (*fig.* 4) pour la marche *N* par exemple, et si on désire renverser la marche, il suffira d'agir sur le levier *F* qui par l'intermédiaire du levier *G* animera le manchon *D* d'un mouvement de translation parallèle à l'arbre de couche.

Le manchon *C* faisant écrou sur la poulie d'excentrique et ne pouvant tourner, imprimera un mouvement de rotation à la vis *B'* et à la poulie *B* qui lui est solidaire, et la poulie tournera jusqu'à ce que l'angle $\pi - (\delta + \delta')$ de l'exemple précédent soit décrit et que par conséquent le contre-toc soit venu au contact de l'autre face du toc a. La marche se trouvera dès lors assurée dans le sens opposé à celui précédemment supposé.

Il est facile de déduire de ce qui précède le pas de la vis B' et de son écrou manchon C.

En effet la rotation à obtenir a pour valeur $\pi - (\delta + \delta')$.

Si on appelle p le pas de la vis, et si C est la course latérale assignée au manchon écrou C, on devra avoir :

$$C = p \times \frac{\pi - (\delta + \delta')}{2\,\pi}$$

Un exemple permettra de se rendre un compte exact de ce calcul élémentaire.

$$\text{soit } C = 120 \text{ m/m}, \quad \delta = 30^\circ, \quad \delta' = 25^\circ,$$

on en déduira :

$$p = \frac{360}{110-55} \times 120 = \frac{360}{125} \times 120 = 345$$

Le pas de la vis devra être de 345 m/m.

Il est bon que la tangente de l'angle que forme le filet ne dépasse pas l'angle de frottement, et que, dans la marche, il n'y ait pas un effort trop grand sur le levier. La position de ce dernier est du reste conservée fixe à l'aide d'un secteur à plusieurs crans dans lequel le levier vient s'enclancher.

Dans le dispositif qui fait l'objet de la planche 30 (*fig*. 2) et employé jadis par M. Duvergier, dans les bateaux omnibus de la Seine, le secteur est en dessous et est disposé de telle sorte qu'il s'enclanche de lui-même, le sens des filets étant tel que le levier soit appuyé sur le secteur pendant la marche, à l'aide d'une pédale à la portée du mécanicien, ce dernier déclanche facilement le secteur et amène sans peine le levier et le manchon dans la position de la marche inverse.

Il existe un grand nombre de dispositions permettant d'opérer ce renversement de calage, et l'un des plus connus et qui est décrit un peu partout est dû à M. Mazeline. Cet appareil était fréquemment employé autrefois dans les grandes machines des bâtiments de guerre, dans les machines à trois cylindres de M. Dupuy de Lôme.

Cette disposition ingénieuse ayant surtout pour but le renversement de la marche sans arrêt de la machine n'est plus guère employé, maintenant qu'on dispose des moyens énergiques pour manœuvrer les coulisses, quelqu'effort qu'exige cette manœuvre ; aussi ne nous y arrêterons-nous pas.

§ 80

Distribution système Tripier.

La distribution brevetée dernièrement par M. Tripier, résoud le problème du renversement de calage d'une façon très-élégante et très simple (*Pl.* 31).

L'appareil se compose essentiellement d'un excentrique sphérique relié à l'arbre moteur par un axe autour duquel il se déplace pour parcourir la ligne des centres, lorsqu'il y est sollicité par un effort appliqué en l'un de ses points *b*. Le centre de l'excentrique, son point d'attache sur l'arbre et le point *b*, constituent un levier d'équerre. Des méplats pratiqués sur l'arbre moteur guident l'excentrique et l'entraînent. Une douille à oreille *B* est reliée à l'excentrique en *b*. Elle est destinée à transmettre à ce point le déplacement parallèle à l'axe de l'arbre moteur, qu'elle reçoit d'une vis dans laquelle elle tourne librement, entraînée dans le mouvement général de rotation ; de larges collets la maintiennent latéralement, et l'un d'eux est démontable pour permettre le rattrapage de l'usure.

La vis *C*, dont il vient d'être question, est à pas rapide et actionnée par un levier pour les machines légères ; pour les fortes machines on emploiera un pas ordinaire et l'on agira sur un volant de manœuvre.

Le tout est supporté par une pièce dont la forme varie suivant les applications ; elle sert d'écrou à la vis de manœuvre et de guide au collier d'excentrique pour l'empêcher de tourner quand on change la marche.

Il serait à craindre que l'usure qui pourrait se produire, si on marchait longtemps à la même détente, ne devienne un obstacle au changement de la marche, par suite de l'épaulement qui aurait tendance à se faire ; on y remédie en faisant l'excentrique en acier coulé et en garnissant le collier d'anti-friction.

On peut également intercaler une fourrure *E* en bronze, entraînée par l'excentrique qui n'agit plus alors que comme une came et le frottement a lieu sur la bague rapportée.

Le fonctionnement est facile à saisir : En agissant sur le levier ou le volant de manœuvre, on déplace la vis dans son écrou, et le déplacement longitudinal transmis en *b* par l'intermédiaire *B* est transformé en déplacement sur la ligne des centres du centre de l'excentrique. Il en résulte un changement de calage de l'excentrique moteur, et la possibilité de varier la détente dans les propositions indiquées déjà, mais naturellement avec les désavantages signalés. Le calcul du pas de l'écrou se ferait du reste comme dans la distribution précédente en fonction de la fraction de tour décrite au volant, et de l'angle d'avance de l'excentrique.

§ 81

Changement de marche, système Bouron.

Jusqu'ici nous avons vu des appareils renversant la marche par un changement de calage de l'excentrique de commande. Ceux que nous allons décrire et qu'a fait breveter leur auteur, sont fondés sur un principe différent, l'excentrique étant animé d'un mouvement d'oscillation transmis par l'arbre de la machine. Nous donnons, planche 32, le dessin d'un premier dispositif qui est applicable dans le cas où l'arbre de couche est dégagé sur l'avant de la machine.

En *A* se trouve le palier d'extrémité de l'arbre manivelle. Cet arbre se termine en *C* par un bouton de manivelle enlevé de forge dans la manivelle *M*. Ce bouton s'engage dans un galet en bronze alésé pour le recevoir et affectant extérieurement la forme rectangulaire. Le galet s'engage à frottement doux dans une rainure calibrée pratiquée dans la pièce *P* qui est disposée extérieurement pour recevoir un collier d'excentrique *E*.

Dans le mouvement de rotation de l'arbre *A*, la pièce *P* entraînée par le galet *C* tournerait si elle n'était guidée par une pièce *T* rectiligne, s'engageant dans une seconde rainure pratiquée dans la pièce *P*, qui dès lors se déplace en glissant sur le guide *T*, cette pièce *P* se trouve donc animée d'un mouvement de translation pur et simple, dont la direction est donnée par le guide *T* qui peut prendre diverses inclinaisons sous l'action du levier de commande *L* s'enclanchant dans un secteur *S*. L'axe du levier *L* se trouve dans le prolongement de celui de l'arbre manivelle.

Sur la pièce *P* se trouve monté un collier d'excentrique *E* commandant le tiroir à l'aide de la barre d'excentrique *B*.

La figure 32 du texte permet de se rendre compte exactement de l'effet obtenu.

La pièce *P* a ses deux rainures, celle qui reçoit le galet *C* et celle qui reçoit le guide *T*, placées à 90° l'une de l'autre.

Soit *T O* l'axe du guide, *O N Æ* le cercle décrit par le bouton de manivelle *C* qui est calé à l'opposé de la manivelle.

Si nous supposons que le bouton de manivelle soit en *A*, le centre du collier d'excentrique se trouvera en *b* sur le pied de la perpendiculaire abaissée de *A* sur la ligne *O T*. En effet le bouton *C* se trouve passer constament par l'axe de la rainure pratiquée dans l'axe de la pièce *P* et cet axe étant normal à celui de la rainure du guide *T*, c'est bien suivant *A b* que se trouvera l'axe de la pièce *P* et par suite, en *b* que sera situé le centre du collier d'excentrique *E*.

Si à l'aide d'un gabarit de rayon égal à celui de la barre

d'excentrique et placé de telle sorte que son centre se trouve sur le prolongement de l'axe de la machine $\mathcal{AV}\,\mathcal{AR}$, nous traçons

Fig. 32.

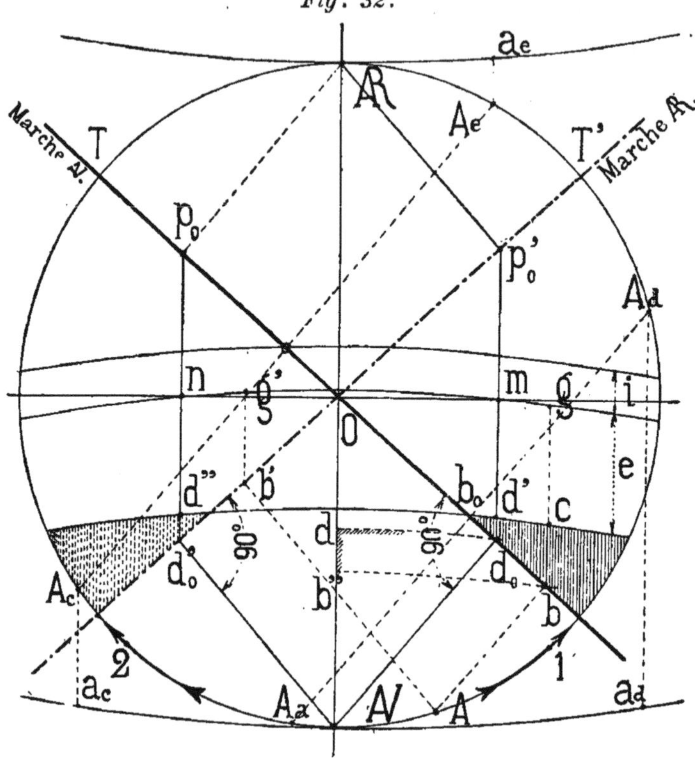

l'arc $b\,b''$, le tiroir sera évidement écarté de sa position moyenne d'une quantité $\xi = o\,b''$.

Le réglage étant fait à avances égales, nous opèrerons suivant la méthode bien connue pour trouver l'arc des coïncidences. Nous prendrons la manivelle à ses points morts $\mathcal{AV}$ et $\mathcal{AR}$; nous déterminerons les écarts égaux $d_0 m$ et $p_0 n$ et par les points m et n nous mènerons, avec le gabarit, l'arc des coïncidences $n\,g'\,m\,g$.

C'est donc à partir de cet arc que nous devons compter les écarts du tiroir par rapport à sa position moyenne, et tracer les recouvrements extérieurs e et i.

Nous voyons sur l'épure et. sans qu'il soit besoin d'insister beaucoup que les avances linéaires seront mesurées par $d_0\,d'$ égales sur les deux faces, si les recouvrements sont égaux,

L'ouverture des tiroirs commencée en A_a se terminera en A_d donnant une introduction $A_d\,a_a$, tandis que l'avance à l'évacuation sera mesurée par $A_e\,a_e$ et la compression par $A_c\,a_c$. Nous voyons de plus que la rotation sera assurée suivant la flèche 1 de la marche avant, correspondant à la position TO du T ou du levier de marche. En effet la machine étant au point mort N on voit que le tiroir ouvre en A_a pour fermer en A_d ce qui est nécessaire pour assurer cette marche.

Pour la renverser, il suffit d'amener le té dans la position $T'O$, symétrique de la précédente par rapport à l'axe longitudinal de la machine. On voit alors que le sens obligé de la rotation deviendra celui de la flèche 2, et ne sera possible que conformément aux indications de cette flèche.

On voit de plus que toute marche deviendra impossible si le té se trouve dirigé suivant mn. Car alors le collier ne sera plus animé que d'un mouvement de translation normal à l'axe du tiroir, et les écarts ne seront plus mesurés pour le tiroir que pour ceux existant entre cette droite $m\,n$ et l'arc des coïncidences.

L'épure que nous venons de faire sous la forme que nous avons toujours adoptée, permet facilement de se rendre compte de la variation des éléments de la distribution quand on fait tourner le levier de changement de marche, c'est-à-dire quand la droite $O\,T$ de l'épure tourne autour du centre O. L'intersection b_0 avec l'arc $d''d'$ se déplace et en même temps la normale $A_a\,A_d$ qui détermine le commencement et la fin de l'admission de la vapeur. Si l'angle $b\,O\,N$ diminue, l'avance linéaire à l'introduction augmente, et la fraction $A_d\;a_d$ de pleine admission augmente; l'arc $A_a\,N$ d'admission anticipée ne peut pas augmenter beaucoup. Si au contraire l'angle $b\;O\,N$ augmente, la portion $A_d\;a_d$ d'introduction diminue, mais en même temps le point A_a se rapproche de N et quand il se confond avec N, l'avance linéaire à l'introduction devient nulle ; c'est donc là une limite de variation de l'angle $b\,o\,N$. On voit donc facilement sur l'épure que cette distribution ne permet pas d'obtenir de grandes variations de détente et surtout qu'elle ne peut donner de faibles introductions. Nous verrons plus loin comment il est facile de rémédier à cet inconvénient.

L'appareil que nous venons d'étudier n'est pratique qu'autant que l'arbre de couche se trouve dégagé sur l'avant de la machine. Dans le cas contraire, il faut prendre le dispositif numéro deux, figuré planche 33 qui ne se distingue du précédent qu'en ce que le bouton *C* est remplacé par un excentrique *C* qu'embrasse un galet identique au précédent.

Le centre de cet excentrique décrit le même cercle que décrivait celui du bouton, et dès lors tout reste conforme.

Le dessin (*Pl.* 33) représente un appareil double appliqué à chacun des cylindres d'une machine marine Compound. Les deux té de changement de marche sont reliés entre eux par un levier *L* et une transmission par pignons de telle sorte, qu'en agissant sur le levier *L*, la marche est renversée aux deux machines à la fois.

Cet appareil se prête à des introductions variables, mais dans des limites assez restreintes, comme tous les appareils qui n'emploient qu'un excentrique. Pour obtenir de faibles introductions sans se voir obligé de subir des compressions trop grandes, il devient nécessaire d'adjoindre à cet appareil un tiroir spécial de détente, ce à quoi il se prête admirablement du reste.

La figure 2 (*Pl.* 32) montre en *M* la manivelle du bouton de commande *C* disposée pour recevoir un excentrique de détente, cet excentrique est ainsi calé à 180° de la manivelle motrice et se trouve par suite très bien disposé pour procurer une détente, par simple plaque, et variable à l'aide de la disposition Meyer ou de celle d'Hayward.

Il est facile de se rendre compte en effet que dans le changement de sens de la marche, l'excentrique ainsi calé, fonctionne aussi bien dans un sens que dans l'autre.

En somme, le tiroir de distribution, si on considère la manivelle à son point mort, *N* par exemple, doit toujours découvrir la lumière *N*, seulement elle doit le faire de même, quel que soit le sens de rotation imposé. Il est facile de voir qu'un tiroir calé à 180° de la manivelle, donnera les mêmes phases, quel que soit le sens de rotation, puisque le tiroir principal reçoit lui-même toujours le même mouvement.

CHAPITRE XVI

COULISSES

§ 82

Rénversement de marche à pied de biche.

Les appareils que nous venons de passer en revue se prêtent tous à renverser la marche, mais ils convienent moins bien à l'obtention de détentes un peu prolongées et rendues facilement

Fig. 42.

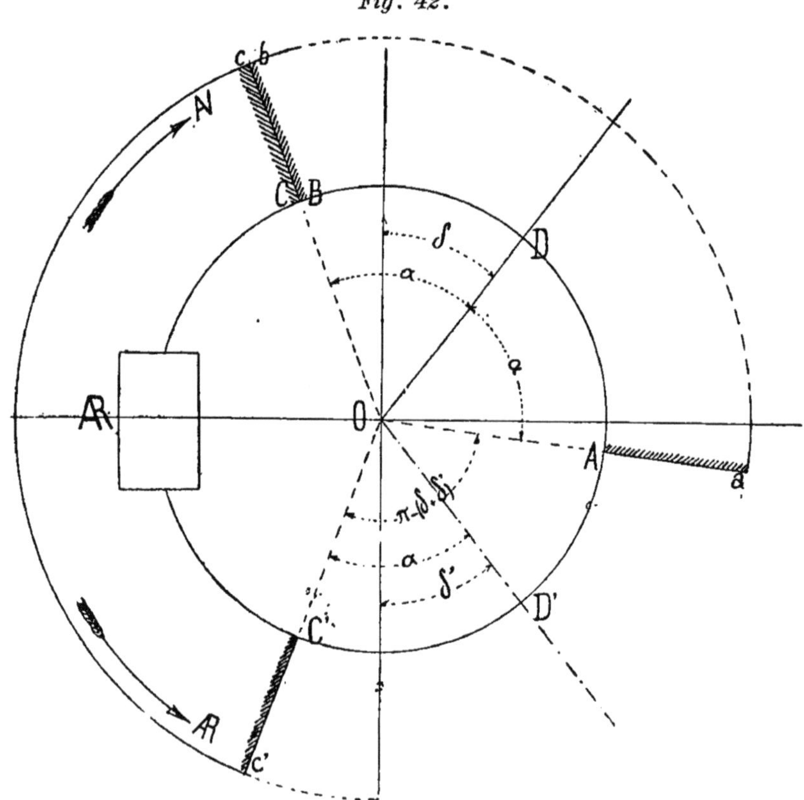

variables à l'aide d'un tiroir unique. Les coulisses qui ont été longtemps les appareils classiques de renversement de marche, permettent d'atteindre ce but dans d'assez grandes limites.

Au lieu de changer le calage de l'excentrique par un toc, comme nous l'avons étudié § 77, pour renverser le sens de marche de la machine, on pourrait avoir deux excentriques, l'un avec le calage δ de marche *AV*, l'autre avec le calage δ' de marche *AR* (*fig.* 42) Si on pouvait commander à volonté le tiroir par l'un ou l'autre de ces deux excentriques on produirait le renversement de la marche et on arriverait au résultat que l'on a obtenu par l'emploi des coulisses ; et nous pouvons dire, en quelque sorte, que la distribution à toc est le principe de toutes les distributions à renversement de marche par coulisses. C'est même par l'emploi de deux excentriques agissant alternativement que l'on a commencé à renverser la marche des machines.

Au début de la construction des machines à renversement de marche, on employait pour changer le sens de rotation une paire d'excentriques complets, munis chacun de leurs barres; l'un de ces excentriques était calé pour la marche *AV*, l'autre pour la marche *AR* et on se bornait à accrocher à la tige du tiroir la barre de l'excentrique qui convenait au sens de la marche que l'on voulait obtenir. Cette fonction s'opérait à l'aide d'un pied de biche s'enclanchant sur un bouton venu de forge avec la tige du tiroir. On laissait alors librement reposer la barre d'excentrique devenue inutile sur un support ad hoc. Au moment où le renversement devenait nécessaire, on désenclanchait la barre première pour réenclancher la seconde ; mais comme, à ce moment là, la tige du tiroir eût pu ne pas se présenter sous le pied de cette dernière, cette tige était munie d'un levier de commande spécial, à l'aide duquel le mécanicien, faisant marcher le tiroir à la main, amenait le bouton de la tige dans l'encoche du pied de biche de la barre, et assurait ainsi l'enclanchement.

Ce mouvement facile à opérer dans les machines de faibles dimensions, ne laissait pas que de devenir pénible pour celles qui avaient des tiroirs lourds à manœuvrer, et devenait même impossible quand il s'agissait de machines accouplées, comme les locomotives par exemple.

§ 83.

Principaux types de coulisses.

On s'ingénia alors à créer des mouvements complexes par leviers permettant de désenclancher et de réenclancher les barres, jusqu'au jour où Stephenson trouva la seule manière pratique de résoudre le problème, et réunit les deux pieds de biche entre eux, en les soudant aux extrémités d'une coulisse dans laquelle se trouvait engagé le bouton de la tige du tiroir.

On assurait ainsi très heureusement l'enclanchage alternatif de l'une ou de l'autre barre d'excentrique. Stephenson réalisa du même coup la possibilité de produire des introduclions variables, en laissant le bouton de commande du tiroir dans une position intermédiaire de la coulisse, position pour laquelle le mouvement du tiroir dépendait à la fois de chacun des deux excentriques, tout en donnant le sens de rotation correspondant à celui des deux excentriques dont l'attaque était prépondérante.

Cet appareil bien simple en apparence ne laisse pas que de constituer un organe extrêmement compliqué au point de vue cinématique, et oblige pour l'établir, à des calculs très laborieux ou à des épures complexes.

La théorie en a été établie par MM. Phillips, Zeuner, etc., mais non rigoureusement et les formules, auxquelles ces divers auteurs sont arrivés, ont toutes eu à subir des amputations nécessaires pour les rendre pratiques, et, en l'état, le tracé exact des différentes phases permet seul d'arriver à une exactitude rigoureuse et nécessaire.

La théorie a néanmoins permis de déterminer les conditions principales qu'il faut remplir pour obtenir une distribution donnée et de simplifier les tâtonnements sans nombre auxquels on serait forcé d'avoir recours, si on s'embarqnait en une semblable étude, sans ligne de conduite aucune.

On a en général, pour se guider, de nombreux exemples, mais

dans bien des cas, il peut être utile de consulter les données générales de la théorie, et le plus souvent on préfère construire un modèle sur lequel les tâtonnements se font plus rapidement sinon avec plus d'exactitnde.

La méthode des gabarits appliquée ici, permet de se passer d'un modèle toujours coûteux, et souvent peu exact, et elle présente l'avantage déjà signalé bien des fois de donner des épures à très grande échelle, de guider dans les tâtonnements, et de montrer clairement dans quel sens ceux-ci doivent être dirigés. Quoiqu'il en soit, nous croyons utile de donner plus loin le résumé succinct des données générales de la théorie qu'on fera bien de consulter avant d'avoir recours aux constructions spéciales que nous allons indiquer.

La coulisse de Stephenson a subi des modifications multiples. Nous nous bornerons à donner les plus importantes et qui portent le nom de coulisses renversées ou de Gooch, et de coulisse droite ou d'Allen. Les propriétés de ces diverses coulisses étant bien tranchées nous les examinerons séparément et commencerons cette étude par celle des coulisses qui a précédé toutes les autres, la coulisse Stephenson.

§ 84

Coulisse de Stephenson. — Description.

Une coulisse de Stephenson (*Pl.* 34) se compose de deux excentriques calés symétriquement, l'un faisant l'angle d'avance en dessus, l'autre en desous. Dans l'exemple de la planche 34, les deux calages sont de 135° et 125° ; ils ne sont pas égaux parce que l'on a voulu par cette faible différence égaliser la distribution sur les deux faces du piston, mais en principe nous pouvons admettre que ces angles sont égaux ; il convient d'étudier d'abord la distribution avec des angles égaux, et ensuite on établira une petite différence, comme nous le verrons plus loin, pour chercher à perfectionner les conditions de la distribution.

Les barres des excentriques *A* et *A'* (*Pl.* 34) viennent s'articuler à la coulisse *D*, qui est une pièce rigide présentant la forme d'un arc de cercle dont le rayon est généralement égal à la longueur des barres d'excentriques ; dans une coulisse Stephenson, cet arc tourne toujours sa concavité du côté de l'arbre moteur, comme on le voit sur la figure 1 (*Pl.* 34). La coulisse est disposée de telle manière que l'articulation *E*, placée à l'extrémité de la tige du tiroir, puisse glisser dans l'intérieur de la coulisse.

Nous remarquons que, dans l'exemple indiqué, les barres d'excentriques sont croisées quand la manivelle est à son point mort *M* ; on dit dans ce cas que la coulisse est à *barres croisées*. Au contraire, la barre *A* pourrait attaquer la coulisse par l'articulation inférieure, et la barre *A'* par l'articulation supérieure ; dans ce cas les barres ne seraient pas croisées et nous aurions une coulisse à *barres non croisées*.

Les barres *A* et *A'* forment, avec la coulisse et les centres d'excentricité, un quadrilatère dont les angles sont tous articulés et qui est par conséquent tout-à-fait déformable. Si nous supposons que l'arbre moteur tourne, la coulisse n'aura pas un mouvement déterminé : elle pourra se déplacer latéralement à la tige *EF* tout en déplaçant cette tige, et le rapport entre ces deux mouvements sera indéterminé. Pour obtenir le mouvement de la tige du tiroir dans des conditions définies, il faut guider la coulisse. Cette particularité se présente dans toutes les coulisses commandées par deux excentriques et généralement ce guidage s'obtient par ce que l'on appelle *la suspension* de la coulisse. Dans l'exemple indiqué, la coulisse est suspendue par son centre au moyen de deux axes extérieurs qui reçoivent les articulations de la barre de suspension *I* ; cette barre est elle-même articulée au levier *J* claveté sur l'arbre *K*. Le levier *J* et l'arbre *K* peuvent recevoir un mouvement de rotation au moyen d'un levier calé sur l'arbre et que l'on appelle levier de changement de marche ; généralement des dispositions particulières permettent de fixer à volonté le levier de changement de marche au moyen de crans.

Pour un cran de marche fixe, le levier J est immobile et alors la coulisse est assujettie à osciller autour de l'articulation de la barre de suspension I. On dit alors que l'on a une marche répondant à *ce cran* déterminé de levier de changement de marche et par extension que l'on marche à *ce cran déterminé* de coulisse. En effet quand le levier J se déplace par suite du changement du cran de marche, la coulisse monte ou descend et la position de l'articulation E se trouve modifiée par rapport à l'ensemble de la coulisse qui conduit la tige EF du tiroir et on comprend que l'on puisse dire que l'on marche à un autre cran de coulisse. Dans la disposition de coulisse représentée sur la fig. 1 (*Pl.* 34), le levier de changement de marche est supposé dans sa position milieu et, par suite, l'articulation E se trouve au milieu de la coulisse ; on dit que cette articulation est au point *neutre, milieu, ou mort de la coulisse* ; d'un côté de ce cran on a la marche avant, de l'autre, la marche arrière ; ce qui justifie ce nom de cran *neutre* ou *mort* donné au cran milieu. Il faut noter ici, que, comme nous le verrons plus loin, pour une position invariable du levier J, l'articulation E ne reste pas exactement à la même position sur la coulisse pendant un tour complet de l'arbre moteur ; il y a un léger déplacement latéral de la coulisse qui est généralement assez faible pour que l'on puisse dire que c'est approximativement le même cran de coulisse qui conduit la tige EF.

Dans une coulisse de Stephenson, les articulations des barres sur la coulisse, peuvent se trouver en dehors de l'axe de la coulisse, et le point de *suspension* qui est généralement placé au milieu, comme nous l'avons supposé, peut se trouver en un tout autre point. La condition essentielle d'une coulisse Stephenson, c'est qu'elle se déplace latéralement quand on change la marche.

Nous allons étudier le cas le plus général d'une coulisse Stephenson.

La distribution se compose de deux excentriques, ayant $OD = OD'$ (*fig.* 44) pour excentricité, et attaquant par leurs barres Dc et $D'c'$ une coulisse CC'. Les axes c et c' ne se trouvent pas sur l'arc médian de la coulisse CC', mais sont à une certaine distance de cet arc. Nous avons choisi cette disposition qu'on rencontre fréquemment et dont les calculs ne tiennent pas compte pour plus de généralité. Dans ce cas là, l'arc de coulisse CC' est un arc qui a pour rayon $Dc + cC$. Cette condition est essentielle pour que la coïncidence des axes du tiroir et de la glace ait lieu au même angle de manivelle, pour toutes les positions de la coulisse.

Fig. 44.

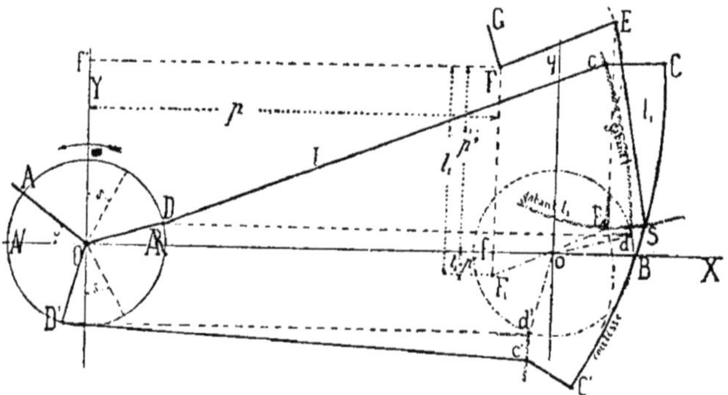

La coulisse CC' est suspendue en un point S (qui se trouve être dans l'exemple le milieu de l'arc) à l'aide d'une tige ES de suspension. Cette tige est articulée en E, à l'extrémité d'un levier coudé GFE, oscillant autour d'un axe fixe F de telle sorte qu'en agissant en G sur le levier, la coulisse pourra être relevée ou abaissée de telle quantité qu'on voudra.

Le coulisseau guidé par la coulisse et fixé sur la tige du tiroir BX, reçoit de cette coulisse un mouvement de va et vient suivant une direction fixe OX, mouvement qui se communique au tiroir de distribution.

Pour chaque position du levier FE, il résultera pour le coulisseau B un mouvement spécial, qu'il faut connaître afin de déterminer les phases de la distribution et en étudier les détails fort complexes.

Pour atteindre ce but, il faut, à chaque position du levier de suspension, tracer une série de positions de la coulisse et du coulisseau, et l'épure à faire dans chaque cas ne laisse pas que d'être très laborieuse et exige, si l'on tient à opérer à grande échelle, l'emploi de compas et de feuilles de dessins de dimensions exagérées et embarassantes.

Les méthodes que nous avons exposées dans le chapitre II de cette étude, remédient à ces inconvénients en permettant ici encore d'opérer à grande échelle, double et même triple de la grandeur d'exécution, et cela d'une manière relativement simple et toujours rigoureusement exacte.

§ 85

Tracés par la méthode des gabarits.

Remarquons tout d'abord que, *pour une position donnée de la manivelle*, la position de la coulisse est déterminée par *trois arcs directeurs*.

Prenons en effet une position quelconque des excentricites D et D' par exemple, correspondant à la position A de la manivelle ; si de D et D' comme centres, nous décrivons avec Dc pour rayon deux arcs de cercle, nous voyons que les points c et c' de la coulisse doivent se trouver sur ces deux arcs qui deviennent des arcs directeurs. La coulisse étant de plus suspendue par l'un de ses points, (que nous supposons être ici le point milieu S) à l'extrémité du levier ES, le point S est lui-même astreint à se mouvoir sur l'arc décrit de E comme centre avec ES pour rayon, et celui-ci constitue un troisième arc directeur. De telle sorte, qu'ayant tracé sur un calque ou un gabarit les points c, c', S et l'arc CC' il n'y aura qu'à faire glisser ce gabarit jusqu'à ce que chacun de ces trois points c, c' et S se trouve respectivement sur les arcs directeurs précédemment tracés. Il n'y aura plus alors qu'à prendre l'intersection de la direction OX avec l'arc CC' de la coulisse pour déterminer en B la position du coulisseau.

En répétant ces constructions pour différentes positions de la manivelle ou des excentricités, il sera facile d'obtenir pour le coulisseau B autant de positions correspondantes.

En opérant de la même manière pour différentes positions du levier FE, on aura autant de positions du coulisseau pour chaque cran de la coulisse qu'on le désirera.

Les méthodes dont nous préconisons l'emploi permettent d'effectuer simplement toutes ces constructions.

Si, prenant OX comme *direction de transport*, nous transportons le centre O du cercle d'excentricité, d'une quantité égale à la longueur des barres d'excentrique Dc, comme nous avons l'habitude de le faire ; le centre O viendra en o, tel que

$$Oo = Dc$$

et le rayon d'excentricité OD en od, d se trouvant sur le cercle décrit de o comme centre avec l'excentricité OD pour rayon. Le point d sera en outre sur l'arc décrit de D comme centre avec Dc pour rayon, c'est-à-dire sur l'un des arcs directeurs de la coulisse, et cet arc aura en d sa tangente normale à la direction de transport OX.

Il en sera de même pour le point d', et il sera facile de tracer ces deux arcs directeurs à l'aide de gabarits de rayon égal à Dc, longueur de la barre d'excentrique.

Fig. 44.

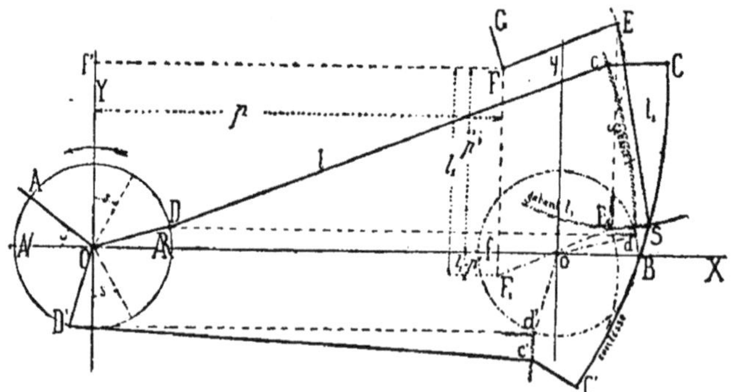

Le levier ES étant généralement long, et c'est là une condition très favorable au fonctionnement de la distribution, nous aurons encore intérêt à transporter de la même manière le point de suspension, ou mieux, le centre de l'arc sur lequel celui-ci se meut. Nous effectuerons donc le transport du centre F.

Ce point F a pour coordonnées par rapport à OY et à OX les distances Ff' et Ff'. Après le transport du centre d et des axes OY et OX en oy et ox, le point F aura, par rapport à l'axe oy, pour coordonnées :

$$of = Oo - Ff$$

Effectuant un transport parallèlement à oy d'une quantité égale à la tige ES de suspension, le point F, ainsi transporté, viendra en F_1, tel que l'on ait

$$FF_1 = ES$$

$$\text{ou} \quad F_1 f = ES - Ff$$

Le centre F_1, après ces divers transports se trouvera donc avoir pour coordonnées par rapport aux nouveaux axes ox et oy : fo et $F_1 f$, ainsi déterminées. De F_1 comme centre avec FE pour rayon, décrivons un arc de cercle, menons F_1E_1 parallèle à FE.

Pour avoir en position exacte le troisième arc directeur, il suffira de placer en E_1 le gabarit de rayon ES et de l'orienter de telle sorte que sa tangente en E_1 soit normale à oy direction de transport ou parallèle à OX.

En résumé, la méthode consiste à tracer, pour un cran de suspension donné, l'arc directeur de suspension qui est invariable pour un même cran ; et pour les différentes positions de la manivelle, à déplacer les gabarits c d, c' d', *en les orientant comme nous l'avons fait remarquer.*

La détermination d'un point est donc très rapide, et le déplacement des *arcs directeurs* se fait facilement, quand on a opéré le transport des courbes sur lesquelles on les fait glisser.

Pour une position donnée de la manivelle, on aura ainsi tracé dans leurs positions exactes, les arcs directeurs dc, $d'c'$ et SE_1. Appliquant le gabarit de coulisse, on déterminera facilement, comme plus haut, l'intersection B de OX et de l'arc CC' de coulisse c'est-à-dire, la position correspondante du coulisseau.

§ 86

Epure des distributions par coulisse

Nous voyons par cet exemple comment il est possible de connaître rapidement la position exacte du coulisseau et par suite celle de l'axe du tiroir, quand on se donne la position de la manivelle.

Fig. 45

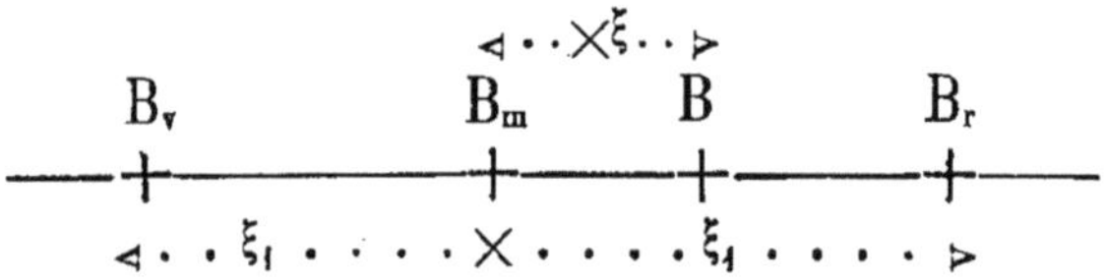

◁ · · X ξ · · ▷

B_v B_m B B_r

◁ · · ξ_1 · · · · · X · · · · · ξ_1 · · · · · ▷

Supposons que pour une position A de la manivelle (*fig.* 45), nous ayons trouvé que le coulisseau est en B ; ce point peut représenter l'axe du tiroir. Nous nous proposons d'abord de déterminer l'écart du tiroir, c'est-à-dire la distance de l'axe du tiroir à celui de la glace. Nous supposons que le tiroir est réglé à avances linéaires égales pour un certain cran de suspension ; nous plaçons la coulisse à ce cran, et nous cherchons les positions B_v , B_r ,de l'axe pour les deux points morts N, R de la manivelle ; supposons connu le point B_m qui représente la position de l'axe de la glace ; on voit (*fig.*46) que, pour les deux points morts N, R de la manivelle, l'écart de l'axe du tiroir, d'après le mode de réglage, est le même et est égal à $e + a_1$, de sorte que l'on a

$$B_m B_v = B_m B_r = a_1 + e$$
$$B_v B_r = 2(a_1 + e)$$

Fig. 46.

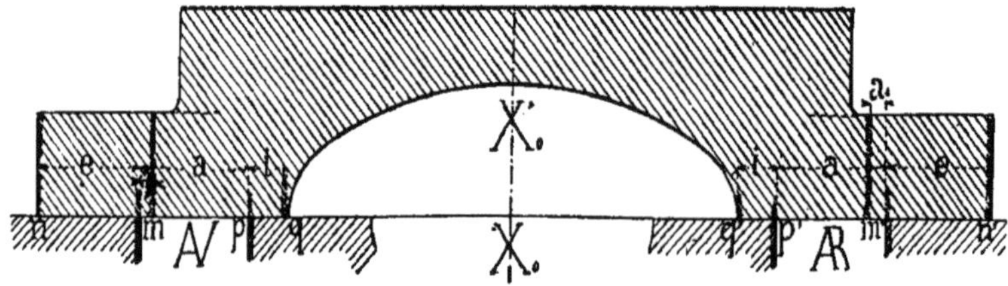

Nous connaissons $B_v B_r$, il nous est donc possible d'avoir la position de l'axe du tiroir en prenant le point B_m au milieu de la longueur $B_v B_r$.

Cela étant fait, pour une position de l'axe B, prise pour un angle de rotation quelconque à un cran de suspension quelconque, l'écart des deux axes est connu et est égal à

$$B B_m = \xi$$

C'est cet écart ξ qui va nous servir à construire l'épure de la distribution.

Nous plaçons la coulisse au cran de suspension pour lequel nous voulons opérer et nous mesurons l'écart de l'axe du tiroir ξ_1 quand la manivelle est au point mort N, et l'écart ξ_2 quand elle a tourné de 90° à partir de ce point. Si le cran choisi était celui du réglage, on aurait

$$\xi_1 = a_1 + e$$

Pour tout autre cran, l'avance linéaire à l'introduction est modifiée. Avec les quantités ξ_1 ξ_2 (*fig.* 47) nous construisons un triangle rectangle.

Fig. 47.

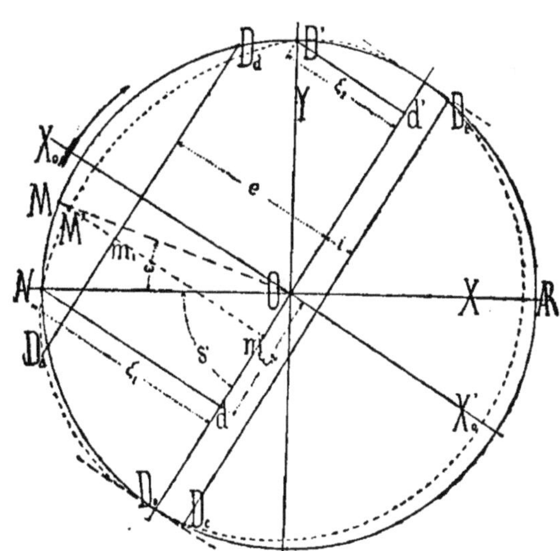

$N\,d\,O$ et avec l'hypoténuse $O N = R$ comme rayon, nous décrivons une circonférence de centre O ; nous menons les diamètres rectangulaires $N\,OX$, OY, et le diamètre OD_0 qui n'est autre chose que le côté od du triangle. Nous supposons que le rayon $O\,N$ représente la manivelle au point mort A_r et que la rotation se fait dans le sens de la flèche, (l'angle $NOD_0 = \delta$ se trouvant toujours compté en sens contraire du mouvement). Après une rotation ω, la manivelle est en OM ; du point M nous abaissons la perpendiculaire Mm sur OD_0 et sur cette droite à partir de m, nous portons une longueur mM' égale à l'écart ξ de l'axe que nous avons déterminé. En opérant, de même pour un certain nombre de positions de la manivelle, l'ensemble des points M' déterminera une courbe fermée, telle que les ordonnées comptées parallèlement à OX_0 représentent les écarts du tiroir. Si nous comparons cette épure à celles des figures 10 et 11, nous trouvons une grande analogie dans la représentation des écarts. Cette analogie devient plus grande encore par la remarque suivante. En opérant ainsi pour différents crans, et en choisissant même plusieurs modes de distributions, on voit que la courbe tracée diffère très-peu du cercle de rayon R ; la différence est surtout très faible pour la demi-circonférence $D_0 X_0 D_e$, elle est plus grande pour la demi-circonférence $D_e X'_0 D_0$. On voit d'ailleurs que la courbe doit passer, en vertu de la construction, par les points du cercle N et D' ; pour N l'écart est exactement ξ_1 et pour D' l'écart est ξ_2 et on a sur la figure

$$\xi_2 = D'd' = Od$$

les deux triangles NOd, $OD'd'$ étant égaux, on voit en effet que ces deux triangles rectangles ont leurs hypoténuses égales et leurs angles égaux.

$$\text{Angle } D'Od' = \text{angle } d\,N\,O$$

Nous admettons ici, comme un fait d'observation, que la courbe des écarts exacts diffère peu d'un cercle, et nous allons en tirer les conséquences qui en découlent. Nous voulons ainsi séparer complètement les considérations théoriques des procédés graphiques, nous réservant d'ailleurs, après cet exposé, de démontrer cette particularité d'une manière générale.

§ 87

Epure approchée. — Discussion

Ceci posé, on voit que, si l'on veut se contenter d'une première approximation, on pourra tracer simplement le cercle de rayon R et considérer le mouvement du tiroir *comme étant identique à celui que produirait un excentrique fictif d'excentricité* R *avec un calage* δ.

L'épure affectant la même forme que toutes celles qui précèdent, elle se terminera de même ; aux distances

Recouvrement extérieur $= e$.
Recouvrement intérieur $= i$.

e et i de $D_0 d'$, nous menons les parallèles $D_a D_d$, $D_e D_c$. Les intersections D_a, D_d, D_c, D_e avec le cercle font connaître les phases de la distribution avec une certaine approximation, puisque le cercle diffère peu de la courbe exacte des écarts.

L'admission commence quand la manivelle est en D_a, l'avance linéaire à l'admission est $\xi_1 - e$, la détente commence en D_d et fini en D_c et de D_c en D_a nous avons la période de compression :

Arc d'admission....... $D_a D_d$
Arc de détente......... $D_d D_e$
Arc d'évacuation....... $D_e D_c$
Arc de compression.... $D_c D_a$

Nous devons faire remarquer que, dans l'étude de la distribution, ce sont les points D_a, D_d, D_e, D_c, qui sont les plus importants à considérer, et que, par suite de la disposition de l'épure, l'erreur commise pour ces points est généralement faible. Cela tient à ce que la courbe exacte des écarts passe par les points N' et D', et qu'elle se trouve être tangente aux normales menées au diamètre $O D_0$ par ses extrémités.

On obtient ainsi une épure de la distribution pour un cran déterminé de suspension. Quand on change le cran de suspension,

Fig. 47

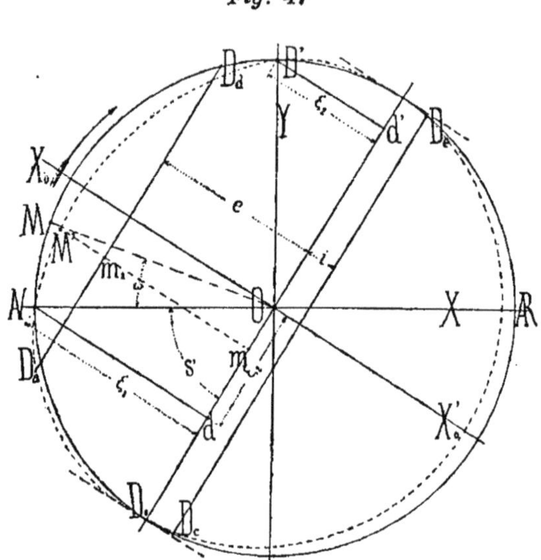

toute la distribution est modifiée. On a d'autres valeurs pour les écarts ξ_1 et ξ_2 ; de sorte que le rayon du cercle est changé ainsi que l'angle δ.

Par suite du mode de construction du cercle et de la détermination de son rayon et de son calage, il est facile de voir que l'approximation qu'il donne est très grande pour la face du tiroir que l'on considère et pour une demi-excursion du piston ; mais les écarts pour l'autre face, pendant cette même excursion du piston, diffèrent sensiblement des écarts réels. Il serait donc nécessaire de construire pour un même cran quatre cercles distincts de rayon et de calage, si l'on ne remarquait que, pour une demi-excursion du piston, les écarts à 90° et à *0°* correspondent aux écarts à 180° et 270 de l'autre face.

On voit donc qu'un même cercle suffit à déterminer les écarts du tiroir pour une demi-excursion $\mathcal{N}$ $\mathcal{AR}$ ou $\mathcal{AR}$ $\mathcal{N}$ du piston; si l'on considère la *face droite* du tiroir pour l'introduction par exemple et la *face gauche* du tiroir pour l'évacuation.

La figure (*Pl. 42*) est construite en s'appuyant sur cette remarque très simple.

Les parties hachées en traits discontinus indiquent les écarts du tiroir pour l'échappement, les hâchures continues indiquant ceux relatifs à l'introduction.

L'influence du changement de cran de suspension y apparaît bien nettement sans trop compliquer les épures. Un cercle spécial indique les déplacements correspondants du piston.

Cette épure approchée, facile à construire, permet de bien se rendre compte des conditions du fonctionnement de la coulisse et montre nettement comment les principaux éléments de la distribution varient quand le cran de suspension change. On voit que la coulisse permet de faire varier la détente, mais on juge facilement par cette épure que ce résultat ne peut s'obtenir dans de très bonnes conditions. Cette variation entraîne celle des avances linéaires, des compressions et des avances à l'échappement, de telle façon que ces quantités augmentent beaucoup trop quand on veut avoir une faible admission de vapeur. Il faut remarquer sur l'épure que ces quantités augmentent quand l'admission diminue et inversement, qu'elles diminuent quand l'admission augmente.

Dans les distributions par coulisse on cherche généralement à rendre à peu près nulle l'admission, quand on se met au point milieu de la coulisse ; cette propriété permet d'arrêter la machine, ce qui est très avantageux dans les machines marines, par exemple pour que le mécanicien se trouve alors avoir son levier de changement de marche tout placé pour battre en avant ou en arrière, suivant le commandement qu'il reçoit. On voit sur l'épure que, pour remplir cette condition, il faut que le rayon du cercle qui correspond au point milieu de la coulisse soit à peu près égal à e ; car dans ce cas, la ligne des admissions, qui est à une distance e du centre du cerle, devient tangente et l'admission est nulle dans le voisinage du point milieu, la machine peut alors faire très peu de force, mais il ne faut pas oublier que cette marche se fait dans des conditions très mauvaises.

§ 88

Épure exacte et circulaire.

Pour construire l'épure exacte, il faut tracer par points la courbe exacte des écarts, comme nous l'avons dit plus haut, et achever la construction en remplaçant le cercle par cette courbe fermée. On mène les parallèles au diamètre $O D_0$ distantes des quantités a et e et les quatre intersections qu'elles déterminent avec la courbe fournissent des points analogues aux points D_a, D_d, D_e, D_c, et indiquent de même les phases de la distribution.

Il est bien entendu que l'épure se complète comme nous l'avons toujours fait ; pour connaitre les fractions de course du piston, il suffit de mener des arcs de fond de course qui peuvent servir pour tous les crans de suspension.

Le plus souvent, on pourra éviter de construire par point la courbe. *On déterminera seulement les deux écarts* ξ_1, ξ_2 *et on construira le cercle de rayon* R *avec le calage* δ. Avec les deux parallèles d'admission et d'évacuation, D_a, D_d, D_e, D_c, on aura immédiatement une approximation de la distribution indiquant l'allure générale. Souvent on ne peut se contenter de cette première épure et pour certains points (admission, détente, ouverture entière de la lumière) il faut opérer exactement, une faible différence d'écart pouvant donner une différence très sensible de rotation. Cette première épure fera connaitre l'angle approximatif pour lequel on veut obtenir l'exactitude, et alors en déterminant deux ou trois écarts exacts, dans le voisinage de cet angle, on construira seulement une portion d'arc de la courbe exacte. Ainsi pour obtenir l'angle exact de détente, on construira, à l'aide de trois points, l'arc exact dans le voisinage de D_d et l'intersection de cet arc avec la parallèle D_a D_d déterminera exactement le point de détente.

Cette méthode permet d'opérer rapidement avec l'exactitude nécessaire et comme, pour les points intéressants, on est obligé de faire la construction graphique avec la coulisse, on peut se rendre compte du fonctionnement des organes du mécanisme ; voir l'obliquité prise par la coulisse, le déplacement du coulisseau, l'influence exercée par la suspension sur la régularité, etc. Pour une étude sérieuse, ces dernières considérations ne sont pas moins importantes que l'épure elle-même, et c'est pour cela que l'on est généralement obligé de construire des modèles en bois. Nous croyons que cette méthode bien employée, peut éviter cette dépense.

Pour un autre cran de suspension, on opérera de même avec un autre cercle de rayon R' ayant un autre calage δ'.

§ 89

Epure en coordonnées rectangulaires.

Quand on connaît les écarts exacts du tiroir, déterminés par la méthode des gabarits, comme nous l'avons indiqué, on peut prendre des dispositions différentes pour grouper les résultats sous forme d'épure ; nous allons indiquer deux types d'épures qu'il est utile de connaître.

Nous avons donné (*Pl. 43*) une épure exacte construite par points en coordonnées rectangulaires. Soit O le cercle du piston et supposons la manivelle en $O\ A'$ menons $A'\ a'$ normale au diamètre $\mathcal{N}\ \mathcal{R}$ et à partir de ce diamètre portons

$$a\,a' = \xi$$

écart correspondant de l'axe du tiroir par rapport à l'axe de la glace. Cet écart est mesuré directement sur l'épure de construction décrite au § 85.

Le point a appartiendra à la courbe des écarts, et en répétant les mêmes constructions pour différentes positions de la manivelle nous aurons, en reliant tous les points ainsi obtenus par une courbe continue, la courbe des écarts ; cette courbe a la forme d'une ellipse légèrement déformée.

Si nous menons à *N Æ*, diamètre origine, des parallèles à des distances respectivement égales aux recouvrements *e* et *i*, nous aurons une épure exacte et complète qui rend parfaitement compte des écarts de l'axe du tiroir et de la glace.

Il suffira de répéter ces constructions pour chaque position du levier de suspension.

L'épure sinussoïdale qu'emploient de préférence les constructeurs de machines marines nous semble moins simple que celle que nous venons de décrire et surtout moins lisible. Cette dernière est, il est vrai, aussi laborieuse à construire, mais elle offre l'avantage de donner immédiatement et exactement les positions du piston dans le cylindre.

Moins simple à construire que l'épure approchée, qu'il est du reste facile de corriger en procédant comme nous l'avons indiqué, en ce qu'elle oblige à relever un assez grand nombre de points, cette épure rectangulaire a le mérite d'être plus claire et plus lisible.

Quand on tient à avoir un tracé exact pour toutes les positions du piston, il sera facile de la construire et de juger des résultats que la distribution sera susceptible de procurer.

§ 90

Epure sinussoïdale.

Nous donnons (*Pl.* 36) une épure sinussoïdale, employée fréquemment, et qui n'est, comme la précédente, qu'une transcription des résultats de l'épure.

Cette épure est construite en prenant, pour ligne des abscisses, le développement d'un cercle, et pour ordonnées les écarts ξ du tiroir.

On complète cette épure en construisant de la même manière

les écarts du piston par rapport à ses fonds de course. Ces écarts donnent des courbes affectant la forme héliçoïdale, forme qu'affectent également les écarts du tiroir.

Si on suit attentivement le sens des flèches et les sinussoïdes des différents crans, les diverses phases de la distribution apparaissent bien nettement.

Pour découvrir l'orifice, il faut que le tiroir marche d'abord d'une quantité égale au recouvrement; nous aurons donc à porter, à partir de l'axe des coïncidences, les valeurs de ces recouvrements au-dessus et au-dessous de cet axe suivant le côté du tiroir considéré. Il y aura ouverture et fermeture de l'orifice aux points où les diverses sinussoïdes coupent les recouvrements. Nous croyons inutile d'insister davantage, car ces constructions sont en tout analogues à celles que nous avons faites jusqu'ici.

Cette épure a l'avantage de montrer comment on peut améliorer l'une des marches en sacrifiant l'autre, ce qui est intéressant dans le cas des machines où le renversement n'est qu'accidentel. Le procédé employé dans ce cas consiste dans la variation des angles d'avance. En augmentant l'angle d'avance de l'un des excentriques et en diminuant celui de la marche opposée, on arrive à pousser plus loin la détente de la première marche, l'effet inverse se produisant sur la seconde.

On se rend compte immédiatement du résultat qu'on peut obtenir, en déplaçant la courbe sinussoïdale du piston par rapport à celles du tiroir. Les abscisses étant proportionnelles aux arcs décrits, on n'aura qu'à déplacer cette courbe parallèlement aux ordonnées et dès lors les phases de la distribution se trouveront modifiées.

On opère facilement ce déplacement de courbes en reproduisant la courbe sinussoïdale du piston sur un calque et en faisant glisser le calque parallèlement à lui-même.

Nous recommandons ce procédé qui permet de faire rapidement les tâtonnements inévitables dans ces études.

Quant au calage des excentriques, l'épure permettra de les

déterminer aisément en estimant en degrés le déplacement opéré et en tenant compte du sens dans lequel ce déplacement a dû être effectué.

C'est ainsi que les calages primitifs étant (*Pl.* 36) de 40°, égaux pour les deux marches, on a transporté la courbe du piston de cinq degrés vers la marche *N*. Il s'en suit que pour obtenir les résultats consignés dans l'épure, il suffira de donner à l'angle d'avance de la marche *N* 40° + 5 soit 45° et il en résultera, pour celui de la marche *Æ*, la valeur 40 — 5 soit 35°.

Rien n'aura été changé quant aux valeurs successives des écarts ξ, mais on aura modifié assez sensiblement la distribution. L'angle qui sépare les deux excentricités l'un de l'autre, et qui a pour valeur 100 degrés, n'ayant pas varié, l'épure de construction reste bonne et on évite ainsi, sans grand dommage, une nouvelle série de tâtonnements.

A ce point de vue, cette épure se présente sous une forme extrêmement commode.

On peut la construire également en prenant pour abscisses non plus la développée de l'arc décrit par la manivelle, mais les chemins parcourus par le piston. Ce mode de représentation est d'une lecture moins facile que le précédent.

§ 91

Construction de l'épure. — Procédé pratique.

Toutes ces épures, que nous venons de tracer, supposent la détermination préalable des écarts du tiroir, comme nous avons indiqué au § 85 ; cet emploi de la méthode des gabarits devient simple quand on en prend l'habitude, et on trouve facilement des simplifications, comme cela arrive dans les constructions graphiques. Ainsi, il est un procédé très pratique de conserver tous les résultats que donnent les constructions.

Quelque terre à terre qu'il puisse paraître, à priori, nous n'hésitons pas à le donner, ayant été à même d'en apprécier les résultats pratiques.

Ce procédé consiste dans l'emploi d'une feuille de papier calque sur laquelle on trace la coulisse, en y repérant bien exactement les points d'attache des barres d'excentrique et de la bielle de suspension *(Pl. 31)*.

On trace alors sur une feuille de papier les positions des divers *arcs directeurs* pour une série de positions correspondantes de la manivelle, (12 par exemple), ainsi que le cercle d'excentricité *N* *Æ* avec ces 12 divisions.

On place la coulisse tracée sur le calque dans les deux positions correspondant aux points morts de la manivelle et avec la pointe d'un crayon dur, au travers du papier calque, on marque sur le papier inférieur les intersections de la coulisse avec la ligne *N* *Æ* ; ces intersections donnent les positions du tiroir. On a ainsi, le calque une fois enlevé, sur l'axe longitudinale du tiroir, axe que décrit le coulisseau, deux positions du tiroir B_v et B_r et par conséquent aussi les écarts du tiroir par rapport à sa position moyenne, si on règle le tiroir à avances égales.

Prenant le milieu M de B_v B_r on aura $\xi_0 = MB_r = \xi_3 = MB_v$ et c'est à partir de ce point M, marqué justement sur le dessin, qu'on devra compter les écarts du tiroir.

Pour que le réglage soit bon, il faudra que pour les différents crans, tant de la marche *N* que de la marche *Æ*, les déplacements, comptés à partir de ce point M, soient égaux pour chacun des points morts de la manivelle.

Ceci fait, on reprendra le calque et on l'appliquera de telle sorte que ses points extrêmes C C' et le point de suspension soient situés chacun sur leur arc directeur respectif. Ainsi mis en position, en CC' par exemple, l'arc de coulisse coupera la ligne *N O Æ* suivant laquelle se meut le tiroir, en un point déterminé B. On tracera sur le calque une droite joignant le point B au point M et la droite BM, ainsi laissée apparente sur le calque, représentera l'écart ξ du tiroir pour la position considérée de la coulisse et de la manivelle; on voit que l'écart du tiroir se trouvera ainsi

$$\xi = \mathrm{B\ M}$$

marqué à la fois sur le papier et sur le calque.

Ayant présenté successivement le calque pour toute la série des positions considérées de la manivelle, on gardera sur le calque la succession des écarts ξ convenablement repérés et les points où la coulisse attaque le coulisseau. Comme, pour chaque position de la coulisse, ce calque se déplace, les écarts, tels que $\xi = B\,M$, que l'on trace chaque fois, se trouvent être tous distincts sur le calque et l'on conserve ainsi l'image de tous les écarts successifs; c'est une espèce d'épure formée de rayons obliques.

Ceci permet d'apprécier comment ce point d'attaque varie sur la coulisse, et de mesurer l'oscillation de la coulisse sur le coulisseau, et ce renseignement a sa valeur comme nous le verrons plus loin.

En répétant, pour différents crans de la coulisse, les mêmes constructions, on aura en mains la feuille de papier calque, portant toute une série d'écarts ξ, résultats faciles à conserver et à consulter, ce qui n'est pas sans avantage, quand il s'agit de constructions aussi laborieuses que celles-ci.

Si on a eu soin de repérer sur l'épure de construction, en les pointant au travers du calque, les différentes positions des points C, C' et S, cette épure auxiliaire permettra de se rendre compte de l'emplacement exact occupé dans l'espace par la coulisse, ce qui est souvent nécessaire quand on ne dispose que de peu de place pour loger cet appareil assez encombrant.

CHAPITRE XVII

COULISSE DE STEPHENSON

§ 92

Renseignements théoriques et pratiques

Le choix de l'angle de calage est déterminé par la considération du degré d'introduction qu'on désire réaliser. Cet angle devra être d'autant plus grand que la détente à obtenir devra être plus grande et l'introduction plus réduite. Il variera entre 20 à 45 degrés. La méthode approchée que nous avons donnée plus haut permet de procéder à un tâtonnement rapide et de déterminer approximativement l'angle de calage le plus convenable.

On peut également avantager l'une des marches au détriment de l'autre, sacrifier la marche *Æ* au profit de la marche *N*, en forçant l'angle d'avance de cette dernière.

Quant à la course, diverses considérations doivent guider dans son choix. Si les crans intermédiaires doivent être employés pour obtenir des introductions très limitées, les courses doivent être choisies très grandes pour qu'aux crans voisins du point mort le tiroir découvre suffisamment l'orifice.

Les courses seront du reste d'autant plus réduites que le coulisseau pourra s'approcher davantage du point d'attache de la coulisse avec les barres d'excentrique.

Si la disposition est telle que le coulisseau puisse se placer dans l'axe d'articulation des barres, la course du tiroir aux crans extrêmes sera égale à celle des excentriques eux-mêmes ; et quand on le peut on doit disposer les pièces pour que cela se passe ainsi. On réduit la course des excentriques, le diamètre des poulies et par suite des colliers et les frottements propres à ces organes.

La coulisse doit avoir pour axe l'arc décrit avec la longueur des barres pour rayon, à moins que le point d'articulation de celles-ci passe en dehors de cet arc. Dans ce cas le rayon de la coulisse doit être agrandi ou diminué de la distance qui sépare ce point d'articulation de l'axe de la coulisse.

Les barres d'excentrique doivent avoir la plus grande longueur possible par rapport au rayon d'excentricité des excentriques. Avec des barres longues, les perturbations pour les crans intermédiaires sont considérablement diminuées, la coulisse tendant à se confondre de plus en plus avec une droite.

La barre de suspension doit aussi être aussi longue que possible; on augmente il est vrai les chances de vibration de ces pièces, mais les oscillations et déplacements du coulisseau dans la coulisse sont de beaucoup atténuées et c'est là un avantage sérieux au point de vue de l'usure des galets dans les gorges de la coulisse, usure que, par la disposition même des pièces, on a de la peine à compenser. Il faut, pour rattraper les jeux, des dispositions spéciales et on recule en général devant leur complication.

La bielle de suspension doit être attachée dans un point tel que les perturbations dues à l'arc directeur, tracé du point d'attache comme centre avec la bielle de suspension comme rayon, soient aussi réduites que possible.

Ce point d'attache se déplace, sous l'action du levier de changement de marche, et le plus généralement se meut sur un arc décrit de l'axe de l'arbre de relevage comme centre. Il tombe sous le sens que le rayon de cet arc devra être aussi grand que possible. La théorie indiquerait que ce rayon devrait avoir pour valeur la longueur des barres d'excentrique. Mais pratiquement cela n'est jamais réalisé.

Outre que ce levier fatiguerait beaucoup sous le poids de la coulisse, des barres et des efforts développés dans la coulisse, l'arbre de relevage devrait, pour n'être pas tordu sous ces divers efforts agissant sur un pareil bras de levier, atteindre de trop forts diamètres; il faudrait d'ailleurs pour changer la marche trop d'effort développé de la part du mécanicien.

On se borne en général à donner le quart de la longueur des

barres au rayon de ce levier, mais cela n'a rien d'absolu et dépend en général des emplacements disponibles.

L'arbre de relevage doit en tous cas être très robuste et, dans les machines marines entre autres, certains constructeurs donnent à cet arbre un diamètre égal à la moitié de celui des tourillons de l'arbre de couche.

L'axe de cet arbre doit être situé par rapport à l'axe longitudinal du tiroir à une distance égale à la longueur de la barre de suspension, de telle sorte que, la coulisse étant au point mort, le levier soit sur une parallèle à celui du tiroir.

En d'autres termes, il faut qu'on ait (*fig. 44*).

$$F\,f = p' = E\,S = l_1.$$

Il doit être écarté de l'axe de l'arbre moteur de telle sorte que la normale à la direction du tiroir, menée à une distance de l'arbre égale à la longueur des barres, partage également la flèche décrite par l'extrémité E du levier.

Quand au point de suspension de la coulisse, c'est-à-dire le point où la coulisse doit être attaquée par la bielle de suspension, sa position peut varier à l'infini.

Ordinairement la coulisse est suspendue par son milieu.

C'est là en général le point de suspension le plus convenable, qui donne le moins d'oscillation au coulisseau dans la coulisse et qui réduit le plus les perturbations. On suspend cependant très souvent la coulisse par son point bas ; c'est-à-dire par le point le plus éloigné de l'axe d'articulation de la bielle de relevage, ceci dans le but d'allonger le plus possible cette bielle ; et en général on choisit, pour ce point de suspension, le point même d'articulation de la barre d'excentrique et de la coulisse.

On peut du reste prendre ce point de suspension n'importe où, mais cela oblige alors à de nombreux tâtonnements sur le choix des positions et de la longueur de l'arbre de relevage, de la bielle de suspension, du rayon du levier de suspension, et des positions extérieures et moyennes de ce levier.

La fig. 4 (*Pl. 35*) est un exemple de cette suspension spéciale.

Ce qui précède suffit pour éviter aux débutants les tâtonnements extrêmement laborieux et leur permettre d'atteindre très rapidement le but désiré, c'est-à-dire égale variation des avances et des déplacements des tiroirs, diminution des déplacements du coulisseau dans la coulisse. La pratique ou l'étude des exemples qui abondent un peu partout fera le reste.

Il est une remarque à faire, c'est que, si on considère en élévation le dessin d'une distribution par coulisse Stephenson, et si on la trace dans diverses positions, les barres apparaîtront tantôt croisées, tantôt décroisées. D'autre part, au montage on peut disposer les barres d'excentrique de telle sorte que celle de marche *AV* attaque le haut de la coulisse, et par raison de symétrie rien ne s'oppose également à ce que le monteur dispose celle de la marche *AR* au même point.

Il y a cependant une différence très grande suivant que l'on s'arrête à la première ou à la deuxième disposition et il est essentiel de les distinguer.

On dit qu'une coulisse de Stephenson est à *barres croisées*, quand les deux centres de poulies d'excentrique étant tous deux disposés du côté du tiroir par rapport à la normale élevée du centre de l'arbre moteur sur l'axe du tiroir, les barres se croisent; et on dit que la coulisse est à *barres droites* ou ouvertes, quand c'est l'inverse qui à lieu.

Au point de vue du résultat, il y a des différences notables qu'accusent les tracés donnés plus haut, la principale consiste dans le régime des avances quand on déplace la coulisse.

Quand les barres sont *croisées*, les avances *décroissent* à mesure qu'on s'approche du point mort de la coulisse, elles *croissent* au contraire si les barres sont *droites* ou *ouvertes*.

Dans bien des cas, cela importe peu du reste, car il est à remarquer que, si les avances linéaires varient, elles se produisent toujours pour les mêmes positions du piston ou peu s'en faut.

Quant au détail de construction de ces divers organes la planche 35 donne des exemples de dispositions différentes.

Ce que l'on cherche en général, c'est à avoir des surfaces de frottement très grandes pour éviter l'usure trop rapide des pièces, un démontage facile et prompt, et enfin la plus grande simplicité de construction possible d'organes toujours d'exécution délicate. Les fig. 1 à 3 donnent une disposition fréquemment employée. La coulisse se compose de deux flasques *A* entretoisées aux extrémités par deux cales *C* bloquées par des boulons. Les barres d'excentriques sont à fourche et viennent s'articuler sur des boutons enlevés de forge sur les flasques *A*. Il en est de même de la bielle de suspension *R* dont la fourche est en deux pièces pour le montage. Un galet *L* présente deux rainures dans lesquelles sont ajustées les flasques. Ce galet est embrassé par l'œil de *L* qui termine la tige *K* du tiroir. Les fourches des barres *N* d'excentrique ne permettent le montage qu'autant que, les flasques étant juxtaposées, la saillie des boutons s'engageant dans l'œil de ces fourches sera légèrement inférieure à l'épaisseur du galet. Cette saillie devra être ici de quelques dixièmes inférieure à 16 m/m.

Le galet a un très grand rayon, de façon que la surface de contact avec la coulisse soit suffisamment grande.

Comme il n'y a pas de rattrapage de jeu, toutes ces pièces sont en fer fin cémenté qui, comme on le sait, donne de bons frottements et peu d'usure.

Les figures 4 à 6 sont un exemple de coulisses animées de grandes vitesses et dans lesquelles a été prévue la possibilité de regagner les jeux.

La coulisse est formée de deux secteurs ou flasques *A* embrassés par un coulisseau en bronze *K* présentant deux axes *T* sur lesquels vient s'articuler le coulisseau prolongeant la tige de tiroir. Pour le montage, ce coulisseau affecte la forme de deux petits paliers avec coussinet à chapeau maintenu par deux boulons.

Les barres se terminent par une petite tête de bielle, également avec coussinets et cales de serrage.

Des cales existent également au point de contact du coulisseau et des secteurs. Ces derniers sont maintenus à bonne distance par deux entretoises C, l'une d'elles servant par son prolongement d'articulation aux bielles de suspension.

Les figures 7 à 9 donnent une disposition assez analogue à celles des figures 1, 2 et 3. Seulement dans le but de diminuer le diamètre du galet K les flasques présentent vers l'intérieur deux gorges dans lesquelles s'engagent les faces du galet, les barres d'excentrique sont à fourche également et la même remarque est à faire quant à la saillie des boutons extérieurs.

Le galet K étant plus petit, les entretoises C sont situées à des distances moindres du point mort de la coulisse, qui est moins longue que précédemment.

Dans ces trois exemples le galet ou coulisseau, peut venir se mettre directement dans le prolongement des barres. Les flasques sont compliquées de gorge et le galet doit être fait avec beaucoup de soin pour que sa surface de contact avec les flasques, surface assez réduite, porte parfaitement partout.

La coulisse figurée numéros 10 à 12 ne permet pas de venir mettre le galet en prolongement des barres d'excentrique, mais elle est extrêmement simple de forme et présente au frottement de grandes surfaces.

Elle se compose d'une barre rectangulaire A terminée par deux œils et tracée en arc. Sur cette coulisse s'ajuste un galet en bronze L formé de deux parties présentant extérieurement la forme d'un cylindre.

Ce cylindre est emboité dans une pièce s'ajustant à l'aide de deux boulons sur la tige K du tiroir glissée horizontalement dans un support spécial et dans le presse-étoupe de la boîte à vapeur. Cette pièce est d'un seul morceau et n'a qu'une seule face, de façon qu'on puisse facilement venir y loger les deux parties du galet en bronze; et elle n'est fixée à la barre du tiroir et descendue dans la cage destinée à la recevoir que lorsque la coulisse et les galets ont été mis l'un sur l'autre. La tige de tiroir, une fois les pièces mises en place, constitue la seconde face de la pièce ci-dessus et dès lors la coulisse se trouve bien maintenue dans le plan passant par l'axe de la tige de tiroir.

Cette disposition très ingénieuse et appliquée par M. Normand rend l'exécution de toutes ces pièces très facile tant comme forge que comme ajustage.

CHAPITRE XVIII

THÉORIE GÉNÉRALE

§ 93

Coulisses de changement de marche. Epure approchée Généralisation par le calcul.

Les procédés de traçage des épures de distribution, que nous venons d'exposer plus haut, donnent des résultats absolument rigoureux. Pour un avant-projet, il peut être intéressant de se rendre compte rapidement des points principaux de la distribution, tels que course des excentriques, angle de calage nécessaire, limite approximative de l'introduction pour différents crans, etc., etc. Il est bon dans ce cas d'avoir en mains un procédé rapide et simple.

Nous avons vu, § 87, comment il était possible d'établir rapidement une épure approchée d'une coulisse Stephenson et cela avec une très grande approximation. Ce que nous avons établi pour cette distribution, peut s'appliquer à toutes les distributions à coulisses ; il est toujours possible de faire une épure approchée par la méthode indiquée, parce que les résultats sont toujours approximativement traduisibles par une circonférence,comme cela a lieu pour un excentrique ordinaire conduisant un tiroir simple. Nous retrouvons une généralisation que d'autres auteurs ont déjà signalée ; il est bon de remarquer ici que le procédé du § 87 permet d'obtenir toujours une très grande approximation, parce que la circonférence est tracée en déterminant d'abord deux écarts rigoureusement exacts ; on peut ainsi tenir compte de grandes perturbations qui viennent souvent de la suspension de la coulisse, et que l'on ne peut pas traduire par une formule suffisamment approchée. Nous avons pu constater que, le plus souvent, ces épures approchées donnent une exactitude qui dispense de faire les épures exactes.

Bien que nous nous soyons proposé dans cet ouvrage de n'employer que des procédés graphiques simples, nous pensons qu'il est bon d'indiquer, pour un calcul élémentaire, comment il est facile de se rendre compte que, pour toute distribution par coulisse, le diagramme du mouvement du tiroir peut, avec approximation, être représenté par un cercle et un diamètre incliné sur la direction de l'axe du cylindre, ce qui donne une épure de même forme que pour le tiroir simple.

Fig. 48

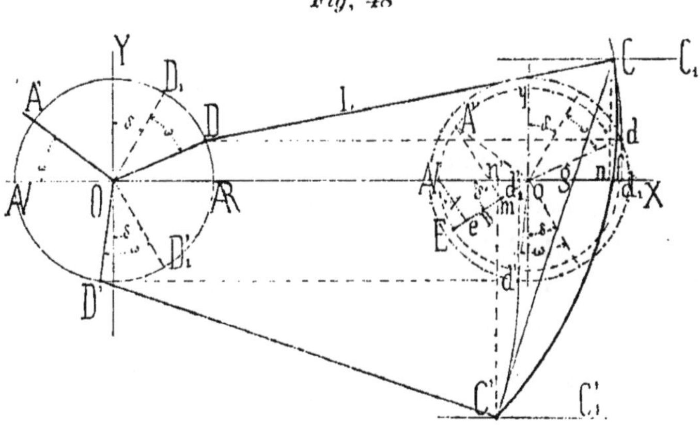

Considérons (*fig.* 48) une coulisse quelconque dont nous ne définirons pas le mode de suspension et la nature du système de construction ; nous avons deux excentriques dont les centres sont en D_1 D'_1, quand la manivelle motrice est à son point mort *A'*. Ces deux excentriques attaquent une coulisse en *C C'* et après une rotation ω de la manivelle, les excentriques sont en *D D'*, et la coulisse en *C C'* pour un cran de suspension déterminé. Le coulisseau est en *f* et nous voulons connaître le mouvement de ce point. Quel que soit le système de coulisse employé, l'inclinaison de la coulisse doit toujours être faible et les points d'attaque *C C'* des barres d'excentrique décrivent, pour un cran donné, des courbes qui diffèrent peu des parallèles menées par C et C' à l'axe OX. De sorte que, avec approximation, nous pouvons considérer que la corde CC' de la coulisse se meut en ayant toujours ses extrémités sur les parallèles CC_1, $C'C'_1$. Par D nous menons une parallèle Dd à OX et nous prenons

$$Dd = L$$

(L longueur de la barre d'excentrique). Par d nous traçons un arc de cercle de rayon L, ayant D pour centre, il passera par le point C. Nous déterminons de la même manière le point d' et l'arc $d'c'$. Si nous répétons cette construction pour les positions successives des excentriques, nous voyons que les points d et d' se déplaceront sur un arc de cercle de rayon

$$od = od' = OD$$

et auront même mouvement que les excentricités.

La longueur L étant grande, la projection du point C sur l'axe OX peut être considérée comme étant la même que celle du doint d, avec une certaine approximation ; de même nous prendrons pour projection du point C' celle du point d'. En outre, au lieu de considérer le mouvement du point f, nous prendrons le mouvement du point g qui est l'intersection de la corde de la coulisse avec l'axe OX. Dès lors, les points n, n' peuvent être considérés comme se confondant avec les points d_1 d'_1 qui sont les projections des points d et d'. Il en résulte que la longueur nn', qui est variable est toujours partagée par le point g en deux segments dont le rapport est constant ; on a

$$\frac{n'g}{ng} = \frac{n'C'}{nC}$$

ou $$\frac{n'g + ng}{ng} = \frac{n'C' + nC}{nC}$$

$$\frac{nn'}{ng} = \frac{n'C' + nC}{nC} \quad (1)$$

$$\text{car} \quad nn' = ng + n'g$$

Nous tirons donc de l'équation (1)

$$ng = nn'\left(\frac{n'C' + nC}{nC}\right)$$

$$\text{et en posant} \qquad K = \frac{n'C' + nC}{nC}$$

$$ng = K(nn')$$

K est un facteur constant pour chaque cran de suspension.

Si nous traçons la position de la coulisse pour les deux points morts de la manivelle, nous voyons, à cause de la symétrie, que le point o se trouve être à peu près le milieu de la distance qui sépare les deux positions correspondantes du coulisseau.

Nous considérons donc le point o comme le centre du mouvement oscillatoire du tiroir, et nous prendrons les écarts de l'axe par rapport à ce point.

Nous aurons

$$\xi = og = on - ng = on - K(nn')$$

Nous avons directement sur la figure :

$$On = r \sin(\omega + \delta) \quad (r = \text{rayon d'excentricité})$$

$$nn' = on + on' = r \sin(\omega + \delta) + r \sin(\omega - \delta)$$

puisque nous supposons que nous négligeons les distances très petites nd_1 et $n'd'_1$;

en substituant :

$$\xi = r \sin(\omega + \delta) - K(r \sin(\omega + \delta) + r \sin(\omega - \delta)$$

$$\text{ou} \qquad \xi = (1 - K) r \sin(\omega + \delta) - Kr \sin(\omega - \delta)$$

en développant :

$$\xi = (1 - K) r (\sin\delta \cos\omega + \cos\delta \sin\omega) - Kr (\cos\delta \sin\omega - \sin\delta \cos\omega)$$

en réduisant :

$$\xi = r \sin \delta \cos \omega + (1 - 2K) r \cos \delta \sin \omega$$

posons

$$r \sin \delta = A$$

$$(1 - 2K) r \cos \delta = B$$

A et B sont des constantes.

nous aurons

$$\xi = A \cos \omega + B \sin \omega \ (1)$$

Cette équation (1) donne pour une rotation ω de la manivelle, la valeur ξ de l'écart du tiroir dans une distribution par coulisse. Cet écart ξ n'est évidemment qu'approché, mais nous ferons remarquer que, si on veut faire les calculs avec plus d'exactitude, en tenant compte du mode de suspension et de la nature de la distribution, on arrive toujours à une équation de la forme

$$\xi = A \cos \omega + B \sin \omega,$$

les calculs deviennent longs et pénibles à mesure que l'on désire

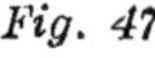
Fig. 47

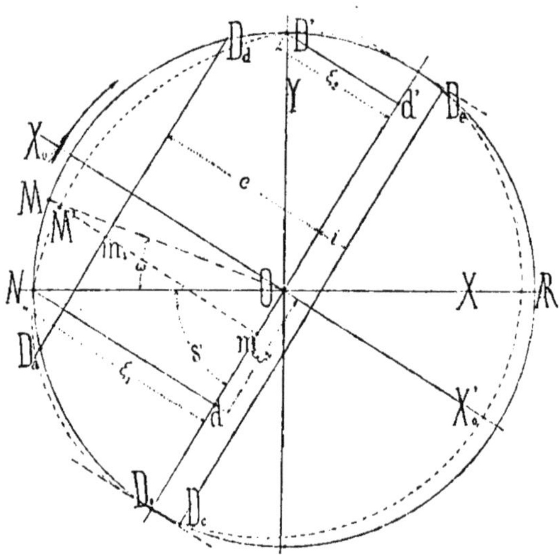

obtenir une plus grande exactitude (*). Pour nous, l'équation géné-

(*) Nous renvoyons le lecteur, que ces calculs intéresseraient, aux travaux de M. Zeuner et principalement à ceux de M. Philips.

rale (1) rapidement obtenue suffit pour justifier la méthode d'épure exposée plus haut.

Nous construisons un triangle rectangle dont les côtés de l'angle droit ont pour longueur A et B et nous orientons ce triangle $N\,d\,O$ de telle manière que l'hypothénuse $N\,O$ se trouve horizontale.

$$\begin{cases} N\,d = A \\ d\,O = B \end{cases}$$

Du point O comme centre, (*fig.* 47) nous décrivons une circonférence avec ON pour rayon. Si nous menons un rayon oM faisant un angle ω et que du point M nous abaissions une perpendiculaire sur le diamètre Od, nous aurons :

$$O\,m = \xi = A \cos \omega + B \sin \omega\,;$$

en effet, soit

$$r' = OM = O\,N$$

$$\delta' = \text{angle } N\,O\,d$$

nous avons

$$M\,m = r' \sin (\omega + \delta')$$

$$M\,m = r \sin \delta' \cos \omega + r' \cos \delta' \sin \omega$$

Or $\quad r \sin \delta' = A \quad$ par construction

et $\quad r \cos \delta' = B$

Donc on a bien

$$Mm = A \cos \omega + B \sin \omega = \xi$$

Les ordonnées du cercle de rayon r', prises par rapport au diamètre $O'd$, représentent donc approximativement les écarts du tiroir. Si nous prenions pour A et B des coefficients déterminés avec plus d'exactitude nous aurions ainsi la possibilité de traduire les variations des écarts par un cercle et nous aurions une épure simple de même forme que toutes celles que nous avons établies.

Le cercle de rayon r' a quelque rapport avec le cercle tracé plus haut pour l'épure des distributions par coulisse (*fig.* 47), il en diffère parce que le triangle avait pour côté ξ_1 et ξ_2, c'est-à-dire les écarts exacts du tiroir qui répondaient aux angles *o* et 90° formés par la manivelle.

Or, nous voyons dans l'équation

$$\xi = A \cos \omega + B \sin \omega$$

que lorsque la manivelle est au point mort ou N a :

$$\omega = 0$$

$$\xi = A$$

et quand elle forme un angle de 90°

$$\omega = 90$$

$$\xi = B$$

Par conséquent, A et B représentent les écarts approchés du tiroir quand la manivelle fait les angles 0 et 90. Les quantités A et B diffèrent peu de ξ_1 et ξ_2 ; donc, en prenant pour base d'un cercle un triangle rectangle de côté ξ_1 et ξ_2, on doit obtenir une représentation approchée des écarts du tiroir. Ces considérations justifient l'épure (*fig.* 47) qui se trouve ainsi être applicable à toute distribution par coulisse; elle s'établit sans avoir recours au calcul, et comme le cercle de l'épure a *pour base deux écarts exacts*, il a deux points communs avec la courbe exacte des écarts dans la première demi-circonférence, et, nous l'avons déjà fait remarquer, il donne pour cette raison des valeurs très approchées dans cette demi-circonférence. D'ailleurs ce cercle doit seulement donner une indication de l'allure générale de la distribution et servir de base à l'application de la méthode exacte des gabarits.

CHAPITRE XIX

COULISSE DE GOOCH ET D'ALLAN

§ 94

Coulisse de Gooch. — Description. — Epure

Le dispositif connu sous ce nom diffère de celui de Stephenson, en ce que la coulisse est suspendue d'une façon immuable en S (*fig.* 49) à un levier TS dont le centre d'oscillation T ne se déplace pas.

Fig. 49

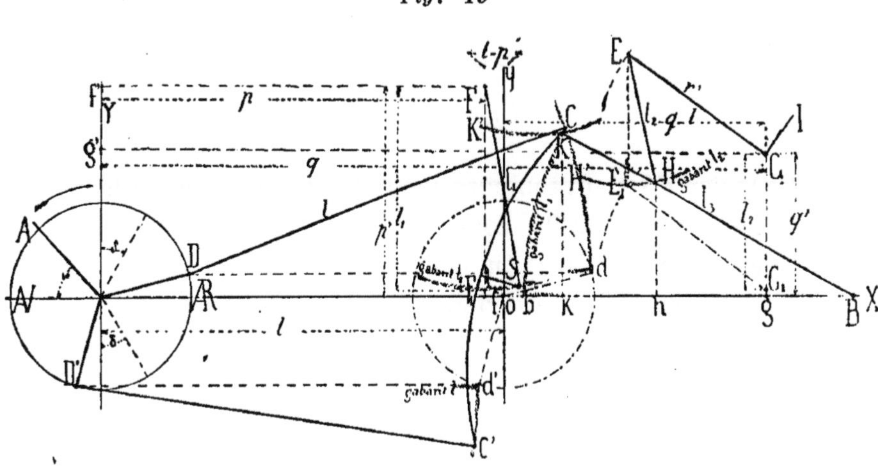

La coulisse CC' attaque un coulisseau K articulé à l'extrémité d'une bielle BK qui commande en B la tige du tiroir dont l'axe se trouve en oX. Le coulisseau peut occuper dans la coulisse différentes positions, la bielle BK se trouvant suspendue en H à l'extrémité d'un levier de relevage EH, dont on fait à volonté varier le point E de suspension à l'aide du levier coudé EGI articulé autour d'un point fixe G. La coulisse tourne sa convexité vers l'arbre de couche et est décrite avec BK comme rayon, condition essentielle pour que le tiroir oscille symétriquement par rapport à l'axe de la glace pour toutes les positions du coulisseau ou de la barre de relevage. Nous nous proposons de trouver la position ~~de l'axe~~ du tiroir, et ce qui revient au même, de la crosse B, pour un angle déterminé de la manivelle.

Les constructions que nous avons développées dans le cas de la coulisse de Stephenson trouvent ici encore leur application.

Il suffit de transporter le centre O du cercle d'excentricité en o, tel que l'on ait

$$Oo = DC$$

c'est-à-dire de la longueur des barres d'excentrique.

Dans ce transport, l'axe OY viendra en oy. Les centres d'oscillation G et F ont respectivement pour nouvelles coordonnées par rapport à l'axe Oy.

$$of = Oo - Ff = l - p$$

$$Gg' - Oo = q - l$$

Le levier FS étant toujours long, condition essentielle au bon fonctionnement de la coulisse ; il y aura intérêt ici encore à opérer le transport du centre F parallèlement à OY de la quantité FS. Le centre F viendra en F_1 tel que l'on ait

$$FF = FS$$

longueur de la bielle.

La coulisse, pour une position déterminée OA de la manivelle, se trouve avoir pour *arcs directeurs* les arcs Cd, $C'd'$, décrits avec un gabarit de rayon DC et orientés de façon qu'en d et d' leur tangente soit normale à la direction OX.

Elle a, pour troisième *arc directeur*, l'arc décrit de F comme centre avec FS pour rayon. Cet arc est, avons-nous dit, indépendant du cran de suspension. Pour avoir cet arc, il suffira de placer le gabarit de rayon égal à FS, de telle façon qu'il ait en F_1 sa tangente normale à Oy.

La coulisse communiquant son mouvement au tiroir par l'intermédiaire du levier BK, il faut, pour chaque position de la manivelle et de la barre de relevage EH, déterminer la position du point B.

Cette bielle BK est assujettie à se mouvoir sur deux directrices, qui sont OX pour le point B, et l'arc décrit de E comme centre avec EH pour rayon, pour le point H ; et en outre elle doit avoir sont point K sur la coulisse. En résumé, les longueurs KH, HB son constantes et les trois points K, H et B se meuvent sur trois directrices. L'arc HH', se déplaçant pour chaque cran de suspension, si le rayon EH est grand, comme c'est généralement le cas, nous simplifierons encore les constructions en opérant un transport.

Le point E se déplaçant sur un cercle de rayon EG, il est plus simple de transporter directement son centre G parallèlement à oy. Celui-ci viendra en G_1 tel que l'on ait

$$GG_1 = EH$$

$$\text{ou} \qquad gG_1 = gG - EH = q' - l_2$$

De G_1 décrivons un cercle avec EG pour rayon, nous aurons ainsi l'arc décrit par le point E transporté de la longueur EH de la bielle. Pour tracer la trajectoire HH', il suffira de placer en E_1 un gabarit de rayon EH en l'orientant de façon que sa tangente en E_1 soit normale à oy.

Le point K, extrémité de la bielle, est de plus assujetti à se trouver sur la coulisse CC'.

La barre BK étant toujours longue, il est utile encore ici d'effectuer le transport de la trajectoire OX de son extrémité B. Pour cela il suffit de décrire du point B comme centre avec BK pour rayon un arc de cercle qui coupe en b la direction OX. b sera la position de l'extrémité B transportée ou de l'axe du tiroir. On obtiendra directement ce point b, en faisant passer par K un gabarit de rayon BK, orienté de façon qu'il ait sa tangente à son point d'intersection avec OX, normale sur OX.

Fig. 49

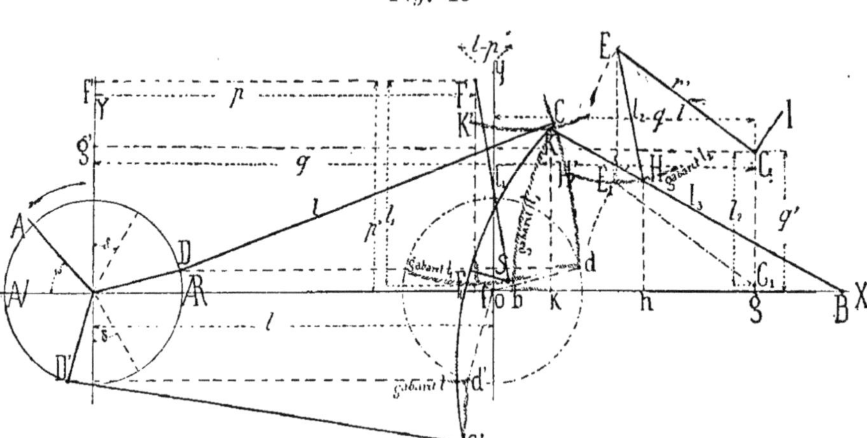

Pour determiner le point K, il faut placer la bielle KHB de telle manière que les points H et B soient sur leurs directrices OX et HH' et le point K sur la coulisse. Ceci nécessiterait la construction de la bielle BK, inconvénient que nous avons déjà voulu éviter.

Nous remarquons que, pour un même cran de suspension, le point K décrit une courbe telle que KK' que nous pouvons facilement tracer.

Pour construire cette trajectoire KK', considérons les deux triangles semblables BKk et BHh qui fournissent la relation

$$\frac{Kk}{Hh} = \frac{KB}{HB} = c$$

c étant une constante, on en tire

$$Kk = Hh \times c$$

et la distance KH étant constante, si on se donne un point H de l'arc HH', on déterminera immédiatement le point K correspondant.

En effet, soit un point H quelconque, de H comme centre avec KH pour rayon, décrivons un arc. Menons à une distance

$$Kk = Hh \times c$$

une parallèle à OX, l'intersection avec l'arc de cercle donne le point K (1).

En opérant de même pour différents points, on aura la courbe KK, dont l'intersection avec les positions successives de la coulisse permet, à l'aide du gabarit bK, de déterminer les positions correspondantes de l'axe du tiroir.

Somme toute, pour un cran donné, les centres O, F, E étant ramenés en o, $F_1 E_1$, la trajectoire KK' correspondant à diverses positions du levier EG étant tracée, on aura immédiatement les points b de l'axe du tiroir en appliquant aux points d'intersection K de la trajectoire KK', avec la position correspondante de la coulisse, le gabarit de rayon BK, de telle sorte qu'il ait sa tangente normale sur OX.

Et quelque complexes que puissent paraître ces constructions, elles se résument, une fois les transports effectués, à la construction par trois ou quatre points, de la trajectoire KK' et à un rabattement l'aide du gabarit BK. Elles constituent donc une série très restreinte de tracés et permettent d'établir rapidement les points importants de la distribution.

Quant à l'épure qui en résulte et qui permet de traduire sous une forme commode ces tracés, elle s'effectue de la même façon que pour la coulisse Stephenson, soit qu'on se contente de l'épure approchée, soit qu'on désire avoir des solutions exactes.

Les procédés pratiques pour relever les divers écarts du tiroir donnés (§ 91) pour la coulisse de Stephenson trouvent encore leur application et tout ce que nous avons dit à ce sujet s'applique ici parfaitement.

(1) Voir plus haut, § 51.

On relèvera dans une épure de résultat les écarts successifs et en construisant les courbes qui réunissent les différents points trouvés on aura une épure donnant toutes les phases de la distribution.

§ 95

Renseignements théoriques et pratiques.

Nous croyons utile de donner ici, comme nous l'avons fait pour la coulisse de Stephenson, quelques renseignements qui puissent éviter les tâtonnements ou tout au moins en réduire le nombre.

La coulisse devra être décrite non plus avec la longueur l des barres, comme rayon, mais avec la longueur de la barre $BK = l_3$. Il en résulte que les avances linéaires deviennent constantes, ce qui est la propriété la plus importante de cette coulisse.

Cela ressort clairement de la description et de l'inspection de la figure. Il est clair que la manivelle étant au point mort, la coulisse se trouvera avoir son centre sur l'axe du tiroir, et que le point d'articulation B de la barre BK se trouvant sur ce centre, quelle que soit la position de la barre de relevage EH, le tiroir occupera toujours la même position.

Le point F d'oscillation de la bielle de suspension FS de la coulisse devra être tel que l'extrêmité S de cette bielle ait son arc d'oscillation partagé symétriquement, quand la manivelle passe de l'un de ses points morts au point mort opposé. Ceci apparaît très nettement quand on construit l'épure, telle que nous l'avons conseillé précédemment et le tâtonnement sur la position dans l'épure du point F n'offre aucune difficulté. En général, on trouve pour p une valeur très voisine de l.

La barre de suspension devra être aussi longue que possible pour éviter les perturbations apportées par la flèche de l'arc décrit par le point S.

Il devra en être de même de la bielle de relevage EH. Le point E se mouvra sur l'arc de cercle décrit de G comme centre, G étant l'axe de l'arbre de relevage. En général on s'attache à ce que le levier EG soit parallèle à l'axe du tiroir, quand le coulisseau est au point mort de la coulisse.

Il y a intérêt à ce que ce levier ait la plus grande longueur possible pour que l'influence de l'axe décrit par le point E soit aussi faible que possible. D'un autre côté, s'il était par trop long, l'effort à vaincre deviendrait trop grand, quoique à un degré moindre que pour la coulisse de Stephenson, pour renverser la marche, ou changer le cran de détente.

Ce qu'il faut éviter, c'est que le point H n'ait un mouvement vertical trop grand et, comme nous l'avons dit plus haut, pour cela il faut que la bielle EH soit aussi longue que possible. En effet si le point H décrivait un arc de rayon trop petit, il en résulterait des variations très grandes des coulisseaux dans la coulisse, ce qui entraînerait des frottements inutiles et nuisibles à la durée des pièces.

Le choix du point H sur la barre BK, doit être fait judicieusement car l'oscillation plus ou moins grande du coulisseau en dépendra en partie. La figure (*Pl.* 37) donne le détail de la construction de cette coulisse, détail en tout analogue à celle de Stephenson, et nous n'y reviendrons pas.

Cette coulisse présente un plus grand nombre d'articulations que celle de Stephenson, exige plus de distance entre l'arbre de couche et l'axe transversal du tiroir, et n'a d'avantage sur celle-ci que l'égalité des avances, avantage dont il ne faut pas s'exagérer la portée. Le poids des pièces à manœuvrer est ici moins grand que pour la coulisse de Stephenson, c'est là un avantage minime du reste, depuis qu'on a à sa disposition des appareils puissants, les mises en train à vapeur, et qui n'est appréciable que lorsqu'on tient à opérer à la main le renversement rapide de la marche.

Ici, comme on peut croiser ou décroiser les barres, nous conserverons la définition donnée précédemment.

§ 96

Coulisse d'Allan. — Description et épure

Le dispositif d'Allan diffère des précédents en ce que la coulisse est droite.

Suspendue (*fig.* 50) comme celle de Stephenson, à l'aide d'une barre de relevage *TS*, la coulisse commande le tiroir à l'aide d'une bielle *KB* guidée par un coulisseau *K* dont on fait à volonté changer la position dans la coulisse comme dans la disposition de Gooch, à l'aide également d'une deuxième barre de relevage *EH*.

Fig. 50

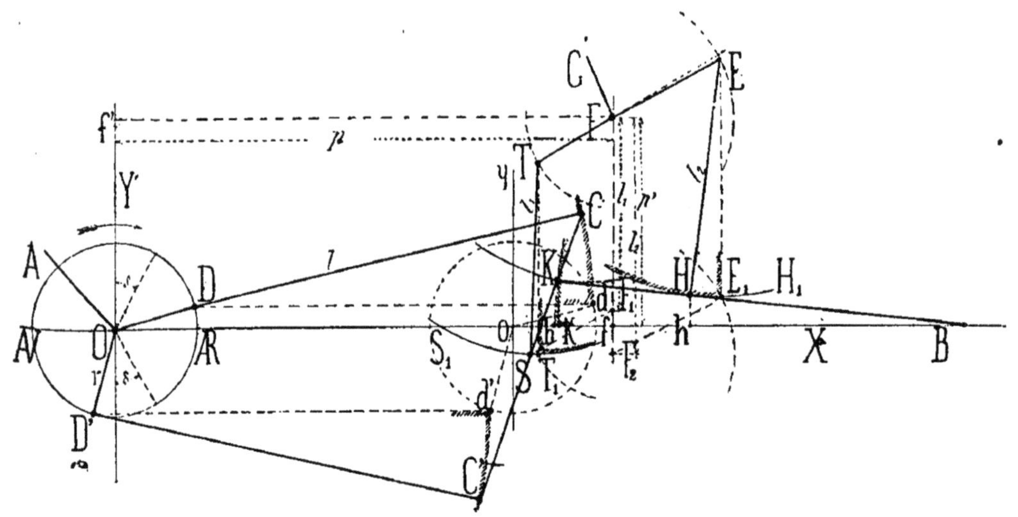

Les barres de relevage *TS* et *EH* sont articulées aux extrémités opposées d'un levier *TFE*, tournant autour de l'axe *F*, de telle sorte qu'en abaissant ou relevant le point *T*, ou élève ou abaisse le point *E* proportionnellement aux rayons *TF* et *FE*. Cette proportionnalité n'existe pas dans la figure 50, car nous avons supposé que le levier *FE* n'était pas dans le prolongement de *TF*, comme cela se fait souvent, dans le but d'obtenir une plus grande régularité.

La coulisse d'Allan participant à la fois aux propriétés des coulisses de Gooch et de Stephenson, les tracés que nous avons effectués pour ces dernières, trouvent ici leur application.

Il n'y a de variante qu'en ce qui concerne le gabarit de la coulisse, qui se borne ici à une ligne droite, et les positions respectives pour chaque cran, des points de suspension T et E.

Soit OA la position de la manivelle, OD et OD' celle des excentricités.

Transportons le centre O en o d'une quantité

$$Oo = DC$$

égale à la longueur des barres d'excentriques, et de o comme centre, avec OD pour rayon, décrivons le cercle d'excentricité.

La coulisse, *pour une position donnée de la manivelle*, se trouve avoir ses points C et C' sur deux *arcs directeurs* de rayon DC décrits avec un gabarit orienté de telle sorte qu'en ses points de rencontre d et d' avec le cercle o d'excentricité, il ait sa tangente normale à la direction de transport Oo.

La coulisse étant suspendue en son milieu S, a encore, pour le troisième arc directeur, l'arc décrit de T comme centre avec TS pour rayon ; arc qui ne varie de position que lorsqu'on change le cran d'admission.

Comme dans les exemples précédents, le levier TS étant toujours long, condition excellente pour le bon fonctionnement de a distribution, il y a intérêt évident à effectuer le transport du point T, ou mieux, du centre F autour duquel ce point se meut, quand on fait varier le cran d'admission.

Choisissant la normale à OX comme direction de transport, et, nous rappelant ce que nous avons dit pour les cas examinés plus haut, le centre F viendra après le transport en F_1, tel qu'on ait

$$FF_1 = TS$$

$$F_1 f = F f - TS$$

$$\text{et} \quad of = Ff' - Oo$$

Menant de F_1 comme centre un arc de rayon égal à TF et $F_1 T_1$ parallèle à TF ; nous aurons l'arc de suspension SS_1 en plaçant en T_1 un gabarit de rayon égal à TS orienté de telle façon qu'en T_1 il ait sa tangente normale à la direction du transport oy.

Les trois arcs Cd, $C'd'$ et SS_1 étant ainsi déterminés, l'arc SS_1 pour un cran particulier, les deux autres pour une position déterminée de la manivelle, il n'y aura plus qu'à placer le gabarit de coulisse dans sa position CSC'.

Quant à la commande du tiroir, elle se fait par l'intermédiaire de la bielle BK.

Cette bielle est assujettie à se mouvoir par son extrémité B sur OX direction du tiroir, et par un de ses points sur un arc de rayon EH déterminé et fixe pour chaque position du levier FG.

Supposons que FE soit la position correspondante à celle FT de l'autre levier de suspension.

La barre EH est toujours longue, il y a donc intérêt à transporter le point E ou mieux le centre F de l'arc qu'il décrit.

Dans ce nouveau transport du point F d'oscillation, ses coordonnées ne seront égales à celles déjà trouvées plus haut qu'autant qu'on aura

$$EH = TS,$$

c'est à dire qu'autant que les barres de suspension auront mêmes longueurs.

Ceci n'ayant lieu que rarement, le point F, dans ce nouveau transport parallèlement à OY, viendra en F_2 tel qu'on ait

$$FF_2 = EH \quad \text{ou} \quad F_2 f = EH - Ff$$

ses abscisses étant toujours

$$of = Ff' - Oo$$

De F_2 comme centre avec EF pour rayon décrivant un arc de cercle, menant $F_2 E_1$ parallèle à FE, pour avoir l'arc cherché HH_1, sur lequel se meut le point fixe H de la bielle BK, il suffira de placer un gabarit de rayon EH convenablement orienté.

Fig. 50.

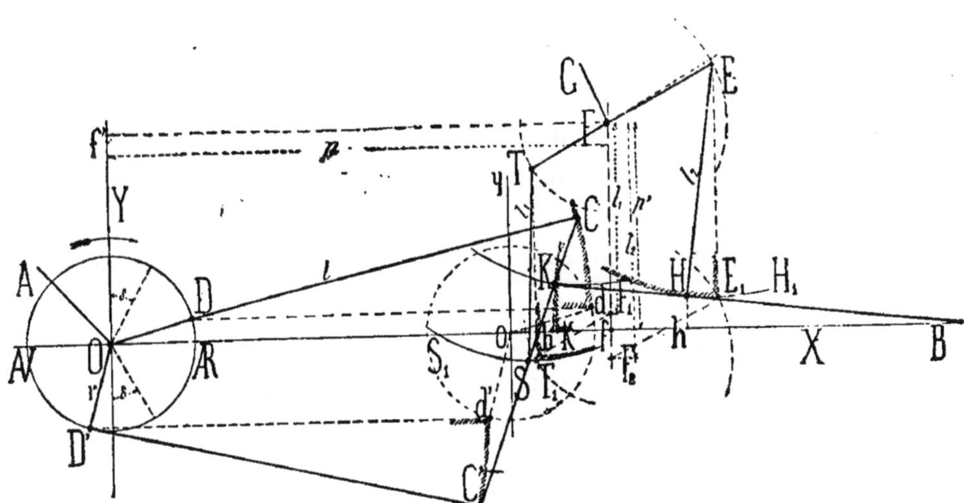

L'extrémité ou coulisseau K de la bielle BK décrira une courbe KK' qu'il est utile de tracer ; en effet, comme dans le dispositif Gooch, l'intersection de cette courbe avec les positions successives de la coulisse permettra de déterminer la position du point B, en transportant d'une quantité BK et sur OX la trajectoire BX de ce point.

Un gabarit appliqué en K tel qu'il ait en b sa tangente normale à OX, déterminera en b la position de l'axe du tiroir.

Pour construire, pour un cran donné ou pour un arc HH_1 déterminé le lieu décrit par l'extrémité K de la bielle BK, il suffit de considérer les triangles semblables $Kk\,B$ et $Hh\,B$ qui donnent immédiatement

$$Kk = Hh \times \frac{KB}{HB} = Hh \times C.$$

C étant une constante qui dépend de la position de l'axe H où s'articule la barre de relevage

Opérant pour plusieurs points de l'arc HH_1, on déterminera des valeurs successives de Hh et de Kk, et par conséquent le lieu de l'extrémité K de la bielle. La méthode est la même que pour la la coulisse de Gooch.

Prenant l'intersection de ce lieu avec chaque position de la coulisse, il suffira d'appliquer convenablement en cette intersection le gabarit de rayon BK pour déterminer rapidement la position du point b ou de l'axe du tiroir.

Les arcs SS_1 et HH_1 se déplacent suivant une loi déterminée par chaque disposition particulière du levier $TEFG$. Il est à remarquer qu'elles se déplacent en sens inverse l'une de l'autre, comme du reste les articulations T et E.

Quant à l'épure, elle s'effectue sans difficulté, exactement de la même manière que celle des deux distributions précédentes.

§ 97.

Renseignements théoriques et pratiques.

La coulisse d'Allan présente des tâtonnements plus longs que celles des coulisses précédentes, par suite du double mouvement à effectuer ; relèvement de la coulisse et abaissement de la barre du tiroir.

Il existe, entre les deux leviers TF et FE, des relations que nous extrayons de l'ouvrage de M. Zeuner, et qui respectées, abrégeront les tâtonnements.

On doit avoir

$$\frac{EF}{FT}=\frac{BH}{DC}\left(1+\sqrt{1+\frac{DC}{KB}}\right)$$

pour que les déplacements verticaux de la coulisse et du coulisseau soient aussi faibles que possible; soit en d'autres termes, pour que l'oscillation du coulisseau dans la coulisse soit restreinte.

Il faut réserver aux bielles de suspension la plus grande longueur possible, et donner au levier double *TE* une longueur telle qu'on ait approximativement

$$TE+FE=DC-HB.$$

Le centre d'oscillation *F* se trouvera dans une position telle que les bielles de suspension aient leurs axes symétriquement partagés par des normales à la direction du tiroir quand la manivelle passe de l'un à l'autre de ses points morts. On donne à ces bielles des longueurs égales.

Il est à remarquer qu'on peut améliorer la distribution en ne mettant pas les leviers *TF* et *FE* dans le prolongement l'un de l'autre, mais en abaissant de quelques degrés la direction de *FE* par rapport à celle de *TF* et en donnant par suite une moindre longueur à la bielle *EH*. La figure (*Pl.* 38) offre un exemple de cette disposition fréquemment employée par Beugnot dans ses locomotives.

Là encore les bielles peuvent être croisées ou ouvertes. Dans le premier cas les avances décroissent quand on s'approche des points morts de la coulisse. Elles exigent dans ce cas des bielles ouvertes. Ces variations de l'avance sont bien moindres que dans la coulisse de Stephenson.

Le principal avantage de ce dispositif, c'est la plus facile exécution de la coulisse, et l'amplitude moindre des mouvements à exécuter pour renverser la marche.

Cet appareil exige sensiblement plus de distance entre l'arbre de couche et l'axe transversal du tiroir que la coulisse de Stephenson.

CHAPITRE XX

DISTRIBUTION D'HEUSINGER OU DE WALSKARCH

§ 98.

Description et définition.

Dans cette distribution très employée pour les locomotives, le mouvement du tiroir est la résultante des mouvements combinés du piston et d'un excentrique placé sur l'arbre moteur ; le mouvement se transmet par une série de barres et de balanciers, et nous pouvons encore appliquer rigoureusement la méthode des gabarits pour déterminer les positions simultanées sur les différentes trajectoires.

Soit O l'arbre moteur, OM la manivelle motrice, MB la bielle dont la crosse B se meut sur l'axe OX du cylindre (*Pl. 43 fig. 1*) et (*Pl. 39 fig. 1*). Cette crosse B met en mouvement une tige Bb rigide, reliée invariablement au coulisseau et faisant un angle droit avec l'axe OX ; ~~le point b a donc sur la parallèle bb' le même mouvement que la crosse B sur BX~~. Un balancier bg est articulé au point b et tandis que ce balancier peut tourner autour du point b comme centre, il met en mouvement la barre gGH par l'articulation g. Cette barre présente deux articulations G et H ; l'articulation H commande la tige du tiroir et est assujettie à se mouvoir sur l'axe HX' du tiroir, l'autre G participe au mouvement de l'excentrique comme nous allons l'expliquer. Un excentrique d'excentricité r est calé à angle droit avec la manivelle ; une coulisse EO_1F peut prendre un mouvement d'oscillation autour de l'axe fixe O_1, le point C est relié invariablement avec la coulisse et se trouve généralement sur la tangente CO_1 à la coulisse à une distance b_1, c'est par cette articulation C que la coulisse reçoit le mouvement de la barre d'excentrique $DC = l$ et le point C décrit son arc de cercle de rayon l_1. Dans la coulisse est un coulisseau qui peut se déplacer d'un bout à l'autre de l'arc $E\,O_1\,F$ de la coulisse en passant par le point d'articulation O_1 à l'aide d'une disposition spéciale, permettant au coulisseau de parcourir toute la coulisse, c'est-à-dire que l'articulation O_1 est prise en dehors de la coulisse. La figure suppose que le coulisseau q se trouve exactement sur le point fixe O_1. Ce coulisseau est articulé à une barre $Q\,q\,G$ dont l'extrémité G s'articule au point G de la barre $g\,H$, tandis que l'autre extrémité Q s'articule à la barre de suspension $P\,Q$. Pour une marche déterminée de la machine, le point P est fixe ; mais le point P est articulé au levier $P\,O_2 = l_4$ qui peut tourner autour de l'axe fixe O_2, de sorte que, quand on veut changer la détente de la machine, on donne un mouvement de rotation à l'axe O_2 au moyen d'une transmission de mouvement à leviers, comme le représente la disposition de la (*Pl. 39 fig. 1*); par suite le point P se place sur un arc de rayon l_4, et pour un cran déterminé de détente, il prendra une position fixe (*Pl. 43 fig.* 1) telle que P'. Pendant la rotation de l'excentricité D, la coulisse reçoit un mouvement oscillatoire par l'articulation C et si le coulisseau ne se trouve pas sur l'axe O_1, comme la position spéciale de la figure l'indique, la barre $Q\,q\,G$ est entraînée dans un mouvement assez complexe de va-et-vient. Sa position est déterminée par trois conditions : son extrémité Q doit être sur l'extrémité de la barre de suspension PQ, le point q, c'est-à-dire le coulisseau, doit se trouver sur la coulisse et l'extrémité G est reliée à la barre $g\,H$ par l'articulation G.

La position de la barre $g\,H$ dépend donc de la position de la manivelle motrice par son articulation g et de celle de l'excentricité par l'articulation G. Il en résulte un mouvement assez complexe qui est une espèce d'oscillation autour de l'axe G, qui lui-même se déplace, et nous pouvons dire que ce mouvement est réglé par la triple condition d'avoir chacun des points g, G, H, sur leurs trajectoires respectives.

La trajectoire du point H est une ligne droite et, comme nous le verrons dans la suite, son mouvement convient très bien à la conduite d'un tiroir.

L'influence du cran de suspension sur les variations de l'introduction est facile à observer. Si, la manivelle et l'excentricité ayant une position déterminée, on déplace le levier $P\,Q$ de suspension, le coulisseau subira un déplacement dans la coulisse et la barre $g\,G\,H$ sera entraînée par l'articulation G ; cette barre tournera autour du point g qui se déplacera en même temps sur l'arc de rayon $L' = b\,g$ de façon que le point H se meuve sur la droite $H\,X'$; la position du tiroir est donc changée. On voit également que, suivant que le coulisseau q sera placé d'un côté ou de l'autre du point fixe O_1 de suspension de la coulisse, le tiroir sera tiré dans des sens opposés et par conséquent que le changement de la marche sera modifié. L'appareil permet donc le renversement facile de la marche de la machine. L'une des moitiés de la coulisse donne donc la marche en avant, et l'autre moitié la marche en arrière.

Les positions des organes indiquées par des traits pleins et forts représentent la distribution, quand le piston est au milieu de sa course de sorte que nous avons :

$$O\,B = M\,B = L$$

A ce moment la barre $g\,G\,H$ est normale à l'axe $O\,X$ et son point G se trouve sur la parallèle menée par le point fixe O_1 au même axe $O\,X$. La position $P\,Q$ du levier de suspension suppose un cran de détente tel que la barre $Q\,q\,G$ soit sur cette parallèle $O_1\,G$: c'est le cran moyen de suspension ; pour ce cran la machine n'est pas plus sollicitée à marcher en avant qu'en arrière et on dit que la position O_1 du coulisseau est le point neutre de la coulisse. Notons encore que la coulisse est un arc de cercle de rayon l_2.

$$l_2 = O_1\,G$$

Il en résulte que le piston étant à l'un des points morts, l'excentricité est sur la normale $O\,Y$, et la tangente $C\,O_1$ à la coulisse doit être à peu près normale à OX. Nous verrons que ceci permet d'avoir des avances linéaires à l'admission *constantes pour tous les crans de détente*, parce que l'excentricité G de la barre de coulisse se trouve dans le voisinage du centre de l'arc de coulisse. En déplaçant le levier de suspension pour les deux points morts on ne doit pas déplacer le tiroir.

§ 99.

Détermination des points par tracé direct.

Supposons que nous ayions fait un tracé de tous les éléments de la distribution tels qu'ils sont représentés par les traits forts et prenons une position quelconque de la manivelle M' correspondant à une rotation α à partir de M. Nous allons déterminer la position du tiroir en dessinant chaque organe à la position qu'il occupe en ce moment.

Nous mettons la bielle $M'B'$ en position, ce qui nous permet de tracer la perpendiculaire $B'b'$ et de marquer le point d'articulation b' tel que

$$B'b' = Bb$$

Nous décrivons un arc de cercle $g'g'_1$ de b' comme centre avec un rayon

$$b'g' = bg = L'$$

et nous savons que la barre gGH doit occuper une position telle que l'extrémité g soit sur l'arc $g'g'_1$ et l'extrémité H sur la droite HX'; sa position n'est donc pas encore suffisamment déterminée. Mais l'excentricité est en D', le rayon OD' faisant l'angle α de rotation,

$$\alpha = D'OD = M'OM$$

ce qui nous permet de tracer la barre d'excentrique $D'C'$ en décrivant un arc de cercle de D' comme centre avec

$$D'C' = l = DC$$

pour rayon et un autre arc de cercle de O_1 comme centre avec

$$O_1 C' = l_1 = O_1 C.$$

L'intersection C' détermine la position de l'extrémité de la barre d'excentrique et le point d'articulation C' de la coulisse que nous pouvons tracer dans sa position $C' E' O_1 F'$. Connaissant la position $O_2 P'$ du levier de suspension correspondant au cran de détente, nous traçons l'arc de cercle $q_1' Q'$ de P' comme centre avec le rayon

$$P' Q' = l_5 = P Q.$$

et alors nous devons placer la barre $Q O_1 G$ dans une position telle que $G' q' Q'$ en ayant soin de placer les articulations q' et Q' sur leurs courbes directrices respectives, la coulisse est l'arc $Q' q'_1$ de suspension. Ces deux conditions ne suffisant pas pour déterminer la position de cette barre, nous sommes dans le même cas d'indétermination que pour la barre $g' G' H'$. Nous devons fixer les positions de ces deux barres en établissant la coïncidence de leur articulation commune G' ; nous opérerons par tâtonnement en déplaçant chacune des deux barres sur ses deux courbes directrices respectives, jusqu'à ce que nous soyons arrivés à produire la coïncidence. Ce tâtonnement est inévitable dans un tracé, tandis que cette incertitude n'existe pas pendant la marche de la machine par suite de la liaison entre toutes les pièces.

§ 100.

Inconvénients du tracé direct.

Par ce procédé nous avons pu trouver la position H' de la tige du tiroir ; en opérant ainsi pour un certain nombre de positions de la manivelle motrice, et pour un même cran $O_2 P'$ de suspension, on pourra étudier la marche du tiroir et connaître la distribution. Il faudrait ensuite recommencer les tracés pour les autres positions du cran de détente en faisant varier seulement les positions P'.

Les déplacements du tiroir étant très faibles, il faut faire les tracés grandeur d'exécution pour avoir de l'exactitude et opérer sur une feuille de papier de très grande dimension (au moins trois mètres de long pour une distribution de locomotive). L'exécution de ces tracés prend beaucoup de temps, il est difficile d'opérer avec justesse, et les lignes se confondant bientôt, on commet souvent des erreurs. Il est cependant très important de connaître les déplacements de chacun des organes, non seulement pour étudier le mouvement du tiroir, mais pour se rendre compte de l'influence des longueurs des leviers articulés, du mouvement de chaque pièce et de la place qu'elles doivent trouver libre. C'est pourquoi dans la pratique on préfère souvent faire des modèles en bois ; nous croyons inutile de revenir ici sur les inconvénients inhérents à ces modèles.

§ 101

Méthode des gabarits

La méthode des gabarits nous permet de simplifier beaucoup les tracés et de les rendre plus rapides.

Il s'agit de trouver un tracé permettant d'établir la corrélation qui existe entre deux positions simultanées quelconques M' de la manivelle et H' du coulisseau.

Par le point b (*Pl.* 43, *fig.* 1) menons la parallèle $b\,b'\,x$ à l'axe de la machine. De b comme centre décrivons un arc de cercle avec le rayon

$$L' = b\,g$$

et marquons l'intersection Ω' avec l'axe $b\,x$. De Ω' comme centre, avec un rayon égal à la manivelle R, décrivons une circonférence entière. Pour une position M' quelconque de la manivelle, nous avons vu que la barre $g'\,G'\,H'$ devait appuyer son articulation g sur l'arc $g'\,g'_1$. Soit g'_1 l'intersection de cet arc avec l'axe $b\,x$; nous voyons que, pendant la rotation, le point fictif g'_1 a même mouvement rectiligne que b', c'est-à-dire que la crosse B', et quand la crosse B' est à sa position milieu B répondant à la position M de la manivelle, ce point fictif g'_1 est en Ω', si donc (voir § 13, mouvement d'une bielle) nous menons le rayon $\Omega' \mu_1$ parallèle à OM', le point μ_1 représentera sur la circonférence la position de la manivelle et le gabarit $\mu_1 g'_1$ de rayon L (L étant la longueur de la bielle motrice) nous permettra de trouver de suite le point fictif g'_1 et par suite de tracer l'arc directeur $g'_1 g_1$ de rayon

$$b' g' = b g = L'$$

or, faisons tourner la barre $g' G' H'$ autour de son point g' jusqu'à ce que nous atteignons la position $g' G'_1$ normale à l'axe OX et traçons l'arc $G' G'_1$ de rayon

$$G'_1 g' = g' G' = g G = L_1 .$$

Transportons alors parallèlement à la direction $g' G'_1$ et d'une quantité égale à L_1 la figure formée par le centre Ω', la circonférence de rayon R, le point μ_1, le gabarit $\mu_1 g'_1$, le gabarit $g' g'_1$, l'axe $\Omega' x$; nous obtiendrons la figure $\Omega \mu' g_1 G'_1$ avec les courbes correspondantes. Par conséquent nous voyons que nous pouvons trouver immédiatement, sans les constructions intermédiaires, l'arc $G' G'_1$ sur lequel est placée l'articulation G' ; nous marquons la position μ' de la manivelle, le gabarit $\mu' g_1$ de rayon L donne le point fictif g_1 de la crosse du piston sur sa course $x'_1 x'$, et le gabarit de rayon L' nous permet de tracer l'arc directeur $g_1 G'_1$ sur lequel doit s'appliquer le gabarit de rayon L_1 de telle façon que sa normale en G'_1 soit parallèle à $\Omega \Omega'$.

Nous allons opérer de la même manière pour le mouvement transmis par l'excentrique. Du point P' de suspension comme centre, avec un rayon

$$P' Q' = l_5 = P Q$$

décrivons un arc de cercle $Q' q'_1$ et marquons le rayon $P' q'_1$ normal à OX ; si nous traçons l'arc $Q q'_1$ de rayon

$$l_4 = O_2 P$$

passant par Q et q'_1, nous voyons que, tandis que nous faisons varier le point de suspension P', le point fictif de suspension q'_1 se déplace sur l'arc $q'_1 Q$. Faisons maintenant tourner autour du point q' comme centre, la longueur de barre

$$q' G' = l_2$$

jusqu'à la position $q' \gamma'$ parallèle à OX, et marquons l'arc $G' \gamma'$ décrit par le point G'. Prenons les éléments suivants : l'arc $d C'$, la coulisse $E' O_1 q'$, son arc directeur $C' C$, la longueur $q' Q' = l_3$, l'arc de suspension $Q' q'_1$, l'arc $q'_1 Q$ des crans de suspension, et transportons les parallèlement à la direction de l'axe OX d'une quantité égale à l_2 ; le point O_1 vient en G, q' en γ', Q' en γ'', q'_1 en γ Q en ρ, E' en ε', d en δ', C' en δ, et les arcs occupent les positions correspondantes tracées sur l'épure. Remarquons maintenant que le point δ' a même mouvement que le point d ou D' et que la longueur $D \delta'$ égale $l + l_2$

$$D' \delta' = D' d + d \delta' = l + l_2$$

Par conséquent le point δ' se meut comme l'excentricité sur une circonférence de rayon

$$r = O D' = \omega \delta'$$

dont le centre est sur l'axe OX à une distance

$$O \omega = l + l_2$$

Dès lors les points simultanés du mouvement s'obtiennent facilement. Pour une position μ' quelconque de manivelle, nous marquons la position correspondante de l'excentricité δ', le gabarit $\delta' \delta$ de rayon l nous donne le point δ sur l'arc directeur $\delta \delta_1$ de rayon l_1

$$l_1 = O_1 C$$

avec le gabarit $\varphi' G \varepsilon' \delta$ de la coulisse, nous pouvons la tracer dans sa position et alors le gabarit $\gamma' G'$ de rayon l_2 donnera l'intersection G' avec le gabarit $G' G'_1$, en le faisant glisser appuyé sur la coulisse. Une fois le point G' connu, la normale $G' H'$ au gabarit donnera la position du tiroir H'.

Le point G' n'est pas encore complètement déterminé, car les deux gabarits qui donnent cette intersection sont seulement assujettis à s'appuyer sur leurs arcs directeurs avec une certaine orientation. Nous retrouvons là, l'indétermination et les tâtonnements de la méthode directe. Si nous supposons l'intersection G' bien placée, nous remarquons que la normale $G'H'$ au gabarit $G' G'_1$ doit couper l'axe du tiroir HX' en déterminant une longueur constante

$$H' G' = H G = L_2 ,$$

tandis que si on mène par γ' une parallèle $\gamma' \gamma''$ à la normale $G' q'$ au gabarit, elle coupe l'arc de suspension $\gamma \gamma_1$ en γ'' en déterminant une longueur constante

$$\gamma'\gamma'' = q' Q' = O_1 Q = l_3$$

Il faudra donc déplacer les deux gabarits sur leurs arcs directeurs de façon à satisfaire à ces dernières conditions. Il suffit de quelques tâtonnements quenous rendrons facile par un procédé spécialement exposé plus loin.

Ainsi donc, pour obtenir sur une feuille de papier, de dimensions réduites relativement à celle du tracé entier, les positions simultanées de la manivelle, de l'excentricité et du tiroir, il suffit de tracer les deux circonférences et les arcs directeurs marqués sur la fig. 1 (Pl. 43) *en pointillé; quatre gabarits que l'on déplace convenablement sur les directrices donnent les points* G' *et* H'. *Une fois que l'on a des gabarits bien faits de tous les arcs, l'épure se fait par des tracés avec la règle, et les gabarits remplaçant des équerres.* Cette méthode est rapide et simple, parce que, pour chaque nouvelle position de la manivelle, les tracés sont les mêmes et en quelque sorte parallèles.

§ 102

Procédés pratiques pour l'épure.

On voit que dans le tracé qui doit donner la position du coulisseau il reste une indétermination qui oblige à un tâtonnement sur les positions respectives des deux gabarits qui déterminent le point G' par leur intersection.

Cette indétermination ne peut être évitée dans un tracé, puisque dans le tracé direct des organes du mécanisme les barres $Q\,G$, $q\,G$ ne peuvent être mises en position que par un tâtonnement. Nous allons montrer par une application que la méthode des gabarits permet de faciliter ce tâtonnement.

Pour faire l'épure des déplacements des organes d'une distribution Heusinger représentée (*Pl.* 39, *fig.* 1, 2), nous traçons un cercle ω avec un rayon r égal à l'excentricité (*Pl.* 43, *fig.* 2) la droite $O\,X$ représente l'axe de la machine. En se conformant à la règle que nous venons d'établir et en se reportant à la figure démonstrative (*Pl.* 43, *fig.* 1) on voit qu'il faut élever une perpendiculaire par le point ω sur l'axe $O\,X$ et marquer sur cette perpendiculaire les points G et H tels que les parallèles $O_1\,G$ et $H\,X'$ à l'axe $O\,X$ représentent par rapport à l'axe de la machine $O\,X$ l'axe $O_1\,G$ qui passe par le point O_1 d'articulation de la coulisse et l'axe de la tige du tiroir. Nous menons une parallèle $\Omega\,\Omega'$ à l'axe $\omega\,G$ à une distance donnée par la différence

$$(L + L') - (l + l_2)$$

et nous menons une horizontale $x'_1\,x_1$ à une distance L_1, de l'axe $O\,X$, nous marquons le point Ω d'intersection qui nous sert de centre pour tracer une circonférence avec un rayon R égal à la longueur de la manivelle motrice. Du point G comme centre, avec l_1 pour rayon, nous traçons l'arc de cercle $\delta\,\delta_1$ directeur de la coulisse qui va osciller autour du point G en s'appuyant sur cet arc. Sur la droite $O_1\,G$ nous marquons le point ρ tel que

$$G\,\rho = l_3 = O_1\,Q \;(fig.\ 1,\ Pl.\ 43)$$

et avec un centre pris sur la droite $O_1\,G$ et un rayon égal à l_4, c'est-à-dire à la longueur du levier de suspension $O_2\,P$, nous traçons l'arc de cercle $\rho\,\rho'$ qui sera l'arc directeur de suspension.

Ce sont là tous les éléments fixes de l'épure. Pour une position quelconque μ' de la manivelle motrice, nous pouvons marquer la position correspondante δ' de l'excentricité, le rayon $\omega\delta'$ étant en avance d'un angle droit sur la position de la manivelle. Le gabarit $\delta\,\delta'$ de rayon l donne la position δ sur l'arc directeur de la coulisse et, avec un gabarit de la coulisse, nous pouvons la tracer dans sa position $\delta\,\varepsilon'\,G\,\varphi'$. Le gabarit $\mu'\,g_1$ de rayon L donne le point g_1 par lequel nous traçons l'arc de cercle $g_1\,G'_1$ de rayon L' sur lequel doit s'appuyer le gabarit $G'\,G'_1$ de rayon L_1 pour donner l'intersection G' avec le gabarit $\gamma'\,G'$ de rayon l_2 qui s'appuie sur la coulisse. La position de ce dernier gabarit dépend du cran de détente. Soit $\gamma\gamma''$ l'arc de rayon l_5 correspondant au cran de détente ; on voit que l'on peut partager l'arc $\gamma\,\rho\,\rho'$ en divisions égales qui représenteraient en quelque sorte tous les crans de détente et seraient proportionnels aux divisions tracées sur le secteur de changement de marche du mécanicien ; on obtiendra donc ainsi directement sur l'épure les divisions de ce secteur.

D'après ce que nous venons de dire, les positions des gabarits L_1 et l_2 ne sont pas complètement déterminées ; il faut par un tâtonnement les déplacer parallèlement à eux-mêmes en les appuyant sur leurs courbes directrices de telle manière que les deux conditions suivantes soient remplies :

1° La normale $G'\,H'$ menée au gabarit L_1 par l'intersection G' doit déterminer avec l'axe du tiroir $H\,X$ un segment $G'\,H'$ de longueur L_2 constante

$$L_2 = G'\,H'$$

2° Si par le point γ' du gabarit l_2 on trace une parallèle $\gamma'\,\gamma''$ à la normale $G'\,q'$ menée par l'intersection G' à ce même gabarit, elle doit déterminer avec l'arc $\gamma\gamma''$ un segment $\gamma'\gamma''$ de longueur constante l_3

$$l_3 = \gamma'\,\gamma''$$

Ce tâtonnement est bien facile quand on a déjà quelques points, parce que l'on prévoie à peu près la position que doit occuper le point G'.

Voici une méthode que nous avons employée pour faire cette détermination.

Sur une feuille de papier à calquer nous traçons l'arc de cercle $G' G'_1$ du gabarit de rayon L_1 et avec un rayon égal à $L_1 + L_2$ nous traçons l'arc de cercle concentrique $H' h$ (*fig.* 51) ; nous traçons

Fig. 51

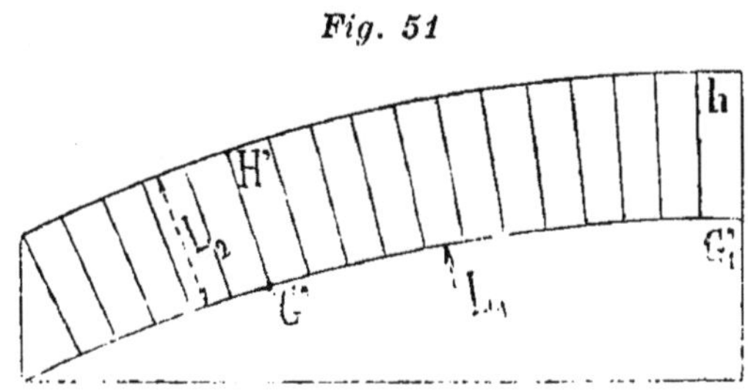

des normales aux deux cercles telles que $G' H'$, très rapprochées les unes des autres ; elles auront toutes la même longueur L_2 comprise entre les deux courbes. Ce tracé se fait facilement en menant les rayons. Nous faisons alors glisser parallèlement à lui-même ce gabarit (L_1) sur sa courbe directrice en posant le calque sur l'épure (*fig* 2 *Pl. 43*) ; pour une position quelconque, par exemple la position $G'_1 G'$ de la *fig.* 2, nous verrons par transparence l'intersection de l'arc extérieur $H' h$ avec l'axe du tiroir $H X'$; par cette intersection nous mènerons une normale aux deux courbes et avec une pointe nous marquerons l'extrémité G' de cette normale de longueur L_2.

On peut même éviter de tracer cette normale en se servant des normales très rapprochées du gabarit et en se guidant sur celle-ci, on peut de suite pointer le point G' par une simple interpolation faite par une appréciation sans aucun tracé ; on opère ainsi rapidement.

Nous déplaçons le calque et nous pointons successivement plusieurs points G' qui forment une courbe.

C'est un de ces points qu'il faut choisir ; pour cela nous opérons d'une manière analogue avec le gabarit l_2.

Sur une feuille de papier à calquer, nous traçons l'arc de gabarit

$\gamma' G'$ de rayon l_2 ; nous marquons les divisions égales 0, 1, 2, 3, 4, etc. (*fig. 52*) et menons les normales 0, 1, 2, 3, 4, etc. Par le point

Fig. 52.

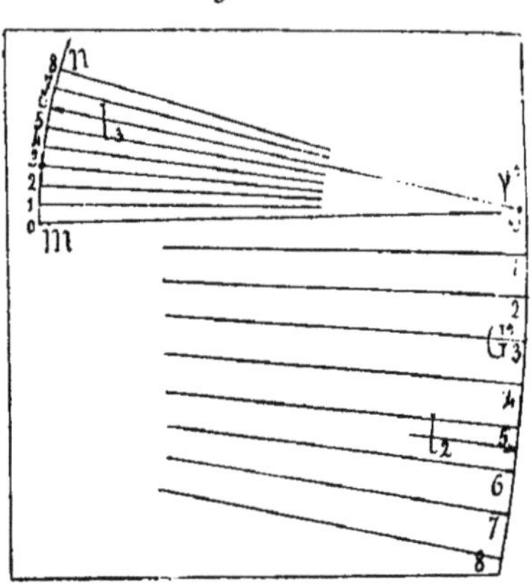

γ' comme centre, nous menons des rayons de longueur constante égale à l_3 qui sont parallèles à toutes ces normales. Nous superposons ce calque sur l'épure (*fig.2 Pl. 43*) et le faisons glisser parallèlement à lui-même sur sa courbe directrice, c'est-à-dire sur la coulisse.

Par transparence nous voyons l'intersection de la courbe $m\ n$ du calque avec l'arc de cercle $\gamma\gamma''$ (*fig.2*), si ce point coïnçide avec le point 3 par exemple, le segment intercepté est γ' 3 ; nous prenons la normale correspondante 3 et nous pointons le point 3 qui donne ainsi l'intersection G' pour cette position du calque. En déplaçant le calque nous traçons une courbe et l'intersection de cette courbe avec la courbe précédente donne l'intersection G' cherchée, et par suite la position H' de l'articulation de la tige du tiroir. Si on remarque que les courbes que nous venons de tracer par points sont presque rectilignes sur une faible longueur et que l'on connait à peu près la position G', on comprendra que cette méthode peut être rapide, car il suffit souvent de marquer seulement deux points de chaque courbe.

Quand on fait varier les positions de la manivelle motrice, les gabarits se déplacent pour ainsi dire parallèlement à eux-mêmes et les constructions se suivent méthodiquement. Un des avantages de cette méthode est de donner les positions et les inclinaisons des organes du mécanisme, de sorte que l'on peut facilement connaître leurs positions extrêmes.

Nous avons la coulisse $\delta\ \varepsilon'\ G\ \gamma'\ \varphi'$ en position, nous voyons en γ' la position du coulisseau et pouvons observer son déplacement dans la coulisse ; $\gamma'\gamma''$ donne la direction de la barre de coulisse et l'articulation γ'' de suspension $H'\ G'$ donne l'autre barre ; G_1' est la position exacte de son articulation inférieure; $G'_1\ b'$ est le levier qui commande cette articulation tandis que b' représente l'extrémité de la barre $B\ b$ faisant partie du coulisseau de la tige du piston. En un mot, cette épure représente tous les organes superposés dans leurs positions respectives. Ceux qui ont déterminé une série de points par ces tracés ayant de très grands rayons et donnant un grand nombre de lignes, apprécieront cette simplification. Les épures sont néanmoins encore très longues, parce que cette distribution est par elle-même très complexe.

§ 103

Distribution de la Société de Construction de Wintherthur

Pour produire la distribution de la vapeur, on a dans plusieurs cas pris le mouvement sur un point particulier de la bielle motrice, comme nous venons de le voir dans l'exemple précédent. Nous citerons encore la distribution de la Société de Wintherthur qui s'applique également aux locomotives.

La Pl. 40 représente cette distribution dont le mécanisme parait bien différent de celui de Heusinger, mais qui cependant donne lieu à une étude en tout comparable; nous nous bornerons ici à faire ressortir cette analogie.

Le mouvement du tiroir a pour origine la courbe de forme elliptique décrite par le point F de la bielle motrice. Pour un cran de détente déterminé, nous avons un point fixe B (*fig.* 40) autour duquel oscille librement un levier, dont l'autre extrémité, est articulée en un point du levier *CD*. L'extrémité *C* de ce levier glisse dans la douille *C*, qui elle-même peut subir une rotation autour de son axe. Nous avons donc un espèce de triangle déformable *BCD* dont le point *D* décrit une courbe. La barre de longueur fixe *DF* est articulée au point *F* de la bielle motrice et au point *D*, c'est-à-dire que la position de cette barre est déterminée par la condition d'être fixée au point *F* et de s'appuyer sur la trajectoire du point *D*. Il sera donc facile de mettre cette barre en position quand on aura tracé la trajectoire des points *D* et *F*. Cette barre porte une articulation *E* qui communique son mouvement au tiroir par le renvoi *E'HGI*.

Pour faire varier la détente et produire le changement de marche, on déplace la barre *BC* en la faisant tourner autour de l'axe *A* au moyen du levier de changement de marche ; les points *C* et *B* décrivent des arcs de cercle et on voit qu'il en résulte pour chaque position une déformation et un déplacement de la trajectoire du point *D*.

Si nous comparons cette distribution à celle de Heusinger ou de Walschaert (*fig.* 39), nous voyons que le levier *FED* présente une grande analogie avec le levier *gGH* (*fig. 39*), bien que le fonctionnement ne soit pas le même dans les deux cas. Nous n'avons pas d'ailleurs dans cette distribution une indétermination aussi grande que dans la précédente et l'épure se fait plus facilement.

CHAPITRE XXI

MOUVEMENTS SPÉCIAUX PAR EXCENTRIQUE, MOUVEMENT RECTILIGNE, TEMPS D'ARRÊT

§ 104

Distribution V. Febvre à déclic.

On a pu voir que, dans toutes les distributions que nous avons étudiées, l'origine du mouvement est un excentrique ; tandis que la poulie d'excentrique a un mouvement de rotation, le collier prend un mouvement de va-et-vient très varié suivant la manière dont il est guidé et il peut produire des mouvements d'oscillation très différents dans chaque cas, quand on déplace le point qui sert à transmettre le mouvement. Nous avons étudié tous les types de mouvement convenables pour la distribution de la vapeur que l'on obtient par un excentrique guidé de différentes manières, agissant sur plusieurs leviers diversement placés, ou combiné avec un autre excentrique. Nous compléterons cette étude en examinant deux mouvements particuliers que nous avons utilisés pour établir la distribution à déclic, système V. Febvre.

Tandis qu'un point d'un collier d'excentrique est guidé en ligne droite, un autre point peut décrire avec une grande approximation une autre ligne droite ; cette propriété a servi à établir la commande de l'organe d'admission. Il est possible d'établir des leviers qui transforment le mouvement du collier d'excentrique de façon à produire un temps d'arrêt pendant une demi révolution de l'excentrique ; cette propriété s'applique très bien à la commande des organes d'échappement. Nous avons déjà vu employer les renvois de mouvements par plusieurs leviers dans les machines des types Corliss ; il nous reste à étudier en détail comment on peut produire un temps d'arrêt déterminé en réalisant des conditions données de distribution. Nous allons d'abord faire une description rapide de cette distribution. (*Pl. 44*)

Elle comporte quatre distributeurs placés dans le fond du cylindre comme nous en avons déjà vu plusieurs exemples; deux pour l'admission et deux pour l'évacuation. La disposition à l'avant de la machine est la même qu'à l'arrière ; la Pl. 44 représente les deux organes distributeurs placés dans un fond de cylindre.

L'admission est produite par un tiroir *g* (*fig.* 3) dont la coupe est faite (*fig.* 5) ; il porte trois orifices qui permettent de donner une grande ouverture de vapeur avec un faible mouvement. La tige du tiroir *G* se termine par une touche en acier *f'* et forme (*fig.* 1) une fourche dont les extrémités reçoivent chacune une tige portant un ressort; cette tige coulisse librement en *b* dans des douilles fixes servant de butées aux ressorts. On voit que par cette disposition, si on pousse de gauche à droite la touche *f'*, le tiroir ouvre l'admission de vapeur, et quand cette action de poussée cesse, les ressorts rappellent brusquement le tiroir de droite à gauche ; la fermeture se fait. La tige *G* porte un piston *F''* qui glisse dans un petit cylindre ; ce mouvement de droite à gauche est limité par la butée du piston *F''* contre le fond du cylindre sous l'action des ressorts. C'est dans cette position limite que le tiroir occupe la position de la fig 5.

Pour pousser la touche *f'* de gauche à droite nous avons un taquet *f* articulé à l'axe *E* (*fig.* 3). En *A* nous avons un arbre parallèle à l'axe de la machine et faisant le même nombre de tours que l'arbre de couche ; il porte une poulie d'excentrique *B* dont le collier *A* présente une saillie *D* venue de fonte et formant en dessous la petite coulisse *d* et en haut ladouille *E*. Dans la coulisse se trouve un coulisseau articulé autour de l'axe fixe *d*. Quand l'arbre *A* tourne, le collier *D* reçoit un mouvement de va-et-vient et sa coulisse se déplace sur le coulisseau qui tourne légérement autour de son axe fixe *d*. Si nous appelons *B* l'excentricité, on voit que dans ce mouvement l'axe *B d*, qui représente la barre d'excentrique, passe constamment par le point fixe *d*. Dans ce mouvement d'oscillation du collier *D*, tous ses points décrivent des courbes fermées, qui sont des ellipses plus ou moins déformées, suivant la position de ces points. Or si les proportions sont convenablement choisies, tel que l'indique la fig. *A B d E*, le point *B* aura un mouvement de va-et-vient sensiblement rectiligne sur une horizontale. La courbe fermée se trouve réduite à deux droites superposées.

C'est ce mouvement rectiligne qui est transmis au taquet *F*. Par son poids, il prend la position *p r* (*fig.* 4), et quand l'articulation *E* est à son fond de course gauche, nous avons un jeu de trois millimètres entre le taquet et la touche. Un axe *e* (*fig.* 1 *et* 3) est porté par deux leviers *P* clavetés sur l'axe *F*. On voit (*fig.* 2) comment cet axe *F* est relié au régulateur par le levier *l l'* ; le petit axe *e* suit donc les mouvements du régulateur, il monte ou descend en même temps que lui. Si nous supposons que le taquet *f* se déplace de gauche à droite en partant de sa position extrême (*fig.* 4) *p r*, après un déplacement de trois millimètres, il poussera le taquet *f'*, quand l'arête *p'* touchera l'arête *q'* ; alors le tiroir se déplacera et quand il aura fait un mouvement de 6 millimètres (*fig.* 5) l'admission de vapeur commencera ; elle durera jusqu'à ce que le taquet *f* vienne toucher l'axe *e*. A ce moment cet axe *e* qui est fou sur les leviers *P* qui le supportent, tourne sur lui-même, mais le taquet *f* est soulevé quand l'arête *p'* échappe l'arête *q'* (*fig.* 4), le tiroir revient brusquement à gauche sous l'action des ressorts *a b*, et le taquet continue son mouvement par dessus la touche *f'*. On a donc une fermeture brusque de vapeur, et le moment de ce déclanchement dépendant de la position du heurtoir *e*, c'est-à-dire du régulateur, nous avons un moyen simple et très sensible pour faire varier la détente. Nous verrons plus tard que le mouvement du point *E* est très convenable pour produire rapidement l'ouverture des lumières. Pour éviter que, dans le retour brusque du tiroir, le piston *F'''* ne vienne choquer trop violemment contre le fond du cylindre, un reniflard *H* permet de faire entrer librement de l'air dans le cylindre et de ne le laisser sortir que par un très faible orifice de façon à produire un matelas d'air qui amortit le choc. On comprendra facilement comment, dans le mouvement de retour, le taquet pourra se reclancher, grâce au jeu de trois millimètres dont nous avons parlé. Il est très facile, avec cette disposition, d'avoir une admission nulle en soulevant suffisamment le heurtoir *e*.

Le tiroir d'échappement *g'* est analogue au tiroir *g*, mais il est placé à l'intérieur du cylindre pour être toujours appliqué sur sa glace par la pression de la vapeur. Comme ce tiroir a plusieurs orifices, il faut, pour ne pas lui donner des dimensions trop grandes, qu'il reste en repos quand l'échappement est fermé, c'est-à-dire, quand il occupe la position analogue à celle de la fig. 5. Ce temps d'arrêt doit durer environ pendant un demi tour de la manivelle motrice. Nous avons déjà vu une particularité analogue dans les machines Corliss et Fluhr.

Un levier *L'* (*fig.* 1, 2, 3), claveté sur l'arbre *M*, reçoit un mouvement d'oscillation par l'excentrique *L* ; un autre levier *N'*, claveté à l'extrémité de l'arbre *M*, reçoit ce même mouvement d'oscillation et actionne la petite bielle *N' N''* qui communique son mouvement à la tige du tiroir. Si on a soin de disposer les angles de calage de façon que l'articulation *N'* passe à son point mort sur l'horizontale *N' N''*, au même moment que l'articulation *L'* est à une extrémité de sa course, il en résulte pour le tiroir un temps d'arrêt que l'on peut prolonger presque pendant une demi-révolution de la manivelle.

Pour l'autre face du cylindre, nous avons sur le même axe *M* une manivelle *N* dont le calage diffère de celui de la manivelle *N'* ; elle se meut au-dessous de l'horizontale *N' N''*, tandis que l'autre se meut au-dessus ; l'une franchit son point mort quand l'articulation *L'* est à une des extrémités de sa course, et l'autre passe à ce même point mort quand l'articulation *L'* est à l'autre extrémité. Par suite l'oscillation de l'axe *M* se prête facilement à produire alternativement l'échappement à l'avant et à l'arrière du cylindre.

En étudiant ce mouvement d'échappement, nous verrons que les ouvertures et les fermetures des lumières se produisent rapidement.

§ 105

Temps d'arrêt.

Nous allons étudier particulièrement les conditions du mouvement d'échappement et nous verrons comment il est possible d'obtenir un temps d'arrêt en s'imposant des conditions déterminées d'ouverture et de fermeture à l'échappement. Cet examen complètera l'étude des mouvements analogues souvent employés dans les distributions, et particulièrement dans les distributions du type Corliss, comme nous l'avons vu dans le cours de cet ouvrage.

Le tiroir d'échappement présente une forme semblable à celle du tiroir d'admission (*fig.* 5, *Pl.* 44) ; la glace a plusieurs lumières et le tiroir plusieurs ouvertures. Soit pp' une de ces lumières (*fig.* 1, *Pl.* 45)

$$pp' = 18$$

le plein correspondant du tiroir est

$$qq' = 18 + 12 = 30$$

Quand la lumière est fermée, c'est-à-dire pendant la période d'évacuation, il faut que le tiroir soit à peu près immobile dans la position qq' qui donne un recouvrement de six millimètres des deux côtés de la lumière. L'ouverture et la fermeture de l'évacuation doivent se faire rapidement et on veut que dans le mouvement d'ouverture l'arête q vienne en q_1, dépassant de deux millimètres l'arête p'.

Nous avons vu (*Pl.* 44) comment on donnait le mouvement à ce tiroir. Nous reproduisons (*fig.* 2, *Pl.* 45) en A l'arbre transversal de la machine avec le rayon d'excentricité AL et la barre d'excentrique LL qui donne un mouvement d'oscillation à l'arbre M; tandis que l'excentricité décrit la circonférence de rayon AL, le point L' oscille de B en B'. Sur cet arbre M est calé une petite manivelle MN' qui subit la même oscillation et décrit l'arc $N'_0 N'_6$. C'est une manivelle qui donne le mouvement au tiroir d'échappement par l'intermédiaire de la bielle $N' N''$ représentée pl. 44. On voit de suite que, si on a eu soin de disposer le point N'_6 un peu au-dessous de l'axe XX', le tiroir se déplacera lentement et fort peu quand la manivelle sera dans le voisinage de l'extrémité N'_6, et comme précisément à ce moment l'excentricité L passera par son point mort 6, le mouvement du tiroir sera très lent et nous verrons que cette coïncidence de deux points morts permet de réaliser le repos du tiroir pendant la période d'évacuation.

Pour obtenir le mouvement de l'autre tiroir d'échappement, il suffira de profiter du même mouvement d'oscillation de l'arbre M, en clavetant à son autre extrémité une manivelle MN_0 qui oscillera en dessous de l'axe XX' de N_0 en N_6, de telle sorte que les deux tiroirs d'échappement seront alternativement en repos.

Pour étudier le mouvement du tiroir, nous remarquons que, si nous décrivons l'arc de cercle $N'_0 n'_0$ avec un rayon égal à la longueur de la petite bielle $N' N''$, la projection n'_0 se déplacera sur l'axe XX' comme le tiroir ; la course totale du tiroir est donc $n'_0 q$; on doit donc avoir

$$n'_0 q = 26$$

si on marque les points p' et p, fig. 2

$$p' n_0 = 2$$
$$pp' = 18$$
$$pq = 6$$

les gabarits passant par ces points feront connaître les conditions du fonctionnement de la distribution. Quand le point N'_0 part de cette extrémité d'oscillation, la lumière commence bientôt à se fermer et la fermeture se produit au point P ; à ce moment le tiroir marche rapidement. La fermeture dure pendant toute la période d'aller et retour $P N_6$, et si on a eu soin de disposer le point P au milieu de l'oscillation totale, la fermeture durera pendant une demi-révolution de l'arbre de couche. En donnant à l'arc $q N_6$ une longueur convenable on obtient pratiquement une période d'arrêt pour le tiroir.

On passe de la position du point N' à celle du point L' par la connaissance de l'angle de calage β des deux manivelles. La longueur $L L'$ étant courte dans ce cas, on trouvera par un coup de compas la position de l'excentricité. Pour obtenir de bonnes conditions de distribution à l'avant et à l'arrière du cylindre, il est indispensable d'obtenir une grande symétrie dans le mouvement d'oscillation; il est toujours possible d'y arriver par une série de tâtonnements judicieux sur la longueur $L L'$ et les positions respectives des arcs A et M. On voit sur cette figure que pour un certain point L', situé vers le milieu de l'oscillation $B B'$, les deux positions correspondante L et l de l'autre extrémité de la bielle sur la circonférence d'excentricité sont situées aux extrémités d'un même diamètre $L A l$, et l'oscillation s'effectue symétriquement par rapport à ce diamètre. Menons le diamètre perpendiculaire $o 6$ et divisons la circonférence en 12 parties égales en prenant ce diamètre pour origine. Si on marque les points correspondants sur l'arc $B B'$, on voit que les points qui correspondent à des positions symétriques de l'excentricité sont 1 et 11, 2 et 10, 3 et 9, 4 et 8, 5 et 7 ; ces points se confondent presque deux à deux et sont en outre symétriquement disposés à gauche et à droite du point milieu 3. Cette condition de symétrie, ne peut s'obtenir que par une série de tâtonnements pour lesquels il est difficile d'établir des règles générales ; mais ce résultat est toujours possible.

Quand la fermeture de l'évacuation se produit, la bielle est en $P_1 p_1$; au moment de l'ouverture elle est en $P_2 p_2$ et évidemment les points P_1 et P_2 se confondent, puisque la position P est la même au moment de l'ouverture et de la fermeture ; par suite les points $p_1 p_2$ sont sur un arc de cercle $p_1 p_2$ parallèle à $L l$. Cette remarque permet de pouvoir établir l'échappement en satisfaisant à des conditions imposées. En faisant varier le calage de l'excentrique sur l'arbre A, on obtient à volonté l'avance à l'échappement et la compression que l'on désire.

§ 106

Réglage facultatif

Supposons que l'on veuille réaliser une compression de 0,12 et une avance à l'échappement de 0,06. Nous traçons (*fig.* 3) la circonférence ARN de la manivelle avec les deux arcs de fond de course N et R et nous décrivons la circonférence Oa avec un rayon égal au rayon AL d'excentricité. La rotation se fait dans le sens de la flèche f. Nous marquons la position c de la manivelle au moment de la compression et e celle au moment de l'évacuation pour cela nous prenons (*fig.* 3)

$$cc' = 0,12$$
$$ee' = 0,06$$

les positions correspondantes de l'excentricité sont (*fig.* 3) p'_1 et p'_2.

Nous prolongeons le rayon cO en Od et nous menons la bissectrice $3O9$ de l'angle dOp'. Les arcs $9b$ et $3a$ sont égaux par construction ainsi que les arcs $9p'_2$ et $3p'_1$

$$\text{arc } 9b = \text{arc } 3a$$
$$\text{arc } 9p'_2 = \text{arc } 3p'_1$$

Nous revenons alors à la circonférence d'excentricité (*fig.* 2) ; avec une ouverture de compas égale à l'arc $9b$ = arc $3a$, nous portons à partir du point 3 et à droite dans le sens du mouvement la longueur $3a'$ et à partir du point 9, dans le même sens la longueur $9b'$

$$\text{arc } 3a' = \text{arc } 9b' = \text{arc } 3a$$

Nous joignons les points a' et b' par le diamètre $a'Ab'$ qui représentera le diamètre $\mathcal{N}\,\mathcal{R}$, c'est-à-dire que, quand le piston sera à ses points morts $\mathcal{N}$, $\mathcal{R}$, l'excentricité sera en a' et b'.

Nous prenons alors une ouverture de compas égale à $9\,p'_2$ (*fig.* 3)

$$\text{arc } 9\,p'_2 = \text{arc } 3\,p'_1$$

et nous portons (*fig.* 2) cette longueur en $3\,p_1$ à gauche du point 3 et en $9\,p_2$ à gauche du point 9. Nous joignons les points obtenus p_1 et p_2 par un arc de cercle de rayon égal à $L\,L' = 144$, dont le centre sera P_1. Il faut alors choisir le calage β et la longueur de la manivelle $M\,P$ de telle manière que cette position P_1 corresponde au moment P d'ouverture et de fermeture de l'évacuation, c'est-à-dire au moment d'avance à l'échappement et decompression. Le calage de l'excentrique se fait en le plaçant en $A\,a'$, quand le piston est au fond de course $\mathcal{N}$.

Dans ces conditions, on voit sur la figure 2 que la compression commance au point p_1 et a pour valeur l'arc $p_1\,a'$

$$\text{arc } p_1\,a' = \text{arc } p'_1\,a = \text{compression } 0,12$$

l'avance à l'échappement commence pour le point p_2 et a pour valeur l'arc $p_2\,b'$

$$\text{arc } p_2\,b' = \text{arc } p_2\,b = \text{évacuation } 0,06$$

L'échappement se produit donc dans les conditions que nous nous sommes imposées.

Ce moyen de réglage permettra d'opérer de la même manière pour l'échappement sur l'autre face du piston en obtenant les mêmes valeurs de compression et d'évacuation avec des arcs différents qui tiendront compte des obliquités de la bielle.

CHAPITRE XXII

SERVO-MOTEUR OU MOTEUR ASSERVI

§ 107

Action directe du piston à vapeur

Toutes les distributions que nous avons examinées avaient pour but d'assurer la marche des différents types de machines à vapeur ; il s'agissait de produire le mouvement alternatif d'un piston qui actionnait une bielle et pouvait par cet intermédiaire transformer son propre mouvement en un mouvement rotatif. La vapeur devait être distribuée de manière à satisfaire aux deux conditions générales suivantes : assurer la rotation de l'arbre moteur pour répondre aux exigences de l'industrie et réaliser le fonctionnement de la vapeur dans les conditions les plus économiques.

Nous devons maintenant examiner un autre mode d'action d'un piston moteur par la vapeur. Quand on a besoin de produire un effort considérable dans une direction rectiligne, on peut utiliser la force expansive de la vapeur sur un piston. On dispose ainsi facilement d'une force motrice puissante ; mais dans la plupart des cas, cette action ne peut s'utiliser d'une manière pratique, parce qu'il est difficile de modérer le mouvement et d'en être bien maître au départ et à l'arrêt. L'action hydraulique de l'eau sous pression se prête mieux à la réalisation des grandes puissances et est employée de préférence quand il faut produire de fortes pressions avec de faibles courses, comme dans les presses, les riveuses, les poinçonneuses et cisailles hydrauliques, les ponts tournants, les grues et monte-charges, etc. Mais les installations hydrauliques sont complexes et coûteuses, et il est préférable d'employer la vapeur pour des efforts moins considérables. Il s'agit alors de remplacer l'action humaine, devenue trop faible, par celle de la vapeur ; ce problème difficile a été résolu d'une façon satisfaisante dans quelques applications que nous allons étudier.

Nous trouverons là un principe nouveau de distribution de vapeur qui peut rendre de grands services. Ces appareils doivent être complètement sous la dépendance de l'homme qui les conduit et on les appelle pour cette raison *servo moteur* ou *Moteur asservi.*

§ 108

Servo-moteur. — Mise en train

Les appareils de changement de marche que nous avons passés en revue sont en général facilement mus à la main, nos exemples ayant été pris sur des machines de puissance moyenne.

Mais quand les machines deviennent puissantes, les tiroirs atteignent des dimensions considérables, et les efforts à mettre en jeu deviennent tellement grands, que le renversement de la marche nécessite l'application de plusieurs hommes à moins d'employer des harnais d'engrenage ou tout autre appareil ralentisseur; cette disposition présente alors le grave inconvénient de nécessiter un temps beaucoup trop considérable pour renverser la marche, et d'exiger une grande complication.

On a donc dû chercher un appareil simple et puissant mis à la main du mécanicien, n'exigeant qu'un effort très limité, agissant rapidement et sûrement comme pourrait le faire le mécanicien attaquant le levier de recouvrement et de mise en train.

On a employé et on emploie encore des appareils à vapeur, composés d'un cylindre à vapeur agissant directement sur le levier de renversement. La marche du piston est obtenue par la manœuvre, soit d'un robinet à deux voies, soit d'un tiroir de dimension toujours faible et facile à manœuvrer, une cataracte assure la position immuable de ce piston. Cette cataracte se compose d'un cylindre dans lequel se meut un piston faisant prolongement du piston à vapeur moteur du levier de renversement. Les deux faces de ce cylindre communiquent entre elles à l'aide d'un conduit et le tout étant plein d'huile ou d'eau, si on vient à interrompre la communication, le liquide bride le piston de la cataracte et par suite celui de la mise en train qui se trouve invariablement fixée dans la position choisie par le mécanicien. On réunit en général le distributeur du cylindre à vapeur et l'appareil interrupteur de la cataracte, par une même commande, de telle sorte qu'en fermant ou ouvrant l'une, l'autre se trouve également ouvert ou fermé.

L'inconvénient d'un pareil système, c'est d'exiger beaucoup d'attention de la part du mécanicien, que rien ne guide dans le mouvement à opérer.

Le but du *servo-moteur* ou du *moteur asservi* est de mettre à la main du mécanicien un appareil suivant docilement ses mouvements, comme pourrait le faire un cheval obéissant aux rênes de son conducteur.

La première idée de cet ingénieux appareil est due à M. J. Farcot et les brevets sont pris aux noms de J. Farcot et Duclos.

La planche 46 représente un servo-moteur destiné à mouvoir un levier de mise en train de machine marine. L'arbre *A* porte les leviers qui sont reliés aux coulisses par les barres de suspension ; c'est l'arbre de relevage du changement de marche ; pour changer la marche de la machine ou pour modifier son allure, il faut le faire tourner d'un certain angle. Le levier *B* claveté sur cet arbre sert à produire ce mouvement ; si la machine avait de faibles dimensions, un homme pourrait agir directement sur ce levier. Dans le cas d'une forte machine, cette action est remplacée par celle d'un piston qui agit sur le prolongement du levier *B*. En admettant la vapeur à gauche ou à droite du piston, on pourra donc manœuvrer l'arbre de relevage de la machine. La figure indique comment la vapeur peut être distribuée sur le piston. Cet appareil de distribution diffère assez peu de tous ceux que nous avons étudiés pour qu'il soit inutile d'entrer dans de grands détails. Nous avons en quelque sorte un tiroir simple ordinaire sans recouvrement ; la glace du tiroir est cylindrique au lieu d'être plane, de sorte que les lumières d'admission et d'évacuation ne sont plus rectangulaires, mais présentent la forme d'anneaux cylindriques. Le tiroir devient ainsi une bague dont les bords extrêmes servent à l'admission *AV* ou *AR*; le milieu de la bague est tourné à un diamètre plus faible, ce qui forme une cavité cylindrique par laquelle se produit l'échappement. Cette bague se meut dans un cylindre qui porte trois rainures cylindriques parallèles; la rainure de gauche communique avec l'avant du cylindre à vapeur, celle de droite avec l'arrière, et celle du milieu avec le tuyau d'échappement. L'anneau est creux et par cette disposition tout le cylindre est toujours rempli de vapeur; c'est une boîte à vapeur cylindrique.

Cette disposition de tiroir ne permet pas d'obtenir une étanchéité bien complète et en cela elle diffère essentiellement des tiroirs cylindriques, dont nous avons vu des exemples dans les machines du type Corliss. On voit en effet que la pression de la vapeur ne peut appliquer le tiroir sur la glace pour assurer la fermeture. Mais ici il suffit d'interrompre la pression et l'on peut se contenter d'une étanchéité imparfaite. Ce qu'il faut observer, c'est que l'arête d'admission est cylindrique et que par suite on peut avec une très faible course avoir une grande surface de passage pour la vapeur, Ce tiroir est manœuvré à la main par l'intermédiaire du levier *O C* articulé en *O* sur le levier *B* dont nous avons déjà parlé. A sa partie supérieure ce levier *C* porte un œil dans lequel pénètre avec un peu de jeu un petit manneton fixé au levier *B*. Deux lames de ressort convenablement disposées tendent à ramener le levier *C* dans l'axe du levier *B*. Notons encore que l'articulation inférieure du levier *C* se trouve à la hauteur de l'arbre de relevage *A*. Ceci établi, on voit que, si l'homme agit sur la poignée du levier *C*, l'arbre de relevage offrant une grande résistance au mouvement, le levier *C* va tourner autour du point fixe *O*; le tiroir se déplacera et comme il est très petit, l'homme n'aura à dépenser qu'un faible effort. Le piston à vapeur se mettra aussitôt en mouvement avec une force suffisante pour déplacer les coulisses par l'intermédiaire du levier *B*. Il faut remarquer que le manneton supérieur du levier *B* se déplace dans ce mouvement dans le même sens que la poignée sur laquelle appuie la main de l'homme. Si l'homme continue à appuyer sur la poignée, sa main suivra le déplacement du grand levier et tout se passera pour lui comme si son action s'exerçait directement sur le grand levier de débrayage. Tant qu'il continuera à appuyer, les axes des deux leviers différeront dans leurs positions relatives, et par conséquent, le tiroir de distribution restera ouvert ; le mouvement pourra donc toujours se continuer. Quand l'homme arrêtera la poignée, l'axe du grand levier *B* viendra coïncider de lui-même avec celui du levier *C* ; par suite de ce mouvement le tiroir se sera fermé puisque l'articulation inférieure du levier *C* sera venue se placer au centre de rotation de l'arbre *A* de relevage. Le mouvement de l'appareil de changement de marche va donc s'arrêter, et il faut remarquer que cela peut se produire pour un angle d'écart quelconque du levier *B*, c'est-à-dire que l'arrêt peut se produire pour un cran quelconque de la coulisse. Si l'homme avait lâché la poignée, le résultat eût été le même, parce que les leviers auraient été ramenés en coïncidence par les lames de ressort supérieures. Si maintenant l'homme veut remettre l'appareil en marche, il lui suffira d'appuyer sur la poignée en avant ou en arrière et le levier *B* suivra le mouvement de sa main dans le même sens. On peut donc dire que le *moteur est asservi* à l'action de l'homme qui donne ainsi au levier *B* de changement de marche les mêmes mouvements qu'au levier *C*.

On voit que cet appareil ingénieux réalise parfaitement les conditions des mouvements de changement de marche. A l'action brutale de la vapeur agissant directement sur le piston, on a substitué l'action même de la main, qui sent à chaque instant l'intensité de son effort et peut accélérer ou retarder son mouvement pour obéir à la volonté instinctive du mécanicien. C'est en même temps un mode tout nouveau de distribution qui peut rendre de grands services Le tiroir cylindrique permet de réduire beaucoup la résistance et on peut considérer cet appareil comme le moyen de mettre à volonté en mouvement un piston capable de produire de grands efforts.

§ 109

Servo-moteur. — Monte escarbilles

Nous allons citer une ingénieuse application de ce principe pour monter les escarbilles sur le pont des navires.

Un tambour (*Pl.* 46) est claveté sur un arbre horizontal qui reçoit son mouvement par une vis sans fin d'un autre arbre horizontal actionné directement par deux cylindres à vapeur accouplés.

Cet appareil constitue un treuil à vapeur que l'on pourra manœuvrer avec un robinet d'admission permettant la mise en marche et l'arrêt comme pour toute machine à vapeur. Mais le mouvement du treuil n'est pas ainsi sous la dépendance immédiate du mécanicien, il faut beaucoup d'attention et une grande habitude pour arrêter et modérer à volonté le mouvement du tambour. En établissant un servo-moteur, on pourra au contraire faire conduire l'appareil par le premier manœuvre venu.

La vapeur est distribuée dans les cylindres par un tiroir mû simplement par un excentrique : le tiroir n'a pas de recouvrement et l'excentrique est calé à angle droit avec la manivelle, l'angle d'avance est nul. La vapeur agira donc à pleine pression pendant une cylindrée entière, et nous n'aurons pas d'avances à l'admission et à l'évacuation. Cette marche, très défectueuse en elle-même, au point de vue de l'utilisation de la vapeur, est admissible dans ce cas, parce que les efforts sont peu considérables et que la durée de la marche du monte-escarbilles est toujours courte. Cette distribution permet d'établir un changement de marche fort simple.

Le calage étant nul, les ouvertures ou fermetures se produisent de la même manière à l'admission qu'à l'évacuation ; il en résulte que, pour changer le sens de marche à un moment donné, il suffirait de faire arriver la vapeur par le conduit d'évacuation et inversement de faire échapper la vapeur par le conduit qui servait à l'amener. Ce résultat peut s'obtenir facilement au moyen d'une boite à vapeur que l'on voit en coupe dans la figure de gauche (*Pl.* 46, monte escarbilles) Cette boite, placée sur le tuyau d'arrivée de vapeur, se trouve entre les deux boites à vapeur attenant aux cylindres. Elle contient un tiroir simple sans recouvrements qui peut se mouvoir sur une glace portant trois lumières. La lumière du milieu communique avec le tuyau d'échappement; la lumière du haut communique avec les deux boites à vapeur des cylindres, la lumière du bas avec les deux orifices d'échappement de ces cylindres. Ceci posé, nous voyons que, si le tiroir de changement de marche est abaissé, la vapeur pourra entrer par la lumière supérieure dans les boites à vapeur, et l'évacuation pourra se produire par les orifices d'échappement des cylindres : nous aurons la marche avant. Si au contraire, le tiroir de changement de marche est élevé, la vapeur aura accès par la lumière inférieure dans les orifices d'évacuation des cylindres, tandis que les boîtes à vapeur communiqueront avec le tuyau général d'échappement : nous obtiendrons la marche arrière qui pourra se produire dans les mêmes conditions que la marche avant puisque *dans un cas comme dans l'autre les avances sont nulles et que les admissions et les évacuations se produisent pendant la cylindrée entière.* Ces conditions doivent être notées avec soin, parce que ce renversement de marche par inversion des conduits n'est applicable que dans ce cas. Nous avons déjà parlé du renversement de marche par simple inversion (§ 77, page 220); nous en avons réservé l'application pour ce chapitre parce qu'il était intéressant de montrer comment cette distribution se prête facilement à la manœuvre d'un moteur asservi.

Pour faire mouvoir le tiroir de changement de marche, nous avons sur l'extrémité de l'arbre du tambour un écrou portant un volant à manivelle et une rainure cylindrique qui reçoit la fourchette d'un levier relié au tiroir. Si l'arbre du tambour est immobile, en tournant la manivelle dans un sens on déplace le tiroir dans le sens correspondant. Si l'arbre du tambour était en mouvement, en tournant la poignée avec la même vitesse que celle de l'arbre, on ne donnerait aucun mouvement au tiroir ; mais si le mouvement de rotation de la poignée était plus rapide ou plus lent, le tiroir se déplacerait dans un sens ou dans un autre.

Cette remarque permet de se rendre facilement compte de l'action de ce servo-moteur. Pour mettre le tambour en mouvement dans un sens, il suffit de tourner la manivelle de l'écrou dans le sens de la rotation que l'on veut produire ; pour maintenir cette rotation un certain temps, il faut suivre avec la main la rotation du tambour en allant légèrement plus vite ; pour accélérer le mouvement il faut tourner la manivelle de plus en plus rapidement, et pour le modérer il faut diminuer l'action de la main. On voit que l'on réalise complètement les conditions d'un *moteur-asservi*. Tout se passe comme si l'homme agissait directement sur la manivelle placée à côté du tambour. Le premier individu venu peut manœuvrer cet appareil, car il peut se figurer qu'il tourne directement le tambour, comme il le ferait pour celui d'un treuil ordinaire.

§ 110

Servo-moteur système Tripier — Action sur une détente

Une fois établi le principe du fonctionnement des servo-moteurs, il est possible d'en établir en transmettant convenablement l'action de la main à un appareil de changement de marche. Le servo-moteur système Tripier, d'ailleurs très simple, est intéressant à étudier comme application du servo-moteur à une machine à vapeur à détente variable ; c'est le mode le plus rationnel de variation du travail.

Nous avons déjà (§ 80, *page* 226) parlé du changement de marche système Tripier, au moyen d'un excentrique sphérique ;

pour le servo-moteur l'appareil mécanique est le même. Précédemment nous n'avions pas encore étudié le fonctionnement des coulisses et nous ne pouvions pas faire la théorie de ce changement de marche ; aussi nous en avons parlé succinctement, nous réservant d'entrer et de donner plus tard des explications plus complètes.

Fig. 53

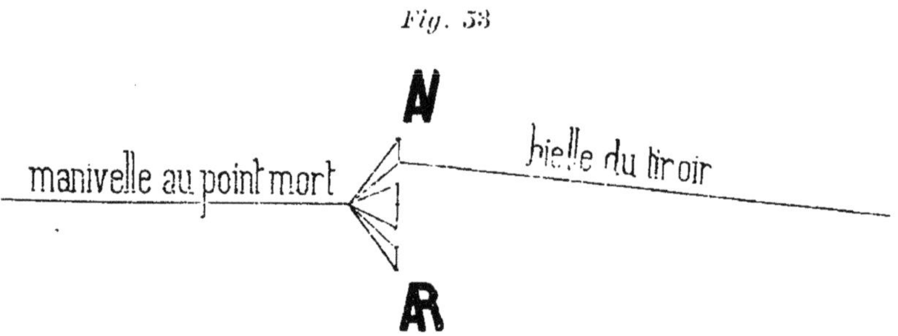

La fig. 53, représente le servo-moteur système Tripier. La disposition de l'excentrique sphérique est la même que celle que nous avons déjà décrite (page 226), nous n'y reviendrons pas, Nous allons seulement faire comprendre comment la rotation de l'excentrique sphérique peut faire varier la détente et intervertir le sens de marche.

La manivelle d'une machine à vapeur à changement de marche, étant supposée au point mort, nous marquons les deux excentricités *N* et *AR* d'un changement de marche à coulisse ; ces excentricités seront symétriques par rapport à la direction de la manivelle et auront même longueur de rayon. Au lieu de deux barres d'excentriques actionnant une coulisse, nous supposons que nous avons une seule barre pouvant s'articuler soit en *N* (fig. 53) soit en *AR*. En nous rappelant la théorie du changement de marche par coulisse, nous voyons que dans un cas nous aurons une distribution marche en avant, et dans l'autre la même distribution marche arrière. Si nous joignons les points *N* et *AR* par une ligne droite, nous pouvons supposer que le point d'attache de la bielle du tiroir se déplace sur cette droite et considérer ses positions successives comme une série d'excentricités dont nous obtenons les calages et les rayons en menant des rayons excentriques. Ces excentriques donneront lieu à des distributions différentes, mais deux à deux symétriques et de sens contraire. En faisant, en effet, les épures circulaires approchées de ces mouvements on voit que les avances linéaires à l'admission seront constantes, mais que les périodes d'admission diminueront à mesure que les angles d'avance augmenteront. Pour les positions symétriques au-dessous de la direction de la manivelle au point mort, on retrouvera la même distribution mais en sens inverse. Nous avons donc une détente variable avec changement de marche. Si on superpose toutes ces épures approchées, on retrouvera une épure analogue à celle de l'épure approchée d'un changement de marche à coulisse (*Pl.* 41). Ce mode d'action permettrait donc de remplacer un système de coulisse. D'ailleurs si on consulte l'ouvrage de Zeuner, on trouve qu'en étudiant le mouvement des coulisses par le calcul, les distributions obtenues en déplaçant le coulisseau dans la coulisse sont à peu près les mêmes que celles que produiraient des excentricités se déplaçant sur une normale $\mathcal{N}$ $\mathcal{R}$ (*fig.* 53).

En examinant l'excentrique sphérique, système Tripier, on voit que son mouvement déplace le centre de l'excentrique de façon à lui faire décrire une droite analogue à la normale $\mathcal{N}$ $\mathcal{R}$ On conçoit donc dès lors comment cette disposition peut faire varier la détente et changer le sens de marche.

Pour obtenir un servo-moteur analogue à ceux que nous venons d'étudier, il suffit de modifier le mécanisme du mouvement. La planche 45 représente une disposition analogue à celle du monte-escarbilles. L'arbre moteur entraîne dans son mouvement la bague à vis *B* qui porte l'articulation *b*. Une douille peut tourner librement dans le palier *D* sous l'action du volant à main *C*; elle forme en même temps écrou pour la vis *B*. On voit que cette disposition permet de déplacer latéralement la bague à vis en tournant le volant, et par suite, de faire tourner l'excentrique sphérique. Si le mécanicien tourne le volant avec la même vitesse de rotation que celle de l'arbre moteur, la détente restera la même; la machine conservera la même allure. Mais s'il tourne plus vite ou plus lentement, la détente sera modifiée et on aura ainsi la possibilité d'accélérer ou de ralentir à volonté la marche de la machine et l'arbre suivra pour ainsi dire l'impulsion donnée au volant par la main de l'homme. Nous aurons donc un mécanisme très simple pouvant permettre de construire un *servo-moteur* à détente variable. Cet appareil est intéressant au double point de vue de la distribution et de l'écrou moteur. Cette distribution répond aux conditions les plus complexes que l'on peut chercher : elle est à détente variable, à changement de marche, et sous la dépendance complète de l'action de la main ; notons qu'elle présente le défaut de toutes les distributions à un seul tiroir ; elle ne peut donner des fermetures rapides et de grandes sections de passage à la vapeur; quant à l'écrou moteur, il donne un exemple de mouvement dont le principe peut s'appliquer dans beaucoup de circonstances analogues.

CHAPITRE XXIII

DISTRIBUTION DANS LES MACHINES A VAPEUR COMPOUND OU WOOLF

§ 111

Machines à deux cylindres conjugués Type Woolf, type Compound

Jusqu'à présent nous nous sommes occupés, des machines à vapeur à un seul cylindre ; on fait des machines à deux cylindres conjugués, disposés de façon à permettre à la même vapeur de travailler successivement dans les deux cylindres. Ce genre de machine employé beaucoup dans la marine, tend à se répandre de plus en plus dans les installations industrielles. Il n'entre pas dans le cadre de cet ouvrage d'étudier la machine au point de vue du rendement économique ; nous n'aborderons donc pas cette question. Pour les machines à cylindres conjugués, nous nous bornerons à examiner les conditions de la distribution dans ces machines et à signaler seulement les propriétés spéciales à ce fonctionnement.

Nous devons distinguer deux types bien différents de machines à deux cylindres conjugués. On peut avoir deux cylindres placés à la suite l'un de l'autre, les axes étant sur la même droite ; dans ce cas les pistons sont fixés sur une même tige qui actionne la bielle motrice et ils ont même course ; les diamètres des cylindres sont très inégaux. La vapeur entre d'abord dans le petit cylindre où elle travaille en ne subissant qu'une faible détente, puis elle pénètre dans le grand cylindre où elle achève de se détendre jusqu'à la pression atmosphérique dans la marche à échappement à air libre, ou jusqu'à la pression du vide du condenseur dans la marche à condensation. La marche à échappement à air libre est d'ailleurs exceptionnelle dans ce genre de machine. Cette disposition prend le nom de *machine Woolf*.

Les deux cylindres peuvent être placés l'un à côté de l'autre de manière qu'ils aient chacun une tige de piston actionnant une manivelle ; il faut alors avoir un arbre coudé à deux manivelles pour recevoir les deux bielles. Généralement les deux manivelles sont calées à angle droit, de sorte, que l'un des pistons se trouve au milieu de sa course quand l'autre est à la fin de la sienne. Nous avons là le type des *machines Compound.* Les deux cylindres ont aussi des diamètres très différents, et la vapeur se détend d'abord partiellement dans le petit cylindre pour achever sa détente dans le grand, comme nous l'avons déjà remarqué pour les machines Woolf. Il faut seulement remarquer que, dans les machines Compound, la vapeur s'échappe par exemple de l'arrière du petit cylindre pour aller finir sa détente à l'arrière du grand cylindre, tandis que, dans les machines Woolf, la vapeur passe de l'arrière à l'avant.

§ 112

Conditions générales de la distribution

Le caractère général de ce mode de distribution est de produire la détente de la vapeur en deux fois. Dans le petit cylindre la vapeur aura d'abord une distribution analogue à celle d'une machine à un cylindre sans condensation qui détendrait fort peu et qui laisserait échapper la vapeur à une pression de un à deux atmosphères.

Nous aurons dans un sens de marche du piston une période d'admission considérable, et une période de détente assez courte; au retour du piston la vapeur s'échappera pendant une cylindrée entière. Pour compléter la distribution et assurer la bonne marche de la machine nous ajouterons des périodes d'avances à l'admission. à l'évacuation et de compression. C'est là un fonctionnement ordinaire de distribution qu'il est facile de réaliser par les mécanismes que nous connaissons.

Nous avons dit que la vapeur devait achever sa détente dans

le grand cylindre ; pour cela nous aurons pour une cylindrée une période d'admission et une de détente. Il faut tout d'abord remarquer que la période d'admission dans le grand cylindre dépend de celle d'évacuation dans le petit; au point de vue thermodynamique la vapeur doit autant que possible avoir même pression en sortant d'un cylindre qu'en entrant dans l'autre, c'est-à dire, qu'il né doit pas y avoir de chute de température ; les deux phases de la détente doivent se succéder comme si on avait une détente entière dans un cylindre unique. Pour réaliser cette condition, il faut d'abord que le volume de l'admission dans le grand cylindre soit égal à la cylindrée entière du petit cylindre ; c'est ce qui oblige à donner au second cylindre un diamètre bien plus grand qu'au premier et la fraction de pleine introduction dépendra de ce diamètre. Mais l'admission ne durant que pendant une partie de la course tandis que l'évacuation se fait pendant la cylindrée entière, toute la vapeur ne peut s'écouler simplement d'un cylindre dans l'autre, comme nous le supposons. Dans les machines Woolf l'admission correspond à la première partie de la cylindrée d'évacuation, tandis que dans les machines Compound elle se fait pendant la seconde partie. On évite cet inconvénient en plaçant entre les deux cylindres une chambre qui forme réservoir de vapeur, pour régulariser ce fonctionnement intermittent; si la chambre est assez grande, la pression de la vapeur pourra s'y maintenir presque constante, et en tout cas, la pression moyenne sera comprise entre les pressions d'échappement et d'admission. On conçoit d'ailleurs qu'en augmentant ou en diminuant le volume d'admission, on pourra abaisser ou élever cette pression moyenne.

Cette condition de volumes ne suffirait cependant pas à assurer la marche que nous cherchons. La vapeur n'agit pas comme un gaz loin de son point de liquéfaction ; après la première détente elle s'est refroidie et est toujours plus ou moins accompagnée d'eau ; en outre le réservoir intermédiaire et les conduits qui y aboutissent présentent une grande surface de contact avec l'air ; d'où il résulte un refroidissement notable de la vapeur. Pour ces raisons, que nous ne faisons que mentionner, on aurait des chutes de pression qui seraient la cause d'un mauvais rendement. On a établi que le rendement s'améliorait et que le fonctionnement de la distribution se régularisait, quand on réchauffait le réservoir intermédiaire par une circulation extérieure de vapeur arrivant de la chaudière. Cet effet se produit évidemment au détriment d'une condensation de cette vapeur, mais il a été reconnu que le fonctionnement général était plus économique, comme cela se produit d'ailleurs dans l'emploi des enveloppes de vapeur des cylindres.

Nous devons donc considérer comme élément essentiel de ce genre de distribution, l'adjonction d'un réservoir de vapeur intermédiaire soumis à une action de réchauffage. Il joue le rôle d'un régulateur de la distribution et l'établissement du régime des pressions est le point important dans le choix des valeurs des éléments de la distribution et des dispositions respectives des organes de la machine. Nous ne pouvons ici entrer dans de plus amples détails ; ces considérations suffisent pour faire comprendre comment il faut choisir les limites des périodes d'admission et d'évacuation dans le grand cylindre. Les autres phases de la distribution ne présentent aucune particularité ; nous aurons une période d'évacuation dans l'atmosphère ou au condenseur et il conviendra d'établir des avances et des compressions, comme nous l'avons toujours fait. Il est bon de remarquer ici que la compression doit être toujours beaucoup plus faible dans le grand cylindre que dans le petit, puisque les pressions d'évacuation diffèrent beaucoup.

Le mécanisme de distribution dans le grand cylindre devra donc répondre aux conditions générales des distributions des machines à un cylindre.

On pourra voir facilement des diagrammes de machines à cylindres conjugués en consultant les publications ; si on superpose ces diagrammes de manière à former un seul diagramme de la détente entière, on verra, pour une machine bien établie, que l'on retrouve à peu près le diagramme d'une machine à un seul cylindre et que les courbes de détente se raccordent régulièrement (1). Il ne faut pas cependant s'attacher exclusivement à l'examen des variations des pressions, et il ne faut pas perdre de vue les conditions thermodynamiques pour chercher seulement l'établissement d'une distribution rationnelle. Nous mentionnerons à ce propos une particularité importante. Comme la pression d'évacuation dans le petit cylindre est élevée, il convient d'assurer le bon échappement sans mettre des avances trop considérables en maintenant la dernière pression de détente sensiblement au-dessus de la pression d'évacuation ; on perd ainsi utilement un peu de travail. Ceci oblige à forcer un peu les dimensions du volume d'introduction dans le grand cylindre.

Cette question est très délicate, et nous ne pouvons qu'appeler l'attention du lecteur sur les conditions spéciales d'établissement de ces distributions.

§ 113

Propriétés principales de la distribution

Les principaux avantages d'une détente, faite successivement dans deux cylindres, font partie de l'étude thermodynamique de la marche de la machine ; nous dirons simplement ici que la vapeur est mieux utilisée parce que le réchauffement pendant la grande détente est plus efficace et parce que le condenseur, ne communiquant pas avec le volume d'admission dans le petit cylindre, la vapeur qui arrive de la chaudière ne trouve pas les parois refroidies autant que dans les machines à un cylindre.

Au point de vue du mécanisme de distribution, les avantages sont considérables. Les admissions dans chaque cylindre sont toujours grandes ; nous avons vu, dans le cours de cet ouvrage,

(1) Nous renvoyons le lecteur à l'ouvrage de M. Buchetti sur les *Essais de machines à vapeur*.

que les mécanismes simples de distribution ne permettent pas de réaliser, dans de bonnes conditions, les faibles introductions, et que c'est principalement pour obtenir de grandes détentes qu'on a été conduit à adopter des mouvements assez compliqués. Avec des cylindres conjugués, on pourra donc employer des mécanismes simples, comme le tiroir ordinaire ou le tiroir Meyer si la détente est variable. Ce fait a surtout une grande importance au point de vue des machines marines. Il n'était pas possible dans les bateaux d'employer des mécanismes aussi complexes que pour les machines d'usine, parce que les machines doivent être robustes et surtout parce que la nécessité d'avoir un changement de marche oblige à se servir de coulisses. Or, nous avons vu que les coulisses sont de mauvais organes de grande détente et qu'elles ne permettent pas de réaliser une marche économique avec de faibles admissions. On a donc pu, en conjuguant les deux cylindres, aborder les grandes détentes dans les machines marines tout en conservant les mêmes organes de distribution.

Si nous considérons le fonctionnement mécanique, nous trouvons encore des avantages importants, mais alors il y a lieu de distinguer les machines Compound des machines Woolf. Dans la machine Compound on peut établir les dimensions des cylindres et les conditions de la distribution de manière à faire faire le même travail aux deux cylindres. Les manivelles étant à angle droit, les efforts se distribuent plus régulièrement sur l'arbre moteur. La marche peut donc être plus régulière qu'avec une seule machine et, particulièrement pour les machines marines, le démarrage devient assuré.

Ces considérations feront comprendre pourquoi les machines à cylindres conjugués, et surtout, les machines Compound ont été adoptées dans la marine. Comme, en outre, il faut dans les bateaux obtenir une grande puissance avec peu d'espace, l'emploi de plusieurs cylindres était nécessaire et ce genre de machines répondait admirablement à toutes les exigences.

L'inconvénient de ce genre de machines, pour les installations d'usine, est d'obliger à construire deux cylindres et deux distributions. Nous ne pouvons examiner ici cette question ; il importe surtout de choisir des mécanismes de distribution très simple et de grouper convenablement les cylindres et les bâtis.

§ 114

Choix des mécanismes de distribution

L'étude que nous venons de faire, montre que, dans ces machines, tous les mouvements de distribution que nous avons vus peuvent s'employer, pourvu que l'on puisse les grouper convenablement, il est seulement difficile d'aborder les mouvements à déclic à cause du prix de revient Nous avons à examiner surtout la manière de conjuguer les distributions des deux cylindres. Dans les machines à changement de marche, on est obligé de mettre un changement de marche à coulisse à chaque cylindre et il faut que les deux barres de relevage soient manœuvrées par le même levier de changement de marche. Dans les machines d'usine, les mécanismes de distribution peuvent être indépendants l'un de l'autre. Il faut pouvoir faire varier la détente par le régulateur et pour cela il suffit de faire varier l'admission dans le petit cylindre et de laisser la détente constante dans le grand. On se contentera donc de faire agir le régulateur seulement sur le mécanisme de détente du petit cylindre.

TABLE DES MATIÈRES

CHAPITRE I

Théorie de la distribution par tiroir simple et définitions générales

CHAPITRE II

Méthode générale des gabarits. Déplacements simultanés des extrémités d'une bielle animée d'un mouvement quelconque

CHAPITRE III

Distribution par tiroir simple conduit par un excentrique

CHAPITRE IV

Distribution avec deux excentriques et deux tiroirs Détente par plaque

CHAPITRE V

Détente système Meyer. (Détente par plaque)

CHAPITRE VI

Attaque de la détente par le régulateur dans une distribution système Meyer

CHAPITRE VII

Détente système Farcot, un seul excentrique avec plaque entraînée

CHAPITRE VIII

Renvoi de mouvement par leviers. — Combinaison de plusieurs leviers. — Distribution système Corliss

CHAPITRE IX

Renvoi de mouvement avec coulisseau mobile dans une coulisse actionnant un levier

CHAPITRE X

Mouvement transmis par un point intermédiaire d'une bielle ; trajectoire de ce point

CHAPITRE XI

Trajectoires mobiles. — Distribution Sulzer 1878

CHAPITRE XII

Mouvement par Cames

CHAPITRE XIII

Mouvement de tiroirs par excentriques avec déclic

CHAPITRE XIV

Mouvement instantané par l'action directe de la vapeur ; suppression de l'excentrique pour commander le tiroir de détente

CHAPITRE XV

De la distribution à changement de marche. Changement de marche par changement direct de calage

CHAPITRE XVI

Changement de marche par coulisses Coulisse Stephenson

CHAPITRE XVII

Renseignements théoriques et pratiques pour la coulisse Stephenson

CHAPITRE XVIII

Considérations générales sur les coulisses

CHAPITRE XIX

Coulisses de Gooch et d'Allan

CHAPITRE XX

Changement de marche par coulisse avec mouvement pris sur la bielle

CHAPITRE XXI

Mouvements spéciaux par excentrique ; mouvement rectiligne, temps d'arrêt

CHAPITRE XXII

Distribution de la vapeur soumise directement à l'action humaine ; servo-moteurs ou moteurs asservis

CHAPITRE XXIII

Distribution dans les machines à deux cylindres conjugués Woolf et Compound

Lyon — Imp. A. Storck, rue de l'Hôtel-de-Ville, 78

www.ingramcontent.com/pod-product-compliance
Ingram Content Group UK Ltd.
Pitfield, Milton Keynes, MK11 3LW, UK
UKHW012155240726
13966UKWH00002B/347